锂离子电池材料合成与应用

冯传启　王石泉　吴慧敏　编著

科学出版社

北京

内 容 简 介

本书主要是关于锂离子电池正极、负极材料和电解液的合成、改性与应用。全书共 4 章，包括绪论、锂离子电池正极材料、锂离子电池负极材料、锂离子电池电解液。本书以 20 世纪 90 年代以来的文献为主，结合作者研究团队 2003 年以来的研究工作，深入浅出地阐述了锂离子电池主体材料的合成、改性及在电池体系中的性能。

本书可供从事材料电化学的科研工作者、学生和企业人员参考使用。

图书在版编目（CIP）数据

锂离子电池材料合成与应用 / 冯传启，王石泉，吴慧敏编著. —北京：科学出版社，2017

ISBN 978-7-03-051203-1

Ⅰ.①锂… Ⅱ.①冯… ②王… ③吴… Ⅲ.①锂离子电池-材料-研究 Ⅳ.①TM912

中国版本图书馆 CIP 数据核字（2016）第 311293 号

责任编辑：丁 里 / 责任校对：钟 洋
责任印制：赵 博 / 封面设计：迷底书装

科 学 出 版 社 出版

北京东黄城根北街 16 号
邮政编码：100717
http://www.sciencep.com

中煤（北京）印务有限公司印刷
科学出版社发行 各地新华书店经销

*

2017 年 3 月第 一 版 开本：720×1000 B5
2025 年 1 月第八次印刷 印张：13 3/4
字数：309 000

定价：59.00 元
（如有印装质量问题，我社负责调换）

前　言

锂离子电池具有能量密度高、输出电压高、使用寿命长、对环境友好等不可比拟的优势，在电子信息、新能源及环境保护等领域发展中具有举足轻重的地位和作用。因此，在我国发展锂离子电池技术和相应产业是 21 世纪的首要任务之一。

目前，随着我国政府的政策倾斜和资金投入，高校、科研院所和企业已联合研发，新型锂离子电池产品日益增多，特别是近年来，动力锂离子电池的推广使用对电动汽车产业的发展起到促进作用。然而，我国锂离子的电池性能和稳定性与国际先进水平相比还有一定差距，亟需不断改进，赶上并超过具有世界先进水平的国家。

锂离子电池材料是锂离子电池的关键，它的研究开发和生产技术水平决定和制约锂离子电池的发展水平。作者以 20 世纪 90 年代以来的文献为主，结合本研究团队 2003 年以来的研究工作，编写了本书。本书主要是关于锂离子电池正极、负极材料和电解液的合成、改性与应用，深入浅出地阐述了主体材料的合成、改性及在电池体系中的性能。本书可供从事材料电化学的科研工作者、学生和企业人员参考使用，也希望本书对我国锂离子电池的发展起到一定促进作用。

本书是在湖北大学化学化工学院的支持下完成的，在编写过程中本课题组的研究生李琳、郑浩、王溦、杨赟、李华、王世银、李丽、马军、汤晶、高虹、江雪娅、姜强、李晴、张晴、徐杉、陈骁、刘涛、但美玉等同学给予了很大帮助，付出辛勤劳动，在此表示感谢；感谢澳大利亚卧龙岗大学郭再萍、武汉大学孙聚堂和张克立三位教授对本研究团队的帮助。本书得到化学湖北省重点学科建设经费资助。本书引用了一些国内外参考文献及文献部分内容和图表，在此表示感谢。

由于作者水平有限，书中难免存在疏漏和不妥之处，敬请读者批评指正！

冯传启　王石泉　吴慧敏

2016 年 11 月于武汉

目　　录

第 1 章　绪　　论

随着科学技术的发展，煤、石油、天然气等传统能源减少，废气的排放造成环境的日益恶化，严重影响了人类的生存环境。寻找新的能源和研究开发节能环保的能源储存和转换材料已成为科学研究的重要课题。为了满足市场的需要，电子产品不断更新换代并朝着小型化、轻量化和高性能的方向发展，而传统的铅酸电池、镍-镉电池、镍-氢电池因能量密度较低、环境污染等问题已不能很好地满足市场的需求。在这种发展趋势下，锂离子电池与其他二次电池相比具有很多独特的优点，如工作电压(3.6 V，而镍-镉电池、镍-氢电池仅为 1.2 V)较高、能量密度高(其质量比能量可达 100~160 Wh/kg，体积比能量为 270~360 Wh/L，为镍-镉电池的 2~3 倍、镍-氢电池的 1~2 倍)、循环寿命长且安全性高、污染小、自放电率低、不存在记忆效应等，因而迅速发展成为一种新型的绿色储能体系。

锂离子电池已广泛应用于电动汽车、移动电话、数码相机、手提式计算机、播放器等通信和数码产品中，而且市场份额也急剧增大，自 1990 年日本索尼公司实现锂离子电池商业化大生产后，成为了替代镍-氢电池的主流电源。同时，电动汽车成为未来交通工具的发展方向，优越的综合性能使锂离子电池成为电动汽车的首选高能动力电池之一。除了在电子产品及交通运输等方面的重要应用外，锂离子电池在军事、航空航天、医学等领域也有着广泛的应用前景。在军事方面，锂离子电池能量密度高、质量小的特点能使武器向更灵活和机动的方向发展，还可用作潜艇的混合电源；在航空航天方面，锂离子电池可用作轨道器、着陆器、漫游器等航天器的电能补充供应装置；在医学领域，锂离子电池可用于助听器及起搏器中，不仅对病人更安全，而且免除更换电池给病人带来的不便和疼痛；此外，锂离子电池还可用于动力负荷调节系统调节电力供应、微型电机系统的电源、地下采油等领域。锂离子电池具有如此重要的作用和地位及良好的应用前景，将在 21 世纪的军用与民用领域发挥举足轻重的作用。目前，全世界大量的科研团队已投入锂离子二次电池工艺和材料的研究与开发中，锂离子二次电池也将迎来更大的发展。

1.1　锂离子电池发展

在所有金属元素中,锂具有标准电极电位最负(-3.045 V)、最轻(M=6.94 g/mol,

$\rho=0.534$ g/cm^3，20 ℃)和电化当量最小(0.26 g/Ah)的特性，以锂作为电池的负极，将具有开路电压高、比能量大等特点。因此，开发以锂为负极的电池具有非常好的发展前景。锂电池的发展经历了以金属锂作负极的锂一次电池到嵌锂化合物的锂离子二次电池的过程，而锂离子电池是从锂离子二次电池发展起来的。锂电池从20世纪50年代开始研究，60年代技术基本成熟，而70年代初实现了锂一次电池的商品化，常见的有 Li/MnO$_2$、Li/CF$_x$($x<1$)、Li/SOCl$_2$ 等。与普通原电池相比，锂电池具有高电压(3.6 V)和高比能量密度的显著优点。但它不能循环使用，浪费资源且不经济。几乎在同时开始了对锂二次电池的研究，但进展缓慢。这是因为以锂片作负极的电池存在很大的安全隐患：在充、放电过程中，金属锂沉积在表面会产生树枝状结晶(枝晶)，枝晶会刺穿隔膜将正极与负极连接起来，造成短路使电池着火，严重时甚至会导致爆炸。为了解决枝晶生长所带来的安全性问题，人们在研究锂电池的同时也开始研究可充、放电锂离子电池的可行性。20世纪80年代初，Armand 首次提出了"摇椅电池"(rocking chair battery)的构想：采用低插锂电势的嵌锂化合物代替金属锂为负极，与高插锂电势的嵌锂化合物组成锂二次电池，这与后来发展的锂离子电池是同一概念。随后，1980 年 Goodenough 等提出了以层状化合物 LiMO$_2$(M=Ni、Co、Mn)作为锂充电电池的正极，形成了锂离子电池的雏形。20世纪80年代末，Nagaura 等首次提出了"锂离子电池"这一概念，以石油焦为负极材料、LiCoO$_2$ 为正极材料，配以合适的非水液体电解质(LiClO$_4$-PC+EC)，得到具有良好充、放电性能和较高比能量的电池。直到 1990 年，日本索尼公司第一次推出了商品化的锂离子电池，它采用可以使锂离子嵌入和脱出的碳材料作为负极、LiCoO$_2$ 为正极以及能与正、负极相容的 LiPF$_6$-EC+DEC 电解质，即通常所称的锂离子电池。它的问世很好地解决了锂离子二次电池安全性差、循环可逆性低等缺点，被人们称为"最有前途的化学电源"。自此以后对锂离子电池的研究与开发成为热点。

1.2　锂离子电池工作原理

目前,锂离子电池可分为两类:一类是液态锂离子电池(LIB),电解质为液态;另一类是聚合物锂离子电池(PLIB)，电解质为聚合物。所谓锂离子电池，是指分别用两个能可逆地嵌入和脱出锂离子的化合物作为正、负极的二次电池。在充电过程中，锂离子从正极脱出，嵌入负极；在放电过程中，锂离子从负极脱出，重新嵌入正极，就这样进行反复脱嵌运动，类似于一把摇椅，所以又称其为摇椅电池。以石墨为负极、商业用 LiCoO$_2$ 为正极的锂离子电池的工作原理如图 1-1 所示。

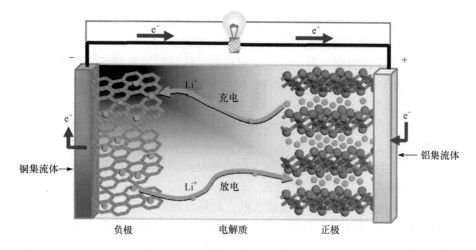

图 1-1 锂离子电池的工作原理

锂离子电池表达式为

$$(-)C\,|\,LiPF_6\text{-}碳酸乙烯酯+碳酸二乙酯\,|\,LiCoO_2(+)$$

当电池充电时，不同电极上发生如下反应：

正极反应：$LiCoO_2 \longrightarrow Li_{1-x}CoO_2 + xLi^+ + xe^-$

负极反应：$6C + xLi^+ + xe^- \longrightarrow Li_xC_6$

电池总反应：$LiCoO_2 + 6C \longrightarrow Li_{1-x}CoO_2 + Li_xC_6$

在正极中，Li^+ 和 Co^{3+} 分别位于立方紧密堆积氧层中交替的八面体位置。当进行充电时，Li^+ 从八面体位置脱出，同时释放一个电子使 Co^{3+} 氧化成 Co^{4+}，Li^+ 经过电解液到达石墨，嵌入石墨片层中，而为了保持电荷平衡的电子从外电路转移到石墨负极形成 Li_xC_6 化合物；放电时则相反，Li^+ 从负极层状结构的 Li_xC_6 化合物中脱出，经电解液嵌回正极 $Li_{1-x}CoO_2$ 中。在正常充、放电情况下，Li^+ 在石墨和 $LiCoO_2$ 层间嵌入和脱出时，一般不影响晶体结构，只是层间距发生了变化。Li^+ 在正、负极中都有相对稳定的空间和位置，因此电池的充、放电反应可逆性较好，保证了电池的循环寿命和使用的安全性。

1.3 锂离子电池正极材料简介

锂离子电池的电性能与所用电极材料和电解液材料的结构和性能有关，尤其是电极材料的性能。理想的嵌锂化合物应具有以下性能：

(1) 在嵌锂化合物 $Li_xM_yX_z$ 中金属离子 M^{n+} 应有较高的氧化还原电位，即放电反应要有较负的吉布斯(Gibbs)自由能，从而放电电压高。

(2) $Li_xM_yX_z$ 中金属离子 M 应有多个可变化合价，化合价相差越大，可允许可逆脱嵌的锂离子数就越多，以得到高的理论容量。

(3) 在锂离子的脱嵌过程中，电极材料的主体结构随着循环过程的进行没有变化或变化很小，具有较好的可逆性，同时氧化还原电位随 x 变化减小，可保持电压不发生明显变化。

(4) 嵌锂化合物的电子电导率和离子电导率高，可减小极化，满足在大电流条件下进行充、放电。

(5) 嵌锂化合物在整个电压范围内应具有良好的化学稳定性，与电解液既不相容也不发生化学反应，循环寿命长。

(6) 从商业化生产考虑，应该成本低、对环境污染小等。

目前锂离子电池的正极材料大多是一些锂与过渡金属元素形成的嵌入式化合物，其中以层状结构的 $LiMO_2$(M=Co、Ni、Ni-Co、Ni-Co-Mn)、尖晶石型 $LiMn_2O_4$ 和橄榄石型 $LiMPO_4$(M=Fe、Mn、Co)化合物为研究的重点。尤其是具有高安全性及良好循环寿命的橄榄石型 $LiFePO_4$ 更备受人们的重视，已进入产业化阶段，即将广泛应用于动力电池领域。

1.4　锂离子电池负极材料简介

锂离子电池的成功应用关键还在于能够可逆地脱出和嵌入锂离子的负极材料。锂离子电池的负极材料应满足以下要求：

(1) 在负极基体中 Li^+ 的嵌入氧化还原电位尽可能低，最好接近金属锂的电位，当与正极材料匹配时，电池具有高的输出电压。

(2) 在基体中能够发生可逆嵌入和脱嵌的锂应较多，即可逆的 x 值尽可能大，以得到高的容量密度。

(3) 在整个嵌入/脱嵌过程中，主体结构没有发生变化或很少，金属锂的嵌入和脱嵌应可逆，这样可以确保良好的循环性能。

(4) 随着 Li^+ 的嵌入，氧化还原电位的变化应尽可能小，这样电池的电压就不会有明显变化，从而可保证电池充、放电的平稳。

(5) 嵌入化合物应具有较高的离子和电子电导率，这样可减少极化并有利于大电流充、放电的进行。

(6) 主体负极材料要表面结构良好，才能与液体电解质形成良好的固体电解质界面(solid electrolyte interface，SEI)膜。

(7) 在整个电压范围嵌入化合物应具有良好的化学稳定性，而且在形成 SEI 膜后不与电解质等发生反应。

(8) 在主体负极材料中应具有较大的锂离子扩散系数，便于进行快速充、放电。

(9) 从实用角度考虑，主体材料还应价格便宜、对环境无污染等。

自从锂离子电池诞生以来，有关负极材料的研究主要集中在石墨化碳材料、无定形碳材料、氮化物、硅基材料、锡基材料、锗基材料、新型合金、纳米氧化物和其他复合材料等，其中石墨化碳材料是当今商品化锂二次电池中的主流。

石墨具有良好的层状结构，在片层结构中呈六角形排列的碳原子向二维方向延伸，形成适合锂离子嵌入和脱出的二维结构，它的层间距仅为 0.3354 nm，仅存在较弱的范德华力作用于层间。在较低电位(0～0.25 V)时，锂离子能够可逆地嵌入石墨层间，形成石墨插层化合物(GIC)。由于电荷间 Li^+ 的相互排斥，Li^+ 只能占据在石墨层间相间的晶格点，形成 Li_xC_6 化合物，当对应最大嵌锂量($x=1$)时，最大理论容量为 372 mAh/g。石墨按来源可分为天然石墨和人工石墨两类。虽然石墨具有高结晶度和高度取向的层状结构，但它的缺点也很明显，对电解液非常敏感而且难与溶剂相容，在大电流不能很好地进行充、放电也导致较差的动力性能。可对石墨表面进行适度氧化处理、包覆聚合物热解碳以形成具有核壳结构的碳质材料，或对碳质材料进行表面沉积金属离子处理等方面的表面修饰或改性处理，这样不仅可以保持原有的优点，而且还能明显改善它的循环性能，提高可逆容量以及改善与电解质的相容性。

研究无定形碳材料主要起源于石墨化碳需要高温进行处理，它的热处理温度较低(500～1200 ℃)，因此石墨化过程进行得不完全，所得的碳材料包括石墨微晶和无定形区两部分。无定形碳具有比石墨高的容量，其可逆容量高达 900 mAh/g，而且锂离子在无定形碳中有更快的迁移率，但循环性能不很理想，可逆储锂容量随循环的进行而快速衰减，另外电压还存在滞后现象，Li^+ 嵌入时，主要是 0.3 V以下进行；而脱出时则有大部分在 0.8 V 以上。

对氮化物的研究主要源于 Li_3N 具有高的离子导电性(离子传导率为 10^{-3} S/cm)，即 Li^+ 易发生迁移，但由于它分解电压过低(0.44 V)，很难单独作为锂离子电池的电极材料。通过研究发现，如果掺杂一定量的过渡金属元素，如 Co、Ni、Cu、Mn、Ti、V、Fe、Cr 等，与 Li_3N 合成锂过渡金属复合氮化物，很好地结合了锂氮化合物的离子导电性高和过渡金属的易变价的优点。主要有两种结构：反萤石结构 $Li_{2n-1}MN_n$(如 Li_3FeN_2、Li_7MnN_4)和六方晶系结构 Li_3N 型 $Li_{3-x}M_xN$(M=Co、Ni、Cu)。在各种氮化物中，$Li_{2.6}Co_{0.4}N$ 的电化学性能最优，它的可逆容量可达到1024 mAh/g，且首次充、放电效率为 96%，但容量衰减很快，利用掺杂可提高其循环性能。通常采用高温固相法和高能球磨法合成这种复合氮化物。

硅材料有晶体硅和无定形两种，其中无定形硅作为锂离子电池负极材料的性能较佳。以硅作负极，最大储锂量理论上是每个 Si 原子可储 4.4 个锂，即 $Li_{4.4}Si$，容量可高达 4200 mAh/g。但在锂脱嵌过程中纯硅的体积变化很大，可高达 300% 以上，电极粉化严重、剥落，导致容量急速下降。因此，采用各种方法来改善它的循环性能，如将硅纳米化或者制备非晶化硅可以改善循环性能，但是效果并不明显，于是研究制备硅基复合材料作为锂离子电池负极材料，可以抑制硅在脱嵌锂过程中的体积膨胀。Kim 将 C、Cu 同时引入硅基材料形成复合化合物，在经过 30 次的循环后仍可使容量保持在 700 mAh/g 左右。

1997 年 Idota 等发现以锡基材料为负极材料时有 600 mAh/g 的可逆容量，而且循环性能很好，从而引起了研究者对锡基材料的极大兴趣。锡基材料主要有锡的氧化物、复合氧化物和合金三种，其中锡的氧化物又有氧化亚锡、氧化锡及其混合物，因制备方法的不同其性能也有很大差异。在 SnO、SnO_2 中引入一些非金属或金属氧化物，如 B、Al、P、Si、Ge、Ti、Mn、Fc、Zn 等，经过热处理后可得到锡基复合氧化物。通过形成复合物可以抑制其在循环过程中的体积膨胀，从而提高循环性能特别是材料的高倍率性能。因为在氧化锡中加入其他氧化物后可形成无规的网络，能使活性中心相互隔离开而能够有效储锂；另外与结晶态锡的氧化物相比，加入其他氧化物所形成的无定形玻璃体提高了锂的扩散系数，从而有利于锂的可逆嵌入和脱出。研究发现利用 $CuFe_2O_4$、碳纳米管、石墨、中间相碳微球石墨(MCMB)、ZnO 等与锡的氧化物复合后都明显改善了电化学性。通过制备特殊形貌纳米管、球状、多孔、球壳的 SnO_2 作为锂离子电池负极材料，不仅保持了锡基氧化物的高容量，还具有好的循环性能。

合金的加工性、导电性好，不像碳材料对环境敏感，具有快速充、放电能力，能防止溶剂的共嵌入等。合金化所形成的活性-非活性的体系可以降低体积效应，还能有效缓解 Li^+ 在嵌入和脱嵌过程中造成的体积膨胀。在充、放电循环时，Li^+ 与活性中心发生反应，而惰性金属作为缓冲降低电极绝对体积的增加。目前研究的合金材料主要有锡基合金、硅基合金、锑基合金、锗基合金和镁基合金等。

在 1987 年之前，已经发现有一些金属氧化物如 SnO、SnO_2、WO_2、MoO_2、VO_2、TiO_2 等能够可逆地进行充、放电，但因为它们的锂离子扩散系数小、氧化还原电位高等，并没有引起人们的兴趣。直到 1996 年，日本富士公司研发出了无定形锡基氧化物(TCO)负极材料，它的容量可高达 825 mAh/g，而且循环性能好，从而引发了对金属氧化物的重视。目前研究的有两类金属氧化物可作为负极材料：一类是以 WO_2、MoO_2、TiO_2、$Li_4Ti_5O_{12}$、$Li_4Mn_5O_{12}$ 为代表的嵌锂化合物，它们的特点是锂的嵌入只发生材料结构的改变而并没有氧化锂生成，锂的脱嵌可逆性好，但容量偏低、锂脱嵌稍高，$Li_4Ti_5O_{12}$ 的容量仅为 150 mAh/g，充、放电电位高达 1.5 V；另一类是近来发现的一些具有岩盐结构的纳米氧化物，如 MO(M=Cr、Co、Ni、Fe、Cu 等)，它们在嵌锂后能形成具有电化学活性的氧化锂而可逆脱嵌锂，而且容量高(可达 400～1000 mAh/g)、循环性能好，但与锂的反应电位高，初次在 0.7 V 左右，随后上升到 1 V 左右。因此，过渡金属氧化物作为锂离子电池的负极材料要实现商业化生产还有一段距离，需要进一步研究。

一些过渡金属硫化物 TiS_2、MoS_2 等也可作为锂离子电池的负极材料，可与 4 V 的正极材料 $LiCoO_2$、$LiNiO_2$ 和 $LiMn_2O_4$ 等组成低电压的电池，以 TiS_2 为负极、$LiCoO_2$ 为正极的电池，其电压在 2 V 左右，而且循环性能较好。MoS_2 为六方晶系，与石墨有相似的层状结构，层内是很强的共价键，层间则是较弱的范德华力，层与层易剥离，其中 Mo 和 S 原子之间的键较短，而 S 原子之间的间隔较大，S—Mo—S 的键角与共价键的结构一致，由于其特殊的层状结构而具有独特的电学和光学性质，在固体润滑剂、加氢脱硫催化剂、半导体材料、插层材料等领域得到广泛的应用，尤其在锂离子电池电极材料方面具有重要应用。刘晓琳、冯传启等研究发现，钒酸盐可作为新型负极材料，不仅具有较高的充、放电容量，而且有优良的循环性能，是有潜力的负极材料。

1.5　锂离子电池电解液简介

锂离子电池的电解质分为固体电解质、液体电解质(电解液)和熔盐电解质。电解液在锂电池正、负极之间起传导电子的作用，是锂离子电池获得高电压、高比能等优点的充分保证，故称其为电池的"血液"。电解液一般由高纯度的有机溶剂、锂盐、必要的添加剂等原料，在一定条件下按一定比例配制而成。锂电池主要使用的锂盐有高氯酸锂、六氟磷酸锂等无机或有机盐类。对电解质溶液要求如下：

(1) 离子电导率高，一般应达到 10^{-3}～2×10^{-3} S/cm；锂离子迁移数应接近于 1。

(2) 电化学稳定电位范围宽，必须有 0～5 V 的电化学稳定窗口。

(3) 热稳定性好，使用温度范围宽，能在要求温度范围内稳定。

(4) 化学稳定性高，与电池内的其他材料不发生反应。

(5) 安全低毒，最好能生物降解。

在锂离子电池电解液中，常加入特定的添加剂，相当于进行"血液注射"，即使用较少的剂量，就可以针对性地改变电池的某些性能，其中包括电极容量、倍率充放电性能、正负极匹配性能、循环性能和安全性能等，故对新型添加剂的研究也不可忽视。

参 考 文 献

冯传启. 2003. 锂锰尖晶石正极材料的合成、改性及其性质的研究[D]. 武汉：武汉大学博士学位论文

高虹. 2014. 磷酸铁锂及钨(钼)氧化物的合成、改性及电化学性能的研究[D]．武汉：湖北大学硕士学位论文

高颖, 邬冰. 2004. 电化学基础[M]. 北京：化学工业出版社：165-178

郭炳焜, 徐徽, 王先友, 等. 2002. 锂离子电池[M]. 长沙：中南大学出版社：1-17

贾梦秋, 杨文胜. 2004. 应用化学[M]. 北京：高等教育出版社：338-350

李华. 2011. 锂离子电池电极材料的合成、改性及电化学性能研究[D]．武汉：湖北大学硕士学位论文

李琳. 2015. 锂离子电池三元正极材料 $LiNi_{1/3}Co_{1/3}Mn_{1/3}O_2$ 的合成、改性及电化学性能研究[D]．武汉：湖北大学博士学位论文

吕鸣祥, 黄长保, 宋玉瑾. 1992. 化学电源[M]. 天津：天津大学出版社：1-3

米常焕, 曹高劭, 赵新兵. 2005. 碳包覆 $LiFePO_4$ 的一步固相法制备及高温电化学性能[J]. 无机化学学报, 21(4)：556-560

任学佑. 1999. 小型可充电池的发展与竞争[J]. 电池, 29(1)：34-36

文国光, 冯熙康. 1995. 电池电化学[M]. 北京：电子工业出版社：125-137

张新龙. 2004. 锂离子电池正极材料 $LiFePO_4$ 的合成与改性研究[D]. 长沙：中南大学硕士学位论文

周恒辉, 慈云祥, 刘昌炎. 1998. 锂离子电池正极材料的研究进展[J]. 化学进展, 10(1)：85-94

Armand M. 1980. In Materials for Advanced Batteries[M]. New York：Plenum Press, 145-149

Bard A J, Faulkner L R. 1980. Electrochemical Methods：Fundamental and Application[M]. New York：John Wiley&Sons：105

Levi M D, Salitre G, IviarkovskyB, et al. 1999. Solid-state electrochemical kinetics of Li-ion intercalation into $Li_{1-x}CoO_2$：simultaneous application of electroanalytical techniques SSCV, PITT, and EIS[J]. J Elechtrochem Soc, 146(4)：1279-1289

MacNeil D D, Lu Z H, Chen Z H, et al. 2002. A comparison of the electrode/electrolyte reaction at elevated temperatures for various Li-ion battery cathodes[J]. J PowerSource, 108(1-2)：8-14

Miuta K, Yamada A, Tanaka M. 1996. Electric atates of spinel $LixMn_2O_4$ as a cathode of the rechargeablebattery[J]. Electrochem Acta, 41(3)：249-256

Mizushima K, Jones P C, Wiseman P J, et al. 1980. $Li_xCoO_2(0<x<1)$：a new cathode materials for batteries of high energy density[J]. Mat Res Bull, 15：783-789

Nagaura T, Tozawa K. 1990. Lithium ion rechargeable battery[J]. Prog Batteies Solar Cells, 9：209

Nagaura T, Tozawa K. 1990. Lithium Ion Rechargeable Battery[M]. Cleaveland：JEC Press：66-75

Prosini P P, Lisi M, Zane D, et al. 2002. Determination of the chemical diffusion coefficient of lithium in $LiFePO_4$[J]. Solid State Ionics, 148(1-2)：45-51

Scrosati B. 1996. Challenge of portable power[J]. Nature, 381：499-500

Scrosati B. 2000. Recent advances in lithium ion battery materials[J]. Electrochimica Acta, 45：2461-466

Tarascon J M, Armand M. 2001. Issues and challenges facing rechargeable lithium batteries[J]. Nature, 144(15)：359-367

Wang D Y, Wu X D, Wang Z X, et al. 2005. Cracking causing cyclic instability of $LiFePO_4$ cathode material[J]. Journal of Power Sources, 140(1)：125-128

第 2 章　锂离子电池正极材料

2.1　锂锰尖晶石

2.1.1　简介

锂锰化合物不仅安全性高、耐过充性好、工作电压高，而且锰资源丰富、价格便宜、对环境污染小。因此，Li-M-O 系化合物可作为理想的商业用锂离子电池正极材料之一。

锂锰氧化物主要以两种结构存在：层状结构和尖晶石结构。合成工艺的不同导致晶体结构差别较大，根据文献报道，层状 $LiMnO_2$ 现在有三种晶体结构：一是正交晶系(o-$LiMnO_2$)，属于 $Pmnm$ 空间群；二是单斜晶系(m-$LiMnO_2$)，属于 $C2/m$ 空间群；三是六方晶系(r-$LiMnO_2$)，属于 $R3m$ 空间群。出现复杂晶体结构是因为在 $LiMnO_2$ 中 $Mn^{3+}(d^4)$ 有四个平行自旋的未成对电子，在 MnO_6 八面体中 d 轨道发生能级分裂导致 Jahn-Teller 畸变，降低了 $LiMnO_2$ 的对称性，从而使晶体结构多样化。虽然 $LiMnO_2$ 的理论容量高达 285 mAh/g，但实现商业化困难，主要是层状的 $LiMnO_2$ 为热力学亚稳定相，高温稳定性差，在电化学反应中易转化为类尖晶石结构。作为正极材料重点叙述锂锰尖晶石，它的理论容量为 148 mAh/g，但实际容量为 110～130 mAh/g。1991 年 Ohzuku 和 Guyomand 将 $LiMn_2O_4$ 成功用于锂离子电池，它相比 $LiCoO_2$ 有很多优点，发展前景良好，受到了人们的广泛关注。尖晶石 $LiMn_2O_4$ 为面心结构体系，是典型的 $Fd3m$ 空间群。O 原子构成了面心立方堆积的八面体，而 Mn 原子交替位于八面体的间隙位置，其中 3/4 的 Mn 原子位于氧层之间，余下的则位于相邻层。Mn_2O_4 网络骨架构成共面的四面体与八面体的三维网络尖晶石结构，在脱嵌锂时，Li^+ 直接嵌入由 O 原子构成的四面体间隙(8a)位置，同时有足够的 Mn 存在于每一层中保持理想的 O 原子立方紧密堆积状态，这时 Li^+ 会占据四面体(8a)位置，而 Mn 占据八面体(16d)位置，O 占据面心立方(32e)位置，所以它的结构也可表示为 $Li_{8a}[Mn_2]_{16d}O_4$，如图 2-1

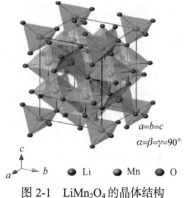

$a=b=c$
$\alpha=\beta=\gamma=90°$

● Li　● Mn　● O

图 2-1　$LiMn_2O_4$ 的晶体结构

所示。尖晶石结构并不是一个普通的面心立方结构,它的晶胞边长为普通的两倍,所以它由 8 个普通的面心立方晶胞构成,而一个晶胞中包含 32 个 O 原子,32 个八面体间隙位(16d)的 1/2 被 16 个 Mn 原子占据,剩下的(16c)位空着;64 个四面体间隙位(8a)的 1/8 占据着 Li。因此,在 Mn_2O_4 三维网络结构中,Li^+ 沿 8a-16c-8a 的通道通过空着的相邻四面体和八面体的间隙来脱嵌。

在 $LiMn_2O_4$ 中 Mn 与 O 虽然以较强的共价键构成了 Mn_2O_4 立体网,但锂完全离子化,所以锂离子可直接进出晶体。充电时,锂离子从 8a 位置脱出,$n(Mn^{3+}/Mn^{4+})$ 值变小,$LiMn_2O_4$ 变成了 $\lambda\text{-}MnO_2$,只留下 $[Mn_2]_{16d}O_4$ 稳定的尖晶石骨架;而放电时,嵌入的锂离子在静电力作用下首先进入势能低的 8a 位,发生了以下转变:

$$[\quad]_{8a}[Mn_2^{4+}]_{16d}[O_4^{2-}]_{32e}+Li^++e^- \longrightarrow [Li^+]_{8a}[Mn_2^{4+}Mn_2^{3+}]_{16d}[O_4^{2-}]_{32e} \tag{2-1}$$

$LiMn_2O_4$ 的充、放电反应式:

$$LiMn_2O_4 \longrightarrow Li_{1-x}Mn_2O_4+xLi^++xe^- \tag{2-2}$$

Hackney 等用电池 $Li/Li_xMn_2O_4$ 在 4.5～2 V 进行充、放电循环,发现曲线有两个平台,平台差值为 1.2 V,分别对应于 $Li_xMn_2O_4$ 的 $0 \leqslant x \leqslant 1$ 和 $1 \leqslant x \leqslant 2$ 两个组成变化范围。在 Li^+ 嵌入过程中发生了相变:当 $x>1$ 时立方相转化为四方相。用循环伏安法研究不同温度下的锰酸锂,曲线上有 3.95 V 和 4.15 V 两对氧化还原峰,也显示 Li^+ 的脱嵌均分为两步。而 Ohzuku 认为分为三步:第一步 $0.27< x <0.60$,平台电压 4.110 V,在两立方相($a_c=0.8045$ nm 和 $a_c=0.8142$ nm)间进行反应;第二步 $0.60< x <1.0$,放电曲线呈 S 形(平均电压 3.94 V),反应在单一的立方相中进行($a_c=0.8142$ nm);第三步 $1.0< x <2.0$,平台电压 2.957 V,在立方晶相($a_c=0.8239$ nm)和四方晶相($a_T=0.5649$ nm 和 $c_T=0.9253$ nm)两相间进行。虽然 Li^+ 的脱嵌分两步进行的机理还没有定论,但实验结果都说明:Li^+ 在尖晶石 $LiMn_2O_4$ 的嵌入(脱出)在电压 4.2 V 时是分两步进行的;在 3 V 还有一个平台,它们之间相差 1.2 V;根据 $LiMn_2O_4$ 的充、放电曲线推测:第一步的平台电压约 4.15 V,当 Li^+ 嵌入 $\lambda\text{-}MnO_2\text{-}Li_{0.5}Mn_2O_4$ 和 $Li_{0.5}Mn_2O_4\text{-}LiMn_2O_4$ 两个均衡的体系时,由于每一步的容量为总容量一半,Li^+ 嵌入尖晶石结构的 8a 位置的一半,这时相结构由 $\lambda\text{-}MnO_2$ 变为 $Li_{0.5}Mn_2O_4$ 单相;第二步的平台电压约为 4.05 V,Li^+ 继续嵌入其余 8a 空位,由于 Li^+ 间排斥力增加而使体系自由能略有增大,导致第二平台电压比第一平台低 100 mV,晶相由 $Li_{0.5}Mn_2O_4$ 完全变为 $LiMn_2O_4$。

目前,尖晶石 $LiMn_2O_4$ 的合成方法主要有两种:固相合成法和液相合成法。传统的固相合成法主要有高温合成法、微波合成法和熔融浸渍法等。

固相合成法最先由 Hunter 提出,是将各种原料直接混合后在一定温度下煅烧合成产物。优点是操作简单,因此固相合成法适合商品化生产。缺点是反应物之间接触不充分，得到的产物粒径较大且分布不均匀、电化学性能较差、存在杂质相，并且能耗大、反应时间长等。一般选择 650～850 ℃作为高温合成 $LiMn_2O_4$ 尖晶石的适宜温度。Tarascon 和 Yadama 研究表明：在烧结温度高于 780 ℃时 $LiMn_2O_4$ 开始失氧，并且随着煅烧温度的升高和冷却速率的加快而缺氧越严重，而在 840 ℃的空气中 $LiMn_2O_4$ 会由立方相转变为四方相，缺氧型尖晶石 $LiMn_2O_4$ 的电化学性能明显不如标准尖晶石。

卢集政等通过微波合成法合成 $LiMn_2O_4$ 样品，实验结果表明，微波加热功率和时间对产物的物相影响很大。由于微波加热升温快，反应迅速，$LiMn_2O_4$ 的合成可在数分钟内完成，合成的产物颗粒小、比表面积大。杨书廷等利用微波合成法制备出亚微米级 $LiMn_2O_4$ 粉体，电化学容量可达到 120 mAh/g，而且循环稳定性较好。微波加热升温速度快，能在很短时间内得到产物，而且产物粒度小，团聚也减少了，具有节能、环保等优点。

熔融浸渍法是一种改进的高温固相合成法，利用硝酸锂盐熔点(260 ℃)较低的特点，在 300 ℃左右进行预处理后，将熔融的硝酸锂盐浸渍到多孔的二氧化锰表面形成均一的混合物，再经过热处理得到锂化合物。Yoshio 等最早提出这种合成方法，制备的 $LiMn_2O_4$ 的初始放电容量高达 135 mAh/g。Xia 等通过电解 MnO_2 和 $LiNO_3$ 制备出了初始容量为 135 mAh/g、循环性能优良的 $LiMn_2O_4$。虽然增加了反应物间的接触，降低了反应温度，缩短了反应时间，反应效率高，制备出的产物粒度分布均匀、具有较大的比表面积，还可维持金属氧化物的多孔形状，电化学性能好，但无法保证反应物在分子水平上的充分接触，反应过程中会出现副产物，NO_2 会严重污染环境。

传统的液相合成法有溶胶-凝胶法、Pechini 法、水热法、共沉淀法等。

溶胶-凝胶法是一种软化学方法，是把各种反应物在水中溶解形成均匀的溶液，然后加入有机络合剂把各金属离子固定，通过调节 pH 使其形成固态凝胶，再将凝胶干燥，焙烧除去有机成分，最后得到产物。Barbox 等用 $MnAc_2$ 和 LiOH 作反应物，并用氨水调节 pH=7～8，从溶液中析出沉淀后，烘干除去水得到干凝胶状前驱体，然后烧结得到 $LiMn_2O_4$。溶胶-凝胶法具有合成温度低、反应时间短、反应产物粒度均一、尺寸小、反应过程易控制等优点，但由于醇化物前驱体的反应活性大，易生成沉淀，而且不能保证加热过程中产物的均匀性。

Pechini 法是基于金属离子与有机酸(如柠檬酸)可以形成螯合物。然后酯化进一步聚合形成固态高聚体制得前驱体，通过煅烧前驱体得到产品。Pechini 法合成尖晶石 $LiMn_2O_4$ 的详细过程为：在物质的量比为 1:4 的柠檬酸和乙二醇的 90 ℃混合溶液中加入一定量的 $LiNO_3$ 和 $Mn(NO_3)_2$，柠檬酸的量为 Li、Mn 离子的物质的量之和，反应温度控制在 140 ℃以下，搅拌、回流加热该混合溶液直至混合溶液中得到黑棕色的凝胶。再在真空干燥箱中分段升温至 180 ℃，除去凝胶中未反应的乙二醇后得到焦黑色、海绵状的前驱体，最后在 600～900 ℃煅烧 6 h，自然冷却得到尖晶石 $LiMn_2O_4$。徐宁等用该方法合成 $LiMn_2O_4$ 材料，初始充、放电容量分别为 138 mAh/g、126 mAh/g，循环 20 次后容量为初始的 94.7%。采用 Pechini 法制备掺杂尖晶石 $LiMn_2O_4$ 具有合成温度低、焙烧时间短、颗粒细、均匀性好等优点，但其工艺过程较复杂，流程相对较长，采用金属醇盐水解、有机络合，所用有机试剂成本较高，不适合工业化生产。

水热法是将锂盐和锰盐的溶液置于不锈钢高压釜中，进行水热反应获得 $LiMn_2O_4$，其优点是反应温度较低。Kanasaku 等采用水热合成法，将 γ-MnOOH 溶解于适当浓度的 LiOH 水溶液中，在 130～170 ℃下温度恒温反应 48 h，过滤得到纯相的产物 $LiMn_2O_4$。得到的产物晶形较好，在扫描电子显微镜(SEM)下观察，产物颗粒大小为 0.2～1 μm，且大小与形貌比较均一。

共沉淀法一般是将锂盐、锰盐溶解后，调节 pH 至碱性，加入沉淀试剂，再将沉淀干燥，烧结合成 $LiMn_2O_4$ 材料。Barbox 等用 $MnAc_2$ 与 LiOH 反应，用氨水调节 pH=7～8，从溶液中共析出 LiOH 和 $Mn(OH)_2$ 沉淀物，烘干除去水分得到干凝胶状前驱体。在此过程中 $Mn(OH)_2$ 容易被空气氧化成氧化锰，而且锂沉淀不完全；而采用 KOH 在乙醇溶液中沉淀 LiCl 和 $MnCl_2$，可使 LiOH 和 $Mn(OH)_2$ 沉淀较完全，但会产生副产物 KCl，需经水洗除去 KCl。采用共沉淀法得到的材料颗粒很小，成分均一化程度高，但是反应过程不易控制。

虽然 $LiMn_2O_4$ 被认为是理想的 4 V 级正极材料，但是它还存在存储性能较差、容量衰减较快，尤其是高温(>55 ℃)循环性能较差等问题，这些都极大地限制了 $LiMn_2O_4$ 的大规模应用。目前关于 $LiMn_2O_4$ 容量衰减的报道也很多，分析影响其衰减的原因主要有以下几方面。

1. 锰的溶解

锰在电解液中的溶解是容量衰减的重要因素之一，有两方面导致了 $LiMn_2O_4$ 溶解：

(1) 电解液在高温高电位时氧化分解产生了 HF，还有电解液中的痕量水也会导致某些锂盐电解液如 $LiPF_6$ 水解产生 HF，从而使 $LiMn_2O_4$ 在酸的作用下直接溶解：

$$LiPF_6+H_2O =\!\!= 2HF+POF_3+LiF \qquad (2\text{-}3)$$

$LiMn_2O_4$ 在酸性条件下发生溶解：

$$4H^++2LiMn_2O_4 =\!\!= 3\lambda\text{-}MnO_2+Mn^{2+}+2Li^++2H_2O \qquad (2\text{-}4)$$

(2) Mn^{3+} 的歧化反应也引起了 $LiMn_2O_4$ 溶解：

$$2Mn^{3+}(固)\!=\!\!=\!\!Mn^{2+}(液)+Mn^{4+}(固) \tag{2-5}$$

Xia 等研究发现高温条件下主要在高压区(4.1 V)发生容量损失，随着锰的溶解，该区的两相结构会逐渐变为稳定的单相结构 $LiMn_{2-x}O_{4-x}$，这一结构转化构成容量损失的主要部分。Robenson 也发现锰溶解后的产物 Li_2MnO_3 和 $Li_2Mn_4O_9$ 在 4 V 区没有电化学活性，此外，Mn^{3+} 的歧化溶解形成了缺阳离子型尖晶石相，破坏了晶格结构，同时堵塞了 Li^+ 扩散通道。

2. Jahn-Teller 效应

$LiMn_2O_4$ 中 Mn 的电子组态为 d^4，由于这些 d 电子不均匀，占据在八面体场作用下分裂的 d 轨道上，导致氧八面体偏离球对称性，畸变为变形的八面体构型，即发生了 Jahn-Teller 效应，如图 2-2 所示。而 $LiMn_2O_4$ 材料会发生由立方晶相向结构稳定性较差的四方晶相转变，造成了晶体结构的变形或坍塌，从而阻碍了锂离子在 8a-16c-8a 通道的自由活动。

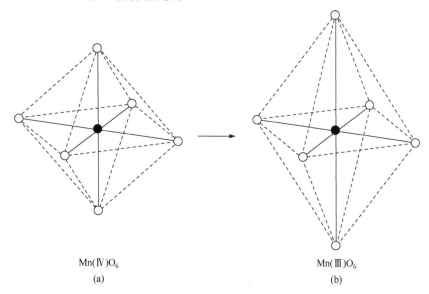

Mn(Ⅳ)O_6　　　　　　　　　　　　Mn(Ⅲ)O_6

(a)　　　　　　　　　　　　　　　　(b)

图 2-2　$LiMn_2O_4$ 发生 Jahn-Teller 效应示意图

(a)Mn^{4+}为立方对称性 $3d^3$(没有 Jahn-Teller 效应)；(b)Mn^{3+}为四方对称性 $3d^4$(发生 Jahn-Teller 效应)

在尖晶石 $LiMn_2O_4$ 中 Mn^{3+} 和 Mn^{4+} 各占据八面体一半的 16d 位。其中 Mn^{3+} 有 Jahn-Teller 活性，存在于其 d_{z^2} 轨道中的 e_g 电子对于 O^{2-} 在 z 轴方向有强烈的排斥作用。相邻的 Mn 形成 Mn—O—Mn 的 90°键角，邻近的 Mn 离子中 t_{2g} 和 e_g 轨道与 O 的相互正交的 2p 轨道作用，其相互作用抑制了能带的形成限定了 d 电子。

Mn^{3+}虽然占据一半的八面体空位，但在室温下还不足以引起 Jahn-Teller 效应，晶格在各个方向上应力相同，晶体结构仍能保持立方结构。但温度升高后，具有热活性的 e_g 电子引起轨道的不均匀占据，晶格难以承受不均匀的应力，不再保持高度对称的立方结构，从而发生 Jahn-Teller 扭曲。

3. 电解液的减少

进行充、放电时，在高电压下电解液不够稳定，易发生分解。电解液的氧化主要从两个方面引起材料的可逆容量衰减。一方面，它是 H^+ 产生的主要来源；另一方面，电解液与正极材料直接反应，生成没有电化学活性的有机化合物。电解液和材料发生反应，不仅引起正极材料和电解液的损失，同时在电极表面形成了一层钝化膜，阻止了电子传送，导致材料的可逆容量衰减。

目前改善 $LiMn_2O_4$ 循环性能的方法主要有：①优化合成方法；②掺杂改性；③材料表面包覆改性。合成条件对尖晶石 $LiMn_2O_4$ 的形貌有很大的影响，而颗粒的大小对电池的充放电速度、效率、可逆容量、循环寿命等性能都会有直接影响，所以优化合成条件有利于降低容量的衰减。表面修饰是对尖晶石型 $LiMn_2O_4$ 表面覆盖一薄层物质，可以减少 $LiMn_2O_4$ 的溶解，同时增加其在充、放电过程中结构的稳定性，从而提高锰酸锂的循环性能。Zheng 等采用一层约 30 nm 厚的网状结构的聚 $(SiO_2)_n$ 包覆在 $LiMn_2O_4$ 表面，循环 50 次后容量仍可保持在 125.3 mAh/g。而掺杂是最有效的方法之一，它不仅可以提高晶格的无序化程度，增强结构的稳定性，而且当掺杂离子的价态小于等于 3 时会降低 Mn^{3+} 在尖晶石中的含量，使 Mn 的平均化合价升高，从而抑制 Jahn-Teller 效应。一般来说，对尖晶石 $LiMn_2O_4$ 的掺杂主要是通过用少量的金属离子取代部分 Mn(16d)，或者用部分阴离子替代 O，最终达到增强晶体结构稳定性的目的。而替代部分 Mn^{3+} 的做法有合成富锂尖晶石相 $Li_{1+x}Mn_{2-x}O_4$ 和掺杂 $LiM_yMn_{2-y}O_4$(M 为掺杂金属离子)系列。掺杂的金属离子大多数是 2 价或 3 价，如 Al^{3+}、Ni^{2+}、Co^{3+}、Cr^{3+}、Mg^{2+}、Cu^{2+}、Fe^{3+} 等。这些离子掺杂后并不参与 4 V 电压平台的电化学过程，只是有助于稳定$[MnO_6]$八面体结构，从而提高电极的循环性能，但也使部分容量向高电位区移动。用 F^- 或 S^{2-} 等阴离子部分替代 O^{2-}，一方面可提高材料的容量；另一方面它们较大的电负性也增强了结构的稳定性，从而提高了锰酸锂的循环性能。

关于锂锰尖晶石的理论容量计算，人们总在不断地研究新的合成方法，使目标产物具有高容量，对富锂型的尖晶石 $Li_{1+x}Mn_{2-x}O_4$ 可拓宽充、放的电压范围，但容量有所改变，为了保持电中性或价态平衡，$Li_{1+x}Mn_{2-x}O_4$ 分子式中 Mn^{3+}、Mn^{4+} 的个数分别为 $1-3x$、$1+2x$，因为 $3\times(1-3x)+4\times(1+2x)+(1+x)+(-2)\times4=0$，所以 $Li_{1+x}Mn_{2-x}O_4$ 可写成 $Li[(Li_xMn(III)_{1-3x}Mn(IV)_{1+2x})]O_4$，其中 Li^+ 占 8a 位。

$Li^+_xMn^{3+}_{1-3x}Mn^{4+}_{1+2x}$ 占 16d 位，O^{2-} 占 32e 位，可以推算锰的平均氧化态为

$$\frac{3(1-3x)+4(1+2x)}{(1-3x)+(1+2x)}=1+\frac{5}{2-x}>3.5 \quad (0<x<1)$$

Li^+ 占据部分 Mn^{3+} 位，使得容量有所下降，对于每个 $Li_{1+x}Mn_{2-x}O_4$ 分子最多可脱的 Li^+ 量并不是 $(1+x)$ 而是 $(1-3x)$ 个，这可以从 16d 位的 $(1-3x)$ 个 Mn^{3+} 在脱锂后变为 Mn^{4+} 加以理解，即最大极限脱锂的最终产物使 Mn^{3+} 全部变为 Mn^{4+}，也就是

$$Li_{1+x}Mn_{2-x}O_4 \xrightarrow{\text{脱}(1-3x)\text{个锂离子}} Li_{4x}Mn_{2-x}O_4$$

因此可计算得出 $Li_{1+x}Mn_{2-x}O_4$ 的理论容量

$$C=\frac{26800(1-3x)}{6.94(1+x)+5.49(2-x)+4\times16}=\frac{1-3x}{1-0.256x}\times148(\text{mAh/g})$$

当 $x=0$，$C=148$ (mAh/g)。

当 $x<0.1$ 时，则 $C\approx148(1-3x)$ mAh/g。

当 $x=0.1$ 时，$C\approx106$ mAh/g。

对于 $LiMn_{2-y}M_yO_4$，当 M 的电荷为 +2，则推得 Mn^{3+} 的数目为 $1-2y$，理论容量

$$C\approx\frac{1-2y}{M_2/M_1}\times148(\text{mAh/g})$$

式中，M_1、M_2 分别为掺杂前后尖晶石的相对分子质量。

当 $y=0.05$ 时，$C=\frac{1-2\times0.05}{M_2/M_1}\times148\approx133(\text{mAh/g})$（设 $M_2\approx M_1$）。

当 $y=0.1$ 时，$C=\frac{(1-2y)\times148}{M_2/M_1}\approx118(\text{mAh/g})$（设 $M_2\approx M_1$）。

当 $y=0.5$ 时，4 V 平台消失，转到 3 V 级放电平台，实际容量高达 160 mAh/g。

对于 $LiMn_{2-y}M_yO_4$，当 M 的电荷为 +3 时，则 $LiMn^{3+}_{1-y}Mn^{4+}M^{3+}_yO_4$，若 M^{3+} 不能被氧化，则脱去 Li^+ 数为 $1-y$。当 $y=0.2$ 时，理论容量 $C\approx(1-y)\times148\approx118(\text{mAh/g})$。当 $y=0.1$ 时，$C\approx133$ mAh/g。当 $y=0.02$ 时，$C=(1-0.02)\times148\approx145(\text{mAh/g})$。若掺杂原子的量大于锰，则 $C<145$ mAh/g；若 M 原子的量小于 Mn 原子的量，则 $C>145$ mAh/g。

当掺杂稀土时，$LiMn_{2-y}Gd_yO_4$，Gd 的电荷为 +3，当 $y=0.1$ 时，$M_1=6.94+54.9\times1.9+157\times0.1+16\times4=190.95$，$M_2=180.74$，理论容量为 125.1 mAh/g。

当掺杂稀土元素时，由于相对原子质量较大，与掺杂相对原子质量较小的三价金属离子相比，对容量降低较显著。总之，掺杂金属离子会导致容量下降，掺杂两价金属离子比掺杂三价金属离子的理论容量降低显著，掺杂一价则降低更显

著，即容量降低的值与掺杂金属离子的电荷成反比。为了在容量保持较大的条件下改变其循环性，故选择合适的掺杂离子的量是必要的。

2.1.2 锂锰尖晶石的软化学合成

1. 流变相反应法合成

有关尖晶石的合成方法较多，流变相反应是近年来由孙聚堂、张克立等提出的，并应用于无机合成，取得了较大的进展。流变相是指介于液相和固相中间的一种状态，似固非固，似液非液，类似于牙膏、生面团、化妆品等。流变相反应是将固体反应物按一定比例混合，研细，加少量水或其他溶剂，然后将其充分搅匀，使其形成一种流变状态。将流变态混合物转移到反应器中，恒温到指定温度，经过一段时间让其充分反应而形成一种前驱体，将前驱体研细，在马弗炉中加热分解得到目标产物。流变相反应时，反应粒子可充分接触，一些离子可以通过溶剂进行扩散，加速反应进行。流变相反应可使一些不溶于水或其他溶剂的反应物在流变状态下进行反应。流变相反应的优点主要表现在以下几方面：

(1) 固体粒子在流变相状态能紧密接触，分布均匀，反应较充分。

(2) 流变相混合物热交换良好，传热稳定，可避免局部过热，并且温度易调节。流变相反应温度较低，从得到的前驱体到目标产物，灼烧时间短，目标产物颗粒小，可获得纳米级材料，尤其是用此方法合成的目标产物具有独特的化学性质。

(3) 采用流变相反应还可以得到单晶，这为单晶的制备开辟了新的途径。

(4) 利用流变相反应，可得到单一的化合物，避免大量废气、废液的产生，是一种高效、节能、经济的绿色方法。

称取一定量的乙酸锂 $LiAc \cdot 2H_2O$ 和乙酸锰 $MnAc_2 \cdot 4H_2O$，按 1：2(物质的量比)充分混合，研细，然后加入柠檬酸，柠檬酸的量为乙酸锂和乙酸锰总物质的量的 1.2 倍，即柠檬酸的物质的量与乙酸锂和乙酸锰总物质的量之比为 1.2：1。加入适量的水，充分研磨使其成为流变态，转入反应器中，然后在 90～100 ℃恒温 12 h，生成一种淡黄色粉末。取出研细，在 550 ℃灼烧 2 h，冷却研细后，升温至 680 ℃灼烧 6 h，即得目标产物。合成流程如图 2-3 所示。

将前驱体进行热分析，热重分析(TG)和差热分析(DTA)曲线如图 2-4 所示。由 TG 曲线可知，50～207 ℃已有部分失重，207～240 ℃出现吸热峰，在 240～296 ℃和 318～367 ℃出现两个放热峰。50～207 ℃失重是由于水、残余乙酸和柠檬酸的挥发。207～240 ℃是前驱体失去结晶水。当温度在 296 ℃附近，是残余乙酸盐的热分解峰，当温度从 318～370 ℃时，是前驱体急剧分解，形成 CO_2 和水，与此同时 Mn(Ⅱ)氧化为 Mn(Ⅲ)和 Mn(Ⅳ)而生成尖晶石。

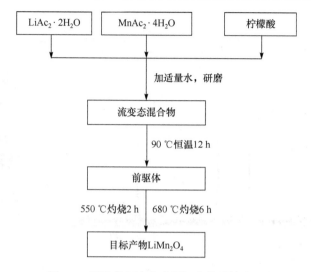

图 2-3　用流变相法合成锂锰尖晶石的流程

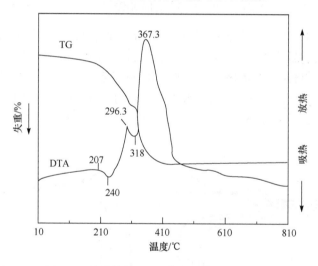

图 2-4　前驱体的 TG 和 DTA 曲线(空气气氛)

　　将流变相反应法合成得到的目标产物 $LiMn_2O_4$ 进行 X 射线粉末衍射(XRD)和透射电子显微镜(TEM)测量，得到 XRD 图谱和 TEM 图，如图 2-5 所示，各衍射峰的相对衍射强度和衍射角度与立方尖晶石相一致，根据衍射数据进行计算，晶胞参数 a=0.8241 nm。从 TEM 图可看出尖晶石的大小及形状，单个晶体颗粒呈准球状，颗粒分布在 30～100 nm。

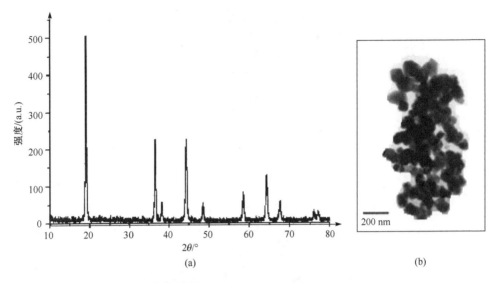

(a)　　　　　　　　　　　　　　　(b)

图 2-5　合成目标产物 LiMn₂O₄ 的 XRD 图谱(a)和 TEM(b)图

　　将合成的目标产物 LiMn₂O₄ 与乙炔黑粉末混合并加入适量的胶黏剂(聚四氟乙烯乳液)，其质量比为：活性物质 63%，乙炔黑 25%，胶黏剂 12%，混合后压膜，制成电极。将制成的电极在 125 ℃下烘 24 h 后备用。装配成模拟电池，负极为锂片，电解液为含 LiClO₄ 的 EC 和 PC(1∶1)的溶液，充、放电电压范围为 3.5～4.4 V，电流密度为 1 mA/cm²，在新威电池测试系统进行电化学性能测试。其充、放电曲线和循环性能如图 2-6 所示。

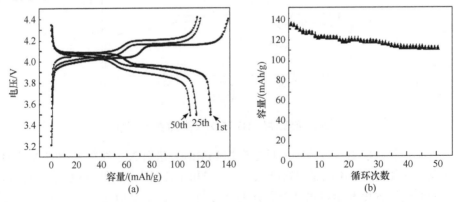

(a)　　　　　　　　　　　　　　　(b)

图 2-6　锂/锂锰尖晶石电池的充、放电曲线(a)及循环性能(b)

　　由图 2-6 可知，电池的初始放电容量为 126 mAh/g，经 50 次循环后，容量损失仅为 12%，效率约为 96%，进一步充、放电仍保持良好的性能。

　　为了证明合成的尖晶石材料有较好的循环性能，采用粉末微电极的方法，对体系进行了循环伏安测量，其结果如图 2-7 所示。

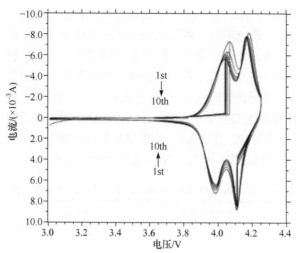

图 2-7 LiMn₂O₄-EC-DMC-LiClO₄ 体系的循环伏安图

扫描速度为 2 mV/s，对电极为锂片

锂锰尖晶石粉末在 EC-DMC-LiClO₄ 体系出现两对氧化还原峰，阳极峰电位(氧化电位)为 4.07 V 和 4.18 V，而阴极峰电位(还原峰电位)为 3.98 V 和 4.11 V，两对氧化还原峰电位的差值分别为 0.09 V 和 0.07 V，即锂离子是通过两步进行脱出与嵌入。这两对峰电位来源于一部分锂离子在有相邻 Li-Li 间作用下的脱出和无相邻 Li-Li 相互作用下的脱出。嵌锂时有类似的逆过程。从循环伏安图及相关数据可进一步证实，用流变相反应法合成的锂锰尖晶石作为正极材料，具有优良的电化学性能。

2. 天然高分子网络法合成

天然高分子网络法类似溶胶-凝胶法，魔芋精粉含有 70%~80%的高分子化合物(葡甘聚糖, konjac glucomannan)，其分子式为 $(C_6H_{10}O_5)_n$，相对分子质量达 10^6，易溶于水。葡甘聚糖溶于水易发生交联而形成一种溶胶状的网络结构，故利用这一特性将其用于无机合成。将魔芋精粉加适量水，让其溶胀形成透明的溶胶，将反应原料按一定比例混合，研细，加入溶胶中，充分搅拌使其均匀地扩散在溶胶中。将混合物转入反应器中，在 100~110 ℃恒温 10 h 左右，使反应物离子均匀地扩散到天然高分子网络结构中而形成前驱体(棕色凝胶)。取出后研细，将前驱体置于马弗炉中进行灼烧，灼烧可以分次进行，第一次灼烧温度为 550 ℃左右，约 2 h，待样品冷却后，取出研细；第二次灼烧温度为 680~750 ℃，时间为 6 h，即可得到目标产物。与流变相反应类似，天然高分子网络法合成温度较低，目标产物的颗粒小，而且分布也较均匀，是一种有潜力的无机化学合成方法。

将 LiAc · 2H$_2$O 与 MnAc$_2$ · 4H$_2$O 按物质的量比为 1 : 2 混合，研细，加入适量的葡甘聚糖溶胶中，充分搅匀，然后在 95～110 ℃烘干 12 h，成为棕色的凝胶。这时无机物离子已均匀分散到葡甘聚糖高分子网络中，形成一种前驱体。经过热分析发现，此前驱体在 590 ℃左右完全分解。将前驱体取出研细，然后在 580 ℃灼烧 2 h，冷却后，取出研细，在 680 ℃灼烧 6 h，得到目标产物 LiMn$_2$O$_4$。根据 XRD 数据，可计算晶胞参数 a=0.8228 nm，从 TEM 图也可看出，单个晶体颗粒呈准球状，粒径分布为 30～120 nm。合成样品的电化学数据如表 2-1 所示。经过 40 次循环，放电容量衰减为 9.1%，库仑效率为 97%左右。

表 2-1　Li/LiMn$_2$O$_4$-ED-DMC-LiClO$_4$ 体系的充、放电数据

循环次数	充电/(mAh/g)	放电/(mAh/g)	效率/%
1	132.05	127.08	96.2
5	124.54	121.62	97.7
10	123.13	120.12	97.6
15	124.43	120.72	97.0
20	121.21	117.77	97.2
33	120.33	115.94	96.3
40	120.13	115.52	96.1

3. 表面活性剂协助沉淀合成

锂锰尖晶石可通过表面活性剂聚乙二醇(PEG)协助沉淀合成，将分析纯的 LiAc · 2H$_2$O 和 Mn(Ac)$_2$ · 4H$_2$O 按 1.02 : 2(物质的量比)溶于 20 mL 水中，将溶液加热到 50 ℃，然后分别加入 5 mL 不同相对分子质量的 PEG(其相对分子质量分别为 200、400、2000、4000、10 000)，磁力充分搅拌，再加入 5 g 酒石酸，加热至 85 ℃，形成绿色黏性前驱体。将前驱体在空气气氛中加热到 750 ℃，保温 10 h，得到目标产物，分别命名为 LMO、LMO-200、LMO-400、LMO-2000、LMO-4000、LMO-10 000。图 2-8 为不同产物的 XRD 图谱，各衍射峰与标准图谱(JCPDS 35-0782)一致，证明了不同型号的目标产物均为尖晶石。

从图 2-9 可看出，不同相对分子质量的表面活性剂对尖晶石的颗粒大小有明显影响。LMO 和 LMO-200 的颗粒不均匀，颗粒为 0.1～1 μm。而其他样品的颗粒为 150～350 nm。从 LMO-400 到 LMO-10 000，随着相对分子质量的增加，颗粒的大小和结晶度也随之增加。它们的电化学性能如图 2-10 所示，样品 LMO-4000 不仅有较高的充、放电容量，而且有优良的循环性能，是有潜力的正极材料。

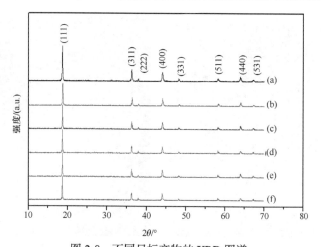

图 2-8　不同目标产物的 XRD 图谱
(a) LMO；(b) LMO-200；(c) LMO-400；(d) LMO-2000；(e) LMO-4000；(f) LMO-10 000

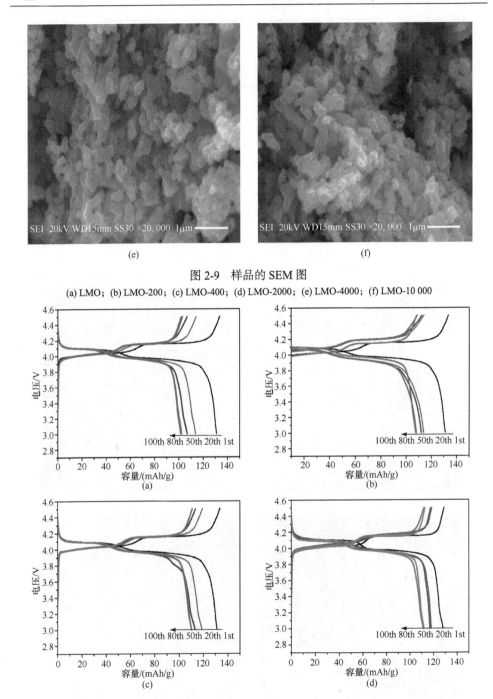

图 2-9　样品的 SEM 图

(a) LMO；(b) LMO-200；(c) LMO-400；(d) LMO-2000；(e) LMO-4000；(f) LMO-10 000

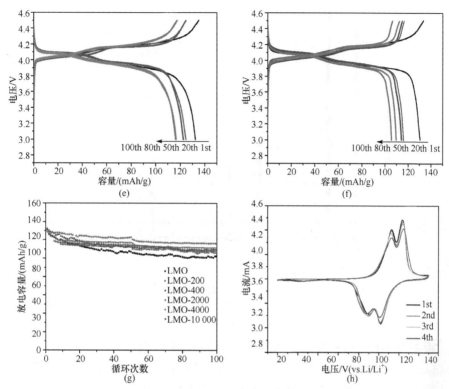

图 2-10　不同目标产物的充、放电曲线与循环性能以及样品 LMO-4000 的循环伏安曲线

(a) LMO；(b) LMO-200；(c) LMO-400；(d) LMO-2000；(e) LMO-4000；(f) LMO-10 000；(g) 循环性能；
(h) LMO-4000 的循环伏安曲线

2.1.3　锂锰尖晶石的掺杂改性

1. 稀土离子掺杂

以 LiAc · 2H$_2$O、MnAc$_2$ · 4H$_2$O、Y$_2$O$_3$ 柠檬酸为原料，按设计的比例(1.02：1.93：0.01，物质的量比)混合，研细，用流变相法合成一种淡黄色的前驱体，将此前驱体在 580 ℃灼烧 2 h，冷却后研细，然后在 750 ℃时，空气气氛中灼烧 6 h，自然冷却得目标产物，通过元素分析发现 Li 元素的含量为 3.77%，为原来样品组成中 Li 含量(3.957%)的 95.27%，而 Mn 和 Y 元素在灼烧过程中的损失可忽略不计，故化学组成为 Li$_{0.97}$Mn$_{1.93}$Y$_{0.02}$O$_4$。采用了不同掺杂量的稀土元素 Y 和温度合成得到目标产物，并用 XRD 方法测定其晶体结构，结果如图 2-11 所示。

从 XRD 图谱不难发现，当温度为 750 ℃时，x=0.02(摩尔分数)时，合成的化合物中几乎不能检测到 Y$_2$O$_3$ 杂质峰，当 x⩾0.02 时，则 2θ 在 30°附近可检测到 Y$_2$O$_3$ 杂质峰的存在；当温度为 580 ℃时，即使 Y^{3+}的掺杂量为 0.02 时，也能检测到杂质 Y$_2$O$_3$ 存在，故 750 ℃是最佳合成温度，最佳掺杂量 x=0.02(摩尔分数)。

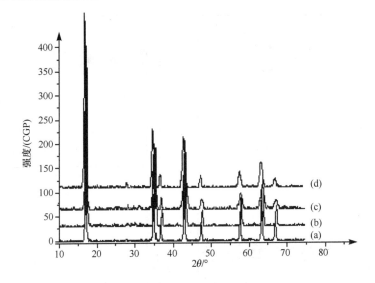

图 2-11　不同尖晶石的 XRD 图谱

(a) $LiMn_2O_4$；(b) $Li_{0.97}Mn_{1.93}Y_{0.02}O_4$；(c) $Li_{0.97}Mn_{1.96}Y_{0.04}O_4$ [(a)、(b)、(c)合成温度为 750 ℃]；
(d)$Li_{1.02}Mn_{1.93}Y_{0.02}O_4$(合成温度为 580 ℃)

根据 XRD 数据计算该尖晶石相化合物的晶胞参数 a=0.8218 nm，比纯晶石 $LiMn_2O_4$(a=0.8238 nm)要小一些。从该目标产物的 TEM 图可知，该晶体颗粒分布较为均匀，颗粒分布范围为 50～120 nm，如图 2-12 所示。

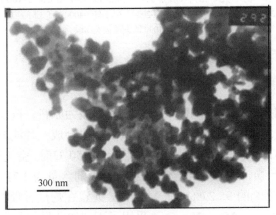

图 2-12　化合物($Li_{0.97}Mn_{1.93}Y_{0.02}O_4$)的 TEM 图

根据图 2-13 中的曲线(a)～(c)不难发现，引入稀土的非整比化合物在充、放电过程中，锂离子仍然是分两步进行脱嵌，初始放电容量为 124.3 mAh/g，比文献报道的掺入其他稀土元素的容量高，尤其是循环性能得到了明显改善，经 100

次循环，容量衰减仅 7%左右。若掺杂 Y^{3+} 的量增加到 0.04(摩尔分数)，虽然循环性能有所改善，但容量偏低，故采用合适的 Y 掺杂量对材料的改性非常重要。

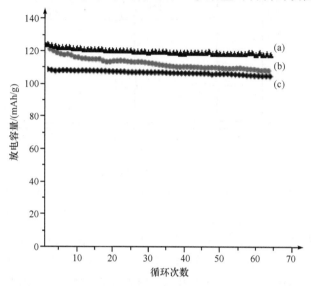

图 2-13　$Li/Li_{0.97}Mn_{1.93}Y_{0.02}O_4$ 的放电容量与循环次数的关系(工作电流密度为 1 mA/cm^2)

(a) $Li_{0.97}Mn_{1.93}Y_{0.02}O_4$；(b) $LiMn_2O_4$；(c) $Li_{0.97}Mn_{1.91}Y_{0.04}O_4$

2. 正、负离子共同掺杂

按 1.0∶2.0∶3.6(物质的量比)称取一定量的 LiAc·2H$_2$O、MnAc$_2$·4H$_2$O 和柠檬酸，充分混合后，再加入少量去离子水进行研磨搅匀，一段时间后形成流变态呈乳白色的混合物。将混合物在烘箱中 90～100 ℃下恒温 12 h 干燥，变成淡黄色的固体前驱体，在玛瑙研钵中研细后，先在空气中加热到 550 ℃使其分解，恒温 6 h；冷却后，取出再次研细，最后在 820 ℃加热 10 h，自然冷却得到 $LiMn_2O_4$。用同样的方法，改变反应物的组成，对目标产物进行正、负离子同时掺杂合成一系列掺杂尖晶石化合物，如 $Li_{1.02}Mn_{1.95}Co_{0.02}Y_{0.01}O_4$、$Li_{1.02}Mn_{1.95}Co_{0.02}Y_{0.01}Ga_{0.01}O_4$ 和 $Li_{1.02}Mn_{1.95}Co_{0.02}Y_{0.01}Ga_{0.01}O_{3.97}F_{0.03}$，图 2-14 给出四种样品的 XRD 图谱。从图 2-14 中可以看出，在 2θ 为 18.7°、36.2°、37.9°、44.0°、48.3°、58.3°、64.1°、67.4°左右有尖锐的峰，表明所制备的样品有较好的结晶度，而且都是尖晶石结构，属 $Fd\text{-}3m$ 空间群(JCPDS 35-0782)，并且无明显的杂质峰，这说明掺杂元素已完全进入锂锰氧化物的晶格，掺杂并未明显改变材料的晶形结构。

根据样品的 XRD 数据计算所得到的晶胞参数 a、晶胞体积 V、(400)峰的位置和半峰宽 FWHM、$I_{(311)}/I_{(400)}$分别列于表 2-2。从表 2-2 中可看到，与未掺杂的 $LiMn_2O_4$ 相比，掺杂后样品的晶胞参数都明显变小，晶胞发生收缩，而且同时掺

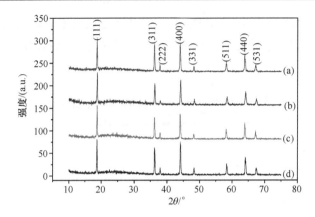

图 2-14　样品的 XRD 图谱

(a) $LiMn_2O_4$；(b) $Li_{1.02}Mn_{1.95}Co_{0.02}Y_{0.01}O_4$；(c) $Li_{1.02}Mn_{1.95}Co_{0.02}Y_{0.01}Ga_{0.01}O_4$；(d) $Li_{1.02}Mn_{1.95}Co_{0.02}Y_{0.01}Ga_{0.01}O_{3.97}F_{0.03}$

杂 Ga^{3+} 和 F^- 的样品的晶胞参数最小。原因主要是：Li^+ 在尖晶石结构中是位于 8a 的位置，但过量的 Li^+ 会占据 16d 的位置。样品中过量的 Li^+ 与掺入的少量 Co^{3+} 和 Ga^{3+}，它们的半径比较小，易取代 Mn^{3+} 优先占据 16d 位置，使 M—O 键长变短；同时，掺杂后使 Mn 的平均氧化态升高，Mn^{4+} 含量增加，而 Mn^{4+} 的半径比 Mn^{3+} 小，也使 Mn—O 键长变短，晶胞收缩，晶胞参数变小。掺杂元素 Y 的离子半径比 Mn 的大，Y^{3+} 取代 Mn^{3+} 会使 $LiMn_2O_4$ 相的晶胞参数增加，然而晶胞参数反而减小。这是由于少量 Y^{3+} 的掺入取代了八面体 16d 位置的 Mn^{3+}，而 Y—O 键的键能 1905 kJ/mol 比 Mn—O 键的 946 kJ/mol 大(表 2-3)，晶格能越大，晶胞之间的引力越大，使得晶胞参数变小。少量 F^- 的掺入也会使材料的晶胞参数变小。这主要是因为 F^- 的电负性比 O^{2-} 大，F^- 对金属离子有较强的吸引力，从而使得材料的晶胞参数变小。晶胞参数的变小，使晶格结构更加稳定，能抑制晶体由立方晶系向四方晶系转变，同时更加紧密的晶格结构使得晶胞表面积减小，可有效防止 Mn^{3+} 在电解液中的溶解，提高了材料的电化学性能。Lee 等曾指出，(400)峰的位置和半峰宽是表明晶体结晶度的重要指标。另外，有报道指出 $I_{(311)}/I_{(400)}$ 可以表示 Li、Mn、M(掺杂离子)的占位无序程度。从表 2-2 中可以看出，掺杂后的这些数值均明显小于未掺杂的 $LiMn_2O_4$ 的数值，而且 $Li_{1.02}Mn_{1.95}Co_{0.02}Y_{0.01}Ga_{0.01}O_{3.97}F_{0.03}$ 的数值最小，与表 2-3 的相关参数的分析相符。这说明掺杂后的样品不仅有很好的结晶度，而且离子混乱度降低后，离子会排列得更加规整有序，这可能预示着 $Li_{1.02}Mn_{1.95}Co_{0.02}Y_{0.01}Ga_{0.01}O_{3.97}F_{0.03}$ 具有更好的电化学性能，这在后面的电化学性能测试中得以证实。

表 2-2　样品的晶胞参数 a、晶胞体积 V、(400)峰的位置和半峰宽 FWHM、$I_{(311)}/I_{(400)}$

样品	晶胞参数 a/Å	晶胞体积 V/Å³	(400)峰的位置(2θ)	(400)半峰宽/°	$I_{(311)}/I_{(400)}$
a	8.2285	557.1370	43.96	0.293	0.9463
b	8.2153	554.4601	43.98	0.274	0.8690
c	8.2112	553.6304	44.04	0.241	0.8677
d	8.2036	552.0945	44.12	0.237	0.8483

注：a. $LiMn_2O_4$；b. $Li_{1.02}Mn_{1.95}Co_{0.02}Y_{0.01}O_4$；c. $Li_{1.02}Mn_{1.95}Co_{0.02}Y_{0.01}Ga_{0.01}O_4$；d. $Li_{1.02}Mn_{1.95}Co_{0.02}Y_{0.01}Ga_{0.01}O_{3.97}F_{0.03}$。

表 2-3　金属离子半径和 M—O 键能

	Mn^{3+}	Mn^{4+}	Li^+	Co^{3+}	Ga^{3+}	Y^{3+}	O^{2-}	F^-
r/nm	0.066	0.060	0.076	0.063	0.063	0.088	0.140	0.133
E_{M-O}/(kJ/mol)	881	946		1067		1905		

　　由于电化学反应发生在正极材料颗粒表面，因此正极材料的颗粒尺寸和微观形貌都会对 Li^+ 扩散和电极反应影响很大。未掺杂的 $LiMn_2O_4$ 和掺杂后的 $LiMn_2O_4$ 的 SEM 图分别如图 2-15 所示。从图中可看出，随着掺杂元素的增多，颗粒的尺寸随之增大，晶形更加完整，而且形貌也变为规则的多面体。图 2-15(a, b)中，合成的 $LiMn_2O_4$ 样品的大多数颗粒为规则的近球形或球形，另外还存在少量不规则的多面体，其粒径范围为 0.2～0.5 μm，有团聚现象，容易发生极化反应，造成充、放电困难。而图 2-15(c, d)、(e, f)和(g, h)中，掺杂后的 $LiMn_2O_4$ 表面形貌相似，但表面更光滑，而且颗粒表面主要呈较规则的多面体形状，尤其是掺 F⁻ 的样品，晶形更规整，粒径分别分布在 0.5～1 μm 和 1～1.5 μm。掺杂的颗粒略有变大，实验发现，锂离子在材料中更容易脱嵌，抑制了充、放电过程中材料的粉化变形；另外，晶体颗粒增大，可降低在不断反复充、放电过程中因材料溶解于电解液而引起的部分容量损失，因此掺杂后材料的循环性能会得到一定程度的改善。

(a)

(b)

图 2-15　样品的 SEM 图

(a)、(b) $LiMn_2O_4$；(c)、(d) $Li_{1.02}Mn_{1.95}Co_{0.02}Y_{0.01}O_4$；(e)、(f) $Li_{1.02}Mn_{1.95}Co_{0.02}Y_{0.01}Ga_{0.01}O_4$；
(g)、(h) $Li_{1.02}Mn_{1.95}Co_{0.02}Y_{0.01}Ga_{0.01}O_{3.97}F_{0.03}$

图 2-16 为 $LiMn_2O_4$ 和掺杂的 $LiMn_2O_4$ 在电流密度为 40 mA/g、电压范围为 3.0～4.4 V 下的充、放电曲线。从图中可看出，四个样品的充、放电曲线在 3.95 V 和 4.10 V 附近都有两个明显的充、放电平台，为两步脱嵌锂机理，表明具有典型的电化学特性及尖晶石结构，锂脱嵌反应式如下：

$$LiMn_2O_4 \longrightarrow 0.5Li^+ + Li_{0.5}Mn_2O_4 + 0.5e^-$$

$$Li_{0.5}Mn_2O_4 \longrightarrow 0.5Li^+ + 2\lambda\text{-}MnO_2 + 0.5e^-$$

两步反应分别对应充、放电曲线上的两个平台。以锂的迁出为例，从结晶学的角度，原 8a 位上的锂分为两组占位，坐标分别为 4a(0, 0, 0) 和 4c(1/4, 1/4,1/4)。

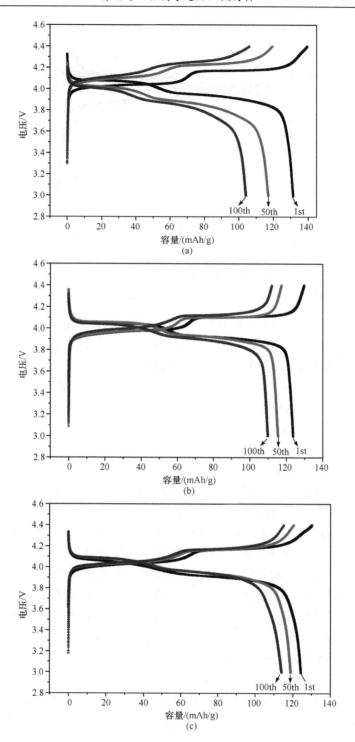

(a)

(b)

(c)

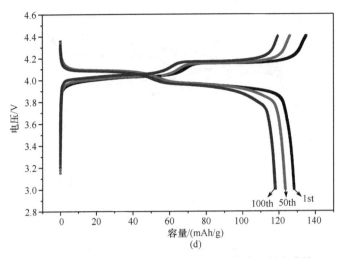

图 2-16　样品在电流密度为 40 mA/g 下的充、放电曲线

(a) LiMn$_2$O$_4$；(b) Li$_{1.02}$Mn$_{1.95}$Co$_{0.02}$Y$_{0.01}$O$_4$；(c) Li$_{1.02}$Mn$_{1.95}$Co$_{0.02}$Y$_{0.01}$Ga$_{0.01}$O$_4$；(d) Li$_{1.02}$Mn$_{1.95}$Co$_{0.02}$Y$_{0.01}$Ga$_{0.01}$O$_{3.97}$F$_{0.03}$

第一步，4a 位上有强的 Li-Li 相互作用的 Li 迁出，能量变化较低，对应 3.95 V 处的电压平台；第二步，4c 位上受较多 Mn^{4+}吸引的 Li 迁出，能量变化较高，对应 4.10 V 处的电压平台。四个样品的平台电压比较相近，表明掺杂对 LiMn$_2$O$_4$ 的充、放电平台电压的影响较小，但对放电容量有较大的影响。LiMn$_2$O$_4$ 的初始充、放电容量分别为 138 mAh/g、131 mAh/g，而掺杂后的 Li$_{1.02}$Mn$_{1.95}$Co$_{0.02}$Y$_{0.01}$O$_4$、Li$_{1.02}$Mn$_{1.95}$Co$_{0.02}$Y$_{0.01}$Ga$_{0.01}$O$_4$ 和 Li$_{1.02}$Mn$_{1.95}$Co$_{0.02}$Y$_{0.01}$Ga$_{0.01}$O$_{3.97}$F$_{0.03}$ 的初始充、放电容量则分别降为 128 mAh/g、122 mAh/g，130 mAh/g、124 mAh/g 和 134 mAh/g、128 mAh/g。掺杂后容量下降是因为锰酸锂的可逆容量主要取决于在 Li$^+$脱嵌过程中发生化合价变化的 Mn^{3+}的数量，而掺杂离子(Co、Y、Ga 和过量的 Li)进入晶格内部后，会取代八面体 16d 位置上的部分锰，使得参与电极反应的 Mn^{3+}减少，因而引起了容量的降低。比较掺杂前后的 LiMn$_2$O$_4$，发现掺杂 F$^-$后容量反而有所升高。这是因为 F$^-$进入晶格后，会取代 32e 位上的部分 O^{2-}配体，降低了晶体中总的负电荷数，为了保持电中性，晶格中 Mn 的平均化合价必然降低，即 Mn^{3+}/Mn^{4+}的值增加，参与电极反应的 Mn^{3+}增加，故掺杂 F$^-$后提高了锰酸锂的放电容量。

　　LiMn$_2$O$_4$ 和掺杂的 LiMn$_2$O$_4$ 在电流密度为 40 mA/g 时的循环曲线如图 2-17 所示。由图 2-17 可看出，LiMn$_2$O$_4$ 初始放电容量高达 131 mAh/g，但循环性能不佳，容量衰减很快，循环 100 次后，放电容量仅为 104 mAh/g，容量衰减为 20.6%。而掺杂后的 Li$_{1.02}$Mn$_{1.95}$Co$_{0.02}$Y$_{0.01}$O$_4$、Li$_{1.02}$Mn$_{1.95}$Co$_{0.02}$Y$_{0.01}$Ga$_{0.01}$O$_4$ 和 Li$_{1.02}$Mn$_{1.95}$Co$_{0.02}$Y$_{0.01}$Ga$_{0.01}$O$_{3.97}$F$_{0.03}$ 的初始放电容量分别为 122 mAh/g、124 mAh/g 和 128 mAh/g，但经过 100 次循环后，容量仍有 110 mAh/g、113 mAh/g 和 119 mAh/g，

容量衰减仅为 9.8%、8.9%和 7.0%。很显然，掺杂后的 $LiMn_2O_4$ 虽然初始容量有所降低，但循环性能得到了明显提高，尤其是掺杂 F 后的循环性能最好。分析认为：金属离子(Co、Y、Ga 和过量的 Li)的掺入提高了 Mn 离子的平均氧化态，有效地降低了 Jahn-Teller 效应，稳定了晶体结构，避免了晶体由立方晶系向四方晶系转变，改善了循环性能。另外，M—O 键比 Mn—O 键强得多，能使$[MnO_6]$八面体更加稳定，同时也弱化了部分 Li—O 键间的相互作用，提高了 Li^+的扩散系数，从而 Li^+更容易在尖晶石的三维隧道结构中沿 8a-16c-8a 的路径嵌入脱出，也有利于循环性能的改善。而 F^-的掺入也起了一定的作用，由于 $F^-(3.90)$的电负性比 $O^{2-}(3.44)$大，吸引电子能力更强，它作为配体时与配位中心所形成的键中离子性的成分更大，键的强度更好，可以使材料在反复的充、放电过程中维持稳定的晶体结构，不发生晶格塌陷，从而有效地改善材料的循环稳定性。

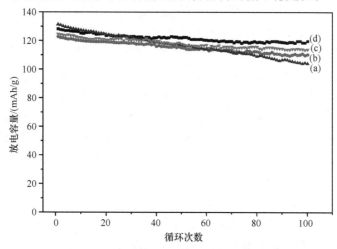

图 2-17　样品在电流密度为 40 mA/g 下的循环曲线

(a) $LiMn_2O_4$；(b) $Li_{1.02}Mn_{1.95}Co_{0.02}Y_{0.01}O_4$；(c) $Li_{1.02}Mn_{1.95}Co_{0.02}Y_{0.01}Ga_{0.01}O_4$；(d) $Li_{1.02}Mn_{1.95}Co_{0.02}Y_{0.01}Ga_{0.01}O_{3.97}F_{0.03}$

常温下不同掺杂所得尖晶石正极材料在 100 mA/g 电流密度下的循环性能曲线如图 2-18 所示。从图 2-18 中可看出，随着充、放电电流密度的增加，放电容量都有所下降，$Li_{1.02}Mn_{1.95}Co_{0.02}Y_{0.01}O_4$、$Li_{1.02}Mn_{1.95}Co_{0.02}Y_{0.01}Ga_{0.01}O_4$ 和 $Li_{1.02}Mn_{1.95}Co_{0.02}Y_{0.01}Ga_{0.01}O_{3.97}F_{0.03}$ 的初始放电容量分别降为 108 mAh/g、113 mAh/g 和 118 mAh/g，经过 100 次循环后容量分别为 93 mAh/g、98 mAh/g 和 105 mAh/g，容量损失分别为 13.9%、13.3%和 11.0%。明显看出 $Li_{1.02}Mn_{1.95}Co_{0.02}Y_{0.01}Ga_{0.01}O_{3.97}F_{0.03}$ 在大电流密度下进行充、放电时仍有很好的循环稳定性，进一步论证了掺入 F 后材料具有更稳定的晶体结构，容量衰减随阳离子的掺杂更有序地排列，并且 F^-的掺杂增加了材料的致密度，减小了电极内部的接触电阻，从而降低了 Li^+在脱嵌过程中的极化率,有效地改善了循环性能。

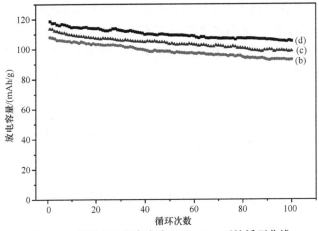

图 2-18　样品在电流密度为 100 mA/g 下的循环曲线

(b) $Li_{1.02}Mn_{1.95}Co_{0.02}Y_{0.01}O_4$; (c) $Li_{1.02}Mn_{1.95}Co_{0.02}Y_{0.01}Ga_{0.01}O_4$; (d) $Li_{1.02}Mn_{1.95}Co_{0.02}Y_{0.01}Ga_{0.01}O_{3.97}F_{0.03}$

　　为了更好地说明掺杂后 $LiMn_2O_4$ 的充、放电性能,将充、放电容量对电压微分后,再对电压作图,结果如图 2-19 所示。从图 2-19 中可看到,微分曲线上都分别有两对类似的氧化还原峰出现,分别与充、放电曲线中的两个平台相对应,而且充电平台(氧化峰峰值)均比放电平台(还原峰峰值)高,这是电池阻抗造成的极化引起的。随着循环次数增加,充电平台往高电位迁移,而放电平台略往低电位迁移,说明电池阻抗发生了微弱变化,即阻抗略微增加了。但 $Li_{1.02}Mn_{1.95}Co_{0.02}Y_{0.01}Ga_{0.01}O_{3.97}F_{0.03}$ 的峰电位迁移很小,所有的峰形几乎重合,并且氧化还原峰具有很高的对称性。这些同样说明了阴、阳离子的共同掺杂明显地降低了 Li^+ 脱嵌过程中的极化程度,增强了电极反应可逆性。

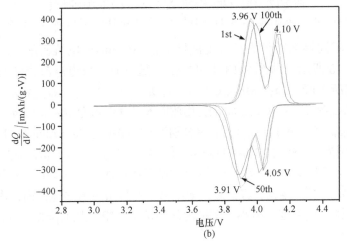

(b)

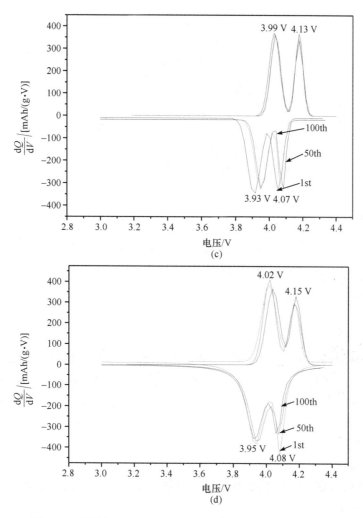

图 2-19　样品在 3.0～4.4 V 室温下的容量对电压的微分曲线

图 2-20 是 $LiMn_2O_4$ 与掺杂后的 $LiMn_2O_4$ 正极材料的交流阻抗谱图, 测试频率范围为 0.01 Hz～100 kHz。从图 2-20 中可看出，所有的电化学阻抗谱曲线都由高频区的半圆和低频区的斜线组成。高频区的半圆是发生在电解质/氧化物电极界面的电荷迁移所引起的阻抗，低频区的斜线则是锂离子在氧化物电极界面扩散所引起的 Warburg 阻抗。掺杂后的 $LiMn_2O_4$ 在高频区的半圆直径明显减小，其中掺 F^- 的半径最小，说明离子掺杂可以减小电荷转移过程的阻抗。Li^+ 在膜中迁移速率增大。离子的掺杂可以提高 $LiMn_2O_4$ 颗粒的电导率，从而大大降低了 $LiMn_2O_4$ 电极表面的电荷迁移电阻。可见，正、负离子同时掺杂可提高材料的电化学性能。

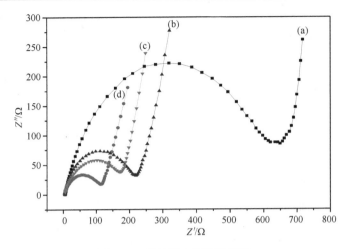

图 2-20　样品的交流阻抗谱图

(a) $LiMn_2O_4$；(b) $Li_{1.02}Mn_{1.95}Co_{0.02}Y_{0.01}O_4$；(c) $Li_{1.02}Mn_{1.95}Co_{0.02}Y_{0.01}Ga_{0.01}O_4$；(d) $Li_{1.02}Mn_{1.95}Co_{0.02}Y_{0.01}Ga_{0.01}O_{3.97}F_{0.03}$

2.1.4　锂锰尖晶石的包覆

1. 硼酸盐的包覆

将 LiOH 与 H_3BO_3 按 1∶1(物质的量比)混合,加少量水搅拌,形成流变相态,然后在 90 ℃下进行恒温反应,形成一种泡沫状的前驱体,将前驱体在 600 ℃时加热分解,并恒温 4 h 得到 $LiBO_2$。通过 TEM 观察发现, $LiBO_2$ 在乙醇中分散后,呈现一种团聚的疏松多孔状结构,有利于锂离子的传输与扩散。

将合成的 $LiBO_2$ 研细,加入少量表面活性剂,使其分散,然后将 7%～12%(质量分数)包覆材料加入正极活性物质中,充分搅拌,在 60 ℃下使乙醇溶剂挥发得粉末,将该粉末在 600 ℃下加热 2 h 得包覆的目标产物。包覆后样品的 XRD 图谱如图 2-21 所示。

包覆前后主峰位置没有变化,但出现一些非晶的衍射峰,说明包覆的 $LiBO_2$ 存在于尖晶石表面。

将 $LiBO_2$ 包覆的尖晶石材料进行电化学性能测试,在室温 25 ℃下进行恒温充、放电实验,其充、放电曲线和循环性能如图 2-22 所示,从图中不难发现包覆后的材料其容量有所降低,但循环性能有明显的改善,循环 180 次容量衰减为 1%～2%,这一令人满意的结果说明了表面包覆达到了改善循环性能的目的。

将该材料经 $LiBO_2$ 包覆后,在 50 ℃下进行高温实验,则放电容量有所降低,为 112.7 mAh/g,但循环性能有所改善,经 50 次循环后容量衰减率为 4.8%,与纯尖晶石相比,循环性能将大大改善。

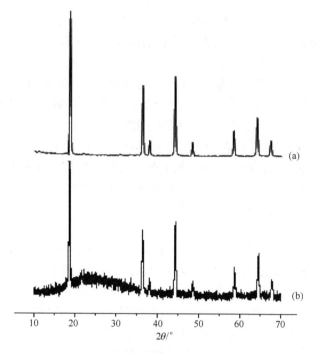

图 2-21　尖晶石包覆前后的 XRD 图谱

(a) 包覆前；(b) 包覆后

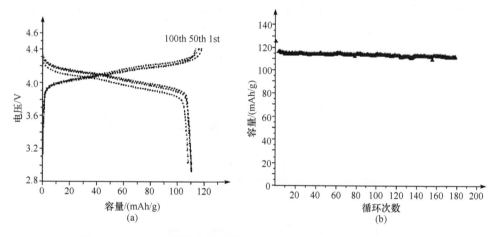

图 2-22　LiBO₂ 包覆的尖晶石材料的充、放电曲线(a)和循环性能(b)

2. 其他氧化物的包覆

当采用 MgO 或纳米 TiO₂ 进行包覆时，同样可改善尖晶石材料的循环性能。例如，将尖晶石表面包覆 8% 的 MgO 时，在常温条件下进行充、放电实验，其容量为 110.4 mAh/g，经过 100 次循环后，容量仍然保持为 108 mAh/g，容量衰减率为 1.8%，库仑效率为 97%。当采用纳米 TiO_2 进行包覆时，可合成不同包覆量的尖晶石。

$Ti(OBu)_4$、无水乙醇、冰醋酸、HNO_3 均为分析纯，将 4 mL $Ti(OBu)_4$ 和 5 mL 冰醋酸加入 16 mL 无水乙醇中，形成混合溶液。在室温下缓慢加入适量稀 HNO_3(0.01 mol/L)调节 pH 并促进 $Ti(OBu)_4$ 水解，电磁搅拌溶液 3 h，形成溶胶后于 75 ℃干燥 16 h 得到前驱体。最后，前驱体在 500 ℃下保温 2 h 后自然冷却得到纳米 TiO_2(纯白色)。将合成的 TiO_2 和 $LiMn_2O_4$ 按 3%(质量分数)比例称取，先将 TiO_2 倒入乙醇中，于 25 ℃下超声振荡 30 min，再将 $LiMn_2O_4$ 放入，超声振荡 2 min。得到的黑色悬浊液于真空(0.08 MPa)、45 ℃干燥 10 h。所得固体粉末于 700 ℃保温 2 h 后自然冷却得到最终目标产物。

将上述方法制备得到的 $LiMn_2O_4$、TiO_2、$LiMn_2O_4 \cdot 3\%TiO_2$ 进行 X 射线粉末衍射测试，得到的 XRD 图谱如图 2-23 所示，TiO_2 的 XRD 图谱中的峰位与标准图谱(JCPDS 32-0493)吻合，进行包覆的目标产物与正尖晶石化合物($LiMn_2O_4$)的 XRD 图谱基本一致(JCPDS 35-0782)，没有类似 TiO_2、Li_2MnO_3、$LiMnO_2$、MnO_x 的杂峰，仍然保持正尖晶石的结构。这可能是由于高温(700 ℃)下 $LiMn_2O_4$ 表面包覆的 TiO_2 中的 Ti 元素进入尖晶石结构中替换了部分 Mn 元素，形成了类似 $LiTi_xMn_{2-x}O_4$ 的化合物。根据 XRD 数据计算，$LiMn_2O_4 \cdot 3\%TiO_2$ 的晶胞参数 a=0.8224 nm，与正尖晶石 $LiMn_2O_4$ 的晶胞参数 a=0.8241 nm 相比略有减小，说明 $LiTi_xMn_{2-x}O$ 在 $LiMn_2O_4$ 晶体表面层，覆盖在尖晶石表面，导致 X 射线衍射角略有增大，则晶胞参数变小。

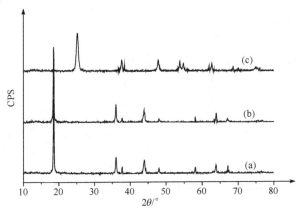

图 2-23　样品的 XRD 图谱

(a) $LiMn_2O_4$；(b) TiO_2 修饰 $LiMn_2O_4$；(c) TiO_2

图 2-24 为样品的循环性能曲线。$LiMn_2O_4$ 首次放电容量为 127.4 mAh/g，经

80 次循环后仍能保持 110.1 mAh/g，80 次循环后容量开始明显衰减，经过 100 次循环后只有初始容量的 64.1%。而包覆后的 $LiMn_2O_4$ 尖晶石在 1 C 放电倍率下进行充、放电测试，首次放电容量为 121.7 mAh/g，电池经 100 次循环后放电容量为 108.3 mAh/g，为初始容量的 90.5%。而在 0.5 C 放电倍率下进行充、放电测试，结果表明其初始容量为 126.7 mAh/g，相对于 $LiMn_2O_4$ 循环性能明显改善，电池经过 200 次循环后仍能保持其首次放电容量的 86%。由于包覆后的材料表面形成了一层掺杂钛的尖晶石 $LiTi_xMn_{2-x}O_4$ 保护层，其结构变得更加稳定，并有效地抑制了 Mn^{3+} 的溶解，明显地改善了锂锰尖晶石材料的循环寿命，为锂锰尖晶石在锂离子电池领域的实际应用提供了一种有效的改性方法，可望在实际中得到应用。

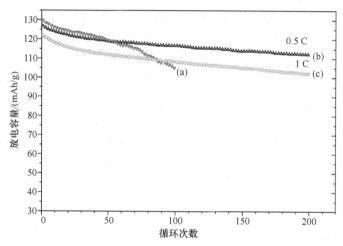

图 2-24 样品的循环性能曲线
(a) $LiMn_2O_4$；(b)、(c) 包覆 3%TiO_2 的 $LiMn_2O_4$

2.1.5 结语

用流变相反应法、天然高分子网络法和表面活性剂协助沉淀法均能合成纳米相锂锰尖晶石。与传统的灼烧方法相比，流变相反应法和天然高分子网络法具有较低的灼烧温度、较短的灼烧时间、较细的晶体颗粒，尤其是合成的化合物具有一些独特的电化学性质，提供了简单、有效、可行、节能、经济的绿色化学合成方法。

对锂锰尖晶石材料改性可通过掺杂和包覆实现，研究发现适量的稀土离子掺杂可减小尖晶石的晶胞参数，材料的循环性能得到了改善。当采用正、负离子同时掺杂时，材料的晶胞参数也发生改变，电导率增加，材料在充、放电过程中的电极极化程度减小，表现出优良的电化学性能。当对尖晶石材料进行表面包覆时，该正极材料容量有部分损失，但常温循环性能和高温循环性能均有明显改善。要想克服锂锰尖晶石容量衰减的缺点，对尖晶石进行内、外全面改性(掺杂和包覆相结合)，控制适当的形貌和颗粒的大小，以及对电解液选用等因素均需要考虑，这将使锂锰尖晶石材料在锂离子电池中发挥其优势。

2.2　磷酸铁锂

2.2.1　简介

Goodenough 等在 1997 年首次报道了 $LiFePO_4$ 能够可逆地脱嵌锂离子后，由于其具有无毒、对环境友好、原料来源丰富、容量高、循环性能好等优点，被认为是锂离子电池理想的正极材料而受到人们极大的关注。

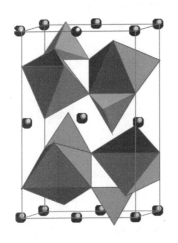

图 2-25　$LiFePO_4$ 结构示意图

$LiFePO_4$ 为橄榄石型结构，属于 *Pnmb* 空间群，在自然界中以磷铁锂矿的形式存在，其晶体结构如图 2-25 所示。O 原子呈六方紧密堆积形成了 $8n$ 个四面体空隙和 $4n$ 个八面体空隙。嵌入四面体空隙的 P 原子与 O 形成四面体结构，而 Li 和 Fe 原子则嵌入八面体空隙与 O 形成八面体结构，并且 O^{2-}、P^{5+} 通过共价键组成的聚阴离子 PO_4^{3-} 形成稳定的三维结构。FeO_6 八面体在 *bc* 平面共顶点，LiO_6 八面体在 *b* 轴方向形成链状排列，一个 PO_4 四面体与一个 FeO_6、两个 LiO_6 八面体共边。不同于其他层状的正极材料，$LiFePO_4$ 的电化学反应仅在 $LiFePO_4$ 和 $FePO_4$ 两相之间进行：充电时，$LiFePO_4$ 逐渐脱出 Li^+

形成 $FePO_4$，放电时 Li^+ 则嵌入 $FePO_4$ 形成 $LiFePO_4$。Li^+ 的脱嵌过程一般可用以下反应式表示：

充电时：$LiFePO_4 - xLi^+ - xe^- \longrightarrow xFePO_4 + (1-x)LiFePO_4$

放电时：$FePO_4 + xLi^+ + xe^- \longrightarrow xLiFePO_4 + (1-x)FePO_4$

$LiFePO_4$ 和脱锂后得到的 $FePO_4$ 都属于正交晶系，结构也十分相似(其结构参数如表 2-4 所示)，从 $LiFePO_4$ 变为 $FePO_4$ 时，只是 *a*、*b* 参数略有减小，而 *c* 有所增大，密度增加 2.59%，晶胞体积减少 6.81%，体积变化很小，这正是 $LiFePO_4$ 在低电流密度下具有良好的电化学性能和循环性能的原因。

表 2-4 LiFePO$_4$ 和 FePO$_4$ 的空间群和晶胞参数

材料	LiFePO$_4$	FePO$_4$
空间群	*Pnmb*	*Pnmb*
a/nm	0.6008(3)	0.5792(1)
b/nm	1.0334(4)	0.9821(1)
c/nm	0.4693(1)	0.4788(1)
体积 *V*/nm^3	0.2913(3)	0.2723(1)

目前合成 LiFePO$_4$ 的方法主要有固相合成和液相合成两种，而液相合成又可分为水热法、溶胶-凝胶法、共沉淀法和乳化干燥法等。

固相合成法是最常用的一种方法，也是早期合成 LiFePO$_4$ 的主要方法。它以 Li$_2$CO$_3$ 或 LiOH 作为 Li 源，FeAc$_2$、FeC$_2$O$_4$ 作为 Fe 源，NH$_4$H$_2$PO$_4$ 或 (NH$_4$)$_2$HPO$_4$ 作为 P 源。将三种物质按一定比例混合，在一定温度下加热进行预分解，再次研磨均匀，然后在高温下灼烧而成。同时用惰性气体作保护气以防止 Fe^{2+} 被氧化。优点是方法简单，不足是物相不均匀，晶形无规则，粒径分布范围宽，合成时间长，产物的批次稳定性差，而且在热处理及粉体加工的过程中二价铁很容易被氧化成三价铁，这些都会造成其容量降低。Padhi 等以 Li$_2$CO$_3$、FeAc$_2$、NH$_4$H$_2$PO$_4$ 为原料，高温固相法合成 LiFePO$_4$，在保护气氛、300～350 ℃下进行预分解，再在 800 ℃煅烧。样品在 23 ℃初始放电容量为 100～110 mAh/g，仅为理论容量的 60%，而且循环性能一般。

水热合成法是将含 Li 源、Fe 源、P 源的三种原料的溶液混合，在密闭的反应釜中高温高压下进行反应，经过滤、洗涤、烘干后得到纳米前驱体，然后在高温炉中焙烧而成。该方法具有结晶高、粒度小、粒径分布均匀、比表面积大等优点。在原子(分子)级水平上能使原料充分混合，得到的前驱体粒度小，因而可以缩短热处理时间，也可以降低热处理温度。但合成工艺复杂，成本高，不适合工业生产。Shiraishi 以 LiOH·H$_2$O 与 (NH$_4$)$_3$PO$_4$·3H$_2$O 为原料，在去离子水中溶解后加入 FeSO$_4$，170 ℃下反应 12 h 后，过滤、干燥，再在 400 ℃的氩气气氛中煅烧得到 LiFePO$_4$ 粉末。电化学测试表明，合成材料在 3.5 V 充、放电平台下，充、放电容量可高达 150 mAh/g。

溶胶-凝胶法是通过水解金属醇盐或无机盐后形成金属氧化物或金属氢氧化物的均匀溶胶，再通过蒸发浓缩得到透明的凝胶，干燥凝胶，烧结除去有机成分后得到产物。该方法合成温度低、化学均匀性好、纯度高、颗粒细、粒径分布窄、比表面积大、形态易于控制，但干燥凝胶时收缩性太大，材料的烧结性不好，很难实现产业化。Doeff 通过溶胶-凝胶法以 Fe(NO$_3$)$_3$、H$_3$PO$_4$ 和 LiAc 合成凝胶后，再在 N$_2$ 氛围下 600 ℃或 700 ℃烧结 4 h 后得到 LiFePO$_4$ 粉体。

共沉淀法是将适合的沉淀剂加入由不同化学成分的可溶性盐组成的混合溶液中，形成难溶的超微颗粒的前驱体沉淀物，再将此沉淀物进行干燥或焙烧制得相应的超微颗粒。制备的产物颗粒均匀，纯度高，化学组成形貌和粒度容易控制，但需反复洗涤沉淀以除去混入的杂质。Yang 等以 $Fe(NO_3)_3$、$LiNO_3$ 和 $(NH_4)_2HPO_4$ 为原料，再加入一定量抗坏血酸、氨水和糖共沉淀法合成 $LiFePO_4/C$。50 ℃、1 C 倍率时循环 100 次后的容量仍可保持在 143 mAh/g。

乳化干燥法，即乳液的凝胶化，能较好地制备出均匀分散的金属氧化物前驱体。它是将可溶性的原料化合物及添加剂溶解配成溶液，然后干燥得到前驱体，最后进行热处理得到产物。该方法可以减少许多传统制备方法中称量和研磨的步骤，用相对价廉的 Fe^{3+} 前驱体代替以往的 Fe^{2+} 前驱体而节省了成本，但振实密度差、合成时间长、能耗大。Myung 等将 $LiNO_3$、$Fe(NO_3)_3 \cdot 9H_2O$、$(NH_4)_2HPO_4$ 溶于水后与体积比为煤油：Tween=7∶3 的油相强烈混合形成油包水(8∶2)混合物，干燥后惰性环境下 750 ℃焙烧 48 h，在 20 mA/g 的充、放电密度下，50 ℃时放电容量达到 140 mAh/g，25 ℃为 122 mAh/g，循环性能和高倍率性能都得到明显改善。

微波合成法是在电磁场产生的能量下，进一步引起被合成物质的极化而产生摩擦后，导致被合成物质温度升高而发生反应。具有反应时间短(3～10 min)、耗能低、转化效率高、粒径均匀等优点，成为目前很有前途的合成方法，但产物粒度通常只能控制在微米级以上，且产物形貌较差。Masashi 等用微波合成法快速合成了 $LiFePO_4$，合成时间由平常的 20 h 缩短为十几分钟，而且在 60 ℃下首次放电容量可达 125 mAh/g。

机械化学激活法是固相法在热处理之前对起始物进行机械研磨，使其达到分子级的均匀混合，即"激活"。激活后，反应的温度分布均匀、粒度均匀、晶形结构与成分均匀，从而大大减少合成目标产物所需的温度和时间。Kim 等在原料 $LiOH \cdot H_2O$、Fe_2O_3 和 $(NH_4)_2HPO_4$ 中加入适量乙炔黑后，利用转动球磨仪 (1000 r/min)并在氩气的保护下，球磨 4 h 后使其达到分子级均匀混合，再将球磨得到的前驱体在真空管式炉内 500～900 ℃焙烧 30 min，即合成产物。测试表明，在小倍率放电时，放电容量可高达 160 mAh/g，为理论容量的 94%，经过 50 次循环后其能量为理论的 89%；而传统的固相法仅为 130 mAh/g，为理论容量的 76%，循环后仅为理论的 62%。

虽然 $LiFePO_4$ 具有结构稳定、循环性能好、安全、无污染且价格低廉等优点，但存在一些缺点：①Fe^{2+} 容易被氧化；②在高温合成过程中，不好控制颗粒生长；③电导率低(室温时，$LiCoO_2$ 和 $LiMn_2O_4$ 的电导率分别为 10^{-3} S/cm 和 10^{-4} S/cm，而 $LiFePO_4$ 仅有 10^{-8} S/cm)，导致高倍率充、放电性能较差；④$LiFePO_4$ 的振实密度低，导致体积容量和能量密度低等问题。经过大量的研究，针对这些问题已取得了一些突破，主要包括：①通过惰性、还原气氛或加入能生成还原气氛的还原剂前驱体来抑制 Fe^{2+} 的氧化；②合成粒径分布均匀、具有高比表面积的材料，提高活性材料的利用率；③通过添加导电剂或体相掺杂等方式提高电导率。

目前，通过优化合成方法，选择适宜的烧结温度、原位引入成核促进剂及采用均相前驱体等，能够有效减小颗粒尺寸，增大材料比表面积，达到改善电性能的目的。Croce 等将平均粒径为 0.1 μm 的金属粉(Cu 或 Ag)作为成核剂加入前驱体中，有效地控制了 $LiFePO_4$ 颗粒的长大。Barker 等采用碳热还原法，以 Fe_2O_3、LiH_2PO_4 为原料，C 作还原剂，在 Ar 气氛中成功制备了 $LiFePO_4$ 正极材料。C 提供的还原气氛不仅防止 Fe^{2+} 的氧化，提高产物纯度，而且多余的还原剂 C 作为成核剂控制了晶粒的长大，减小晶粒尺寸和提高均匀度，还作为导电剂提高了电导率。Panero 等利用模板法制备了纳米纤维状的 $LiFePO_4$ 电极，电化学测试也表明：它在高放电倍率下仍能表现出高的放电容量和较好的循环性能。

在材料表面包覆导电材料是常用改善材料电导率的方法，使用最多的导电材料是碳和金属粒子。通过包覆不仅增强了粒子间的导电性，降低了极化，而且还为 $LiFePO_4$ 提供了电子隧道，以补偿 Li^+ 脱嵌过程中的电荷平衡。其中，碳包覆的思想最早被 Ravet 等报道，添加一些有机物(如蔗糖、纤维素)等在前驱体混合物中，取得了较好的效果，制备的 $LiFePO_4$ 的容量几乎达到理论容量，而且性能稳定。Shin 等以乙炔黑作碳源，通过对比不掺碳与掺碳下的物相、形貌及电化学性能发现，一定量碳的掺入不仅可以降低颗粒尺寸，而且降低了 Li^+ 迁移及电荷转移过程中的阻抗，电化学性能显著提高。Park 等通过共沉淀法合成了包覆 1%(质量分数)Ag 的 $LiFePO_4$ 超细粉体(1～10 μm)，EDS 能谱分析 Ag 均匀包覆在 $LiFePO_4$ 表面，而且包覆后明显提高了放电容量和倍率性能。用金属颗粒(Cu、Ag 等)表面修饰可以有效提高 $LiFePO_4$ 电子电导率，一方面是以金属粉作为生长核心，控制了颗粒尺寸，有利于高倍率性能的提高；另一方面，加入的金属粒均匀混合在材料的颗粒之间，可起到内部电子导体的作用，将有利于电子在整个材料中的传输，进而提高材料的电子电导率。

上面提到的对材料表面进行修饰只是在颗粒外部包覆一层导电剂，虽然可以提高粒子间的导电性，但不能提高 $LiFePO_4$ 的本征电导率，即晶粒 $FePO_4$ 的电导率，但如果能掺入某些金属离子，导致材料发生晶格缺陷，则有可能得到高电子导电性的磷酸铁锂，从而改善材料的电性能，尤其是提高倍率性能。Chiang 等通过掺杂少量的金属离子(Mg^{2+}、Al^{3+}、Ti^{4+}、Zr^{4+}、Nb^{5+}、W^{6+})，合成了具有阳离子缺陷的 $LiFePO_4$，改变了晶体的局域能级，使材料的电导率有了很大的提高，从约 10^{-10} S/cm 提高到 $3×10^{-3}～4×10^{-2}$ S/cm，提高了 8 个数量级。同时提出了掺杂的占位，离子掺杂后一般占据 M1(Li)位或 M2(Fe)位，如果掺杂的离子半径小于 Li^+ 和 Fe^{2+}，但已接近 Li^+，则取代的是晶格中 Li 位(M1 的位置)，反之，则占据

Fe(M2)位。而且加入的元素量不应过多，当加入适量的元素后仍能形成橄榄石结构的 $LiMPO_4$，形成的是 M/Fe 原子比例不同的固溶体，而过量的掺杂会影响 $LiFePO_4$ 橄榄石结构，从而影响电化学性能。Ouyang 等研究发现：在 M1(Li)位掺杂时，虽然可以提高材料的电子导电能力，但并不能有效地改善其电化学性能，这是因为 M1(Li)位被占据后会减少 Li 的含量，从而在一定程度上降低了材料的可逆容量。关于掺杂后电子电导率提高的可能的导电机理，施思齐提出了两种解释：①价带的电子活化到掺杂原子的空穴上，使价带中产生了空穴而形成 p 型半导体；②环绕掺入的原子的导电团簇的体积较大，它使各导电团簇以直接或隧穿的方式构成了一个渗流模式的导电网络，使电子更容易跳跃。目前，对 $LiFePO_4$ 的掺杂改性研究主要集中在阳离子掺杂方向，而阴离子掺杂也有报道。研究较多的掺杂金属离子有 Ni^{2+}、Mn^{2+}、Cr^{3+}、V^{5+}、Nb^{5+}、Ti^{4+}、Mg^{2+}、Zn^{2+} 及部分稀土离子(Y^{3+})等，而阴离子掺杂即 F^-、Cl^- 和 Br^- 取代部分的 O^{2-} 近来也有报道。毛秦钟等采用固相烧结法制得掺 F^- 的 $LiFePO_4/C$ 材料，并研究了烧结温度和 F^- 掺杂量对电性能的影响。周鑫等以两步固相法合成了 F^- 掺杂原位碳包覆的 $LiFePO_4$，并研究了不同放电倍率下的电性能。郭再萍等研究了 Br^- 取代部分的 O^{2-} 后对其电化学性能的影响。控制 $LiFePO_4$ 材料的形貌和颗粒大小，改进电极制作工艺对改善其电化学性能也非常重要。

2.2.2　磷酸铁锂的合成

1. 流变相反应合成

称取一定量的 $LiAc \cdot 2H_2O$(A.R.)、$FePO_4 \cdot 4H_2O$(A.R.)，混合均匀后，再加入适量的 PEG(聚乙二醇，相对分子质量为 3400)作为还原剂，PEG 与磷酸铁锂的质量比为 5∶3.3，室温下充分研磨均匀，再加入无水乙醇调成流变态，于 100 ℃下烘干后得前驱体，再将前驱体在管式炉中在通 Ar 气的条件下 700 ℃加热 12 h，得到黑色 $LiFePO_4$ 粉末。对前驱体的热分析发现，600 ℃之后几乎没有失重，所以反应温度应该在 600 ℃以上，实验最终选择 700 ℃作为最适热分解温度。总反应方程式为

$$2nLiOH \cdot H_2O + 2nFePO_4 \cdot 4H_2O + HO(C_2H_4O)_nH \longrightarrow 2nLiFePO_4 + 2nC + (13n+1)H_2O$$

在加热过程中，PEG 受热分解产生很强的还原气氛，于是在惰性气氛下在分解的碳作用下使 Fe^{3+} 完全被还原成 Fe^{2+}，使目标产物能定量得到。其 XRD 测试结果如图 2-26 所示。

合成磷酸铁锂的形貌如图 2-27 所示，从图中看出，颗粒均呈不规则椭球状，表层都包覆一层碳膜，粒径为 0.5～1 μm。

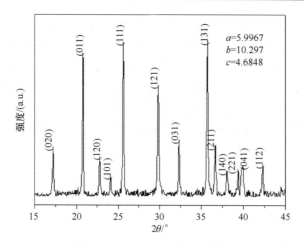

图 2-26 LiFePO$_4$ 的 XRD 图谱

图 2-27 LiFePO$_4$ 的 TEM 图(a)、(b)和 SEM 图(c)、(d)

电化学性能测试发现,在 0.1 C 时放电,其初始容量为 140 mAh/g,当循环 100 次,容量保持为 125 mAh/g。

另一种流变相合成方法:按物质的量比为 1:1 分别称取一定量分析纯 Fe$_3$(PO$_4$)$_2$ · 8H$_2$O 和 Li$_3$PO$_4$,并放入球磨罐中,按质量比 m(原料):m(锆球)=1:20 放入一定量的锆球,加入乙醇作溶剂。在球磨机中以 500 r/min 的转速旋转 4 h。

然后将混合物在 80 ℃的烘箱中干燥 12 h，得到蓝绿色固体前驱体，用玛瑙研钵将此前驱体研细，在管式炉中氩气气氛下以 350 ℃煅烧 5 h；降至室温后，取出研细，再在氩气气氛下、700 ℃煅烧 10 h，冷却得到 LiFePO$_4$。称取三份试剂 Fe$_3$(PO$_4$)$_2$·8H$_2$O 和 Li$_3$PO$_4$，分别加入质量为 Fe$_3$(PO$_4$)$_2$·8H$_2$O 和 Li$_3$PO$_4$ 总质量的 0%、10%、20% 和 30%的葡萄糖。按上面的合成方法得到样品，记为 LiFePO$_4$/C-0、LiFePO$_4$/C-10、LiFePO$_4$/C-20 和 LiFePO$_4$/C-30。合成产物的 XRD 图谱如图 2-28 所示。

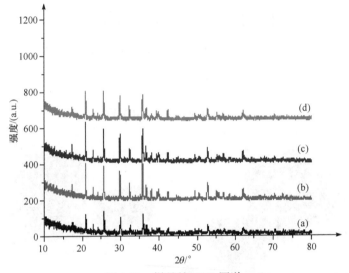

图 2-28　样品的 XRD 图谱

(a) LiFePO$_4$/C-0；(b) LiFePO$_4$/C-10；(c) LiFePO$_4$/C-20；(d) LiFePO$_4$/C-30

　　图 2-29 是样品的 SEM 图。从图 2-29(a)、(b)中看出 LiFePO$_4$/C-0 的形貌为块状颗粒堆积起来的微米球结构，球形结构的直径为 15 μm 左右。图 2-29(c)、(d) 中 LiFePO$_4$/C-10 的形貌为球形颗粒，且球形间结构疏散，球的直径为 100 nm～1 μm。图 2-29(e)、(f)中，LiFePO$_4$/C-20 样品的球形直径约为 500 nm，大小很均匀，且比 LiFePO$_4$/C-10 的结构疏散。图 2-29(g)、(h)中，LiFePO$_4$/C-30 的形貌有球形也有棒状结构，颗粒的形貌没有 LiFePO$_4$/C-20 样品均匀。

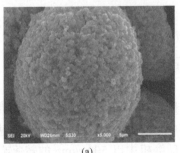

(a)

(b)

图 2-29　样品的 SEM 图

(a)、(b) LiFePO$_4$/C-0；(c)、(d) LiFePO$_4$/C-10；(e)、(f) LiFePO$_4$/C-20；(g)、(h) LiFePO$_4$/C-30

图 2-30 是不同样品的充、放电曲线。测试的电压范围为 2.5～4.2 V，电流密度为 17 mA/g(0.1 C)。从图 2-30 中看出每个样品对应的放电曲线在～3.4 V 出现一个平稳的平台，但是每个样品的电化学性能随包覆的碳含量不同而发生变化。图 2-30(a)中，没有经碳包覆处理的样品 LiFePO$_4$ 首次放电容量为 133.4 mAh/g，20 次和 50 次放电容量分别为 129.7 mAh/g 和 127.2 mAh/g。图 2-30(b)～(d)中，LiFePO$_4$/C-30 的放电曲线几乎重合，循环稳定性较好。LiFePO$_4$/C-10、LiFePO$_4$/C-20 和 LiFePO$_4$/C-30 样品首次放电容量分别为 146.1 mAh/g、154 mAh/g 和 148 mAh/g，20 次的放电容量分别为 141 mAh/g、152.93 mAh/g 和 145.5 mAh/g，50 次的放电容量分别为 136.14 mAh/g、151.6 mAh/g 和 142.94 mAh/g。综合容量和循环性能，样品 LiFePO$_4$/C-20 表现最优。

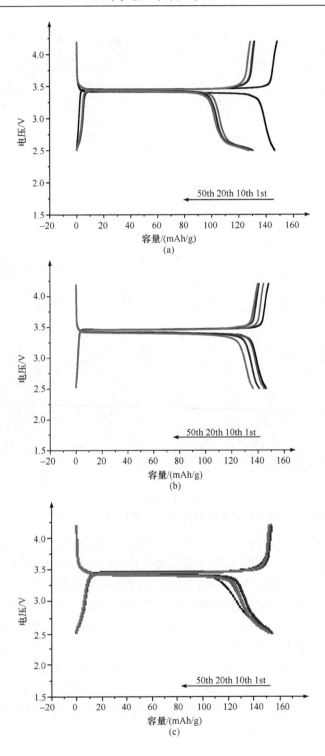

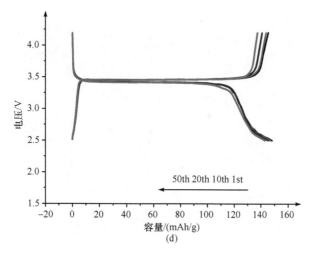

图 2-30　样品的充、放电曲线

(a) LiFePO$_4$/C-0；(b) LiFePO$_4$/C-10；(c) LiFePO$_4$/C-20；(d) LiFePO$_4$/C-30

样品 LiFePO$_4$ 明显比 LiFePO$_4$/C 复合物的容量低，导电性碳材料的包覆处理构建了有利于 Li$^+$传输的导电层，增加了导电性，降低了循环过程中电池的极化；另外，碳包覆在 LiFePO$_4$晶粒表面，抑制了晶粒进一步长大，防止颗粒间的聚合。这样在充、放电过程中，锂离子的扩散距离缩短，从而电导率提高，减轻了充、放电过程中极化现象的发生，改善了样品的电化学性能。此外，碳也起到了还原剂的作用，抑制了 Fe^{3+}的生成，有利于 LiFePO$_4$/C 复合材料的形成。

2. 磷酸铁锂的自组装合成

用自组装法合成纳米结构磷酸铁锂多晶粉体，该结构的形成是在表面活性剂双层模板的作用下，通过表面活性剂与前驱体的非共价键作用，诱导无机物种的成核、生长、变形，并沿法向方向自组装形成表面活性剂双层模板与无机相交替相间排列的有序层状纳米结构多晶颗粒。澳大利亚汪国秀等以硫酸亚铁和磷酸二氢铵为原料，采用氨基三乙酸(C$_6$H$_9$NO$_6$)为表面活性剂，加入适量异丙醇，在水热条件下，控制 pH=9，温度为 180～220 ℃，自组装合成纳米线的磷酸铁锂，如图 2-31 所示。

夏阳等选择抗坏血酸(C$_6$H$_8$O$_6$)作为表面活性剂，它是一种水溶性维生素，在反应体系中可起链状模板作用，自组装合成棒状磷酸铁锂，如图 2-32 所示。

自组装过程合成的磷酸酸铁锂具有特殊的形貌，由于它是微纳结构，锂离子扩散距离短，扩散系数大，故合成的材料具有优良的电化学性能，如图 2-33 所示。

图 2-31　水热自组装合成的纳米线

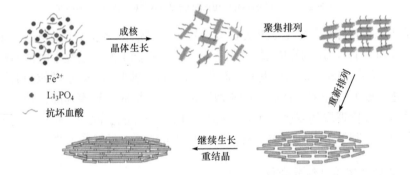

图 2-32　水热自组装合成纳米棒的形成过程

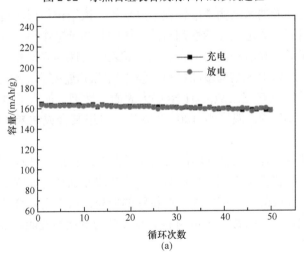

(a)

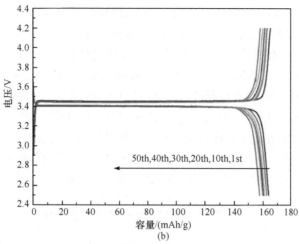

图 2-33　磷酸铁锂的循环性能(a)和充、放电曲线(b)

2.2.3　磷酸铁锂的掺杂改性

在运用流变相反应合成 LiFePO$_4$/C 时,可选择合适的过渡金属离子(如 Mn^{2+}、Y^{3+}等)进行掺杂。在选择掺杂的金属离子时, Mn^{2+}具有很大的特殊性,这是因为 LiMnPO$_4$ 和 LiFePO$_4$ 具有相似的结构,属于同一空间群 *Pnmb*,而且锰与铁原子结构相似、半径非常接近,完全符合形成互溶固溶体的条件,掺杂锰离子后容易得到比较均一的 LiFe$_{1-x}$Mn$_x$PO$_4$ 固溶体。另外,少量金属离子的掺杂对 LiFePO$_4$ 的实际容量和振实密度影响也很小,更符合动力电池所需 LiFePO$_4$ 材料的要求。

图 2-34 为 Li$_x$Mn$_{0.01}$FePO$_4$ 分别在 0.1 C、0.2 C、0.5 C 和 1 C 不同放电倍率下的首次充、放电曲线, Li$_x$Mn$_{0.01}$FePO$_4$ 的首次充、放电容量分别为 167 mAh/g、

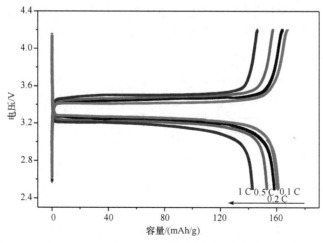

图 2-34　Li$_x$Mn$_{0.01}$FePO$_4$ 分别在不同放电倍率下的首次充、放电曲线

161 mAh/g、163 mAh/g、158 mAh/g、158 mAh/g、152 mAh/g 和 151 mAh/g、144 mAh/g。其充电平台位于 3.45 V 左右，放电平台位于 3.35 V 左右，充、放电平台相当稳定，具有橄榄石 $LiFePO_4$ 的充、放电曲线特征。

图 2-35 分别为 $Li_xMn_{0.01}FePO_4$ 在不同放电倍率(0.1 C、0.2 C、0.5 C、1 C)下的循环曲线。在不同的放电倍率下，经过 100 次循环后，其放电容量分别为 153 mAh/g、149 mAh/g、140 mAh/g、129 mAh/g，衰减量分别为 4.97%、5.70%、7.28%、10.4%。随着放电倍率增大，放电容量的衰减速度加快，说明材料内部的极化作用逐渐增强。当放电倍率增大时，Li^+ 在材料中的扩散速度需要加快，部分 Li^+ 来不及从电极中脱嵌，产生极化现象而导致容量的损失。

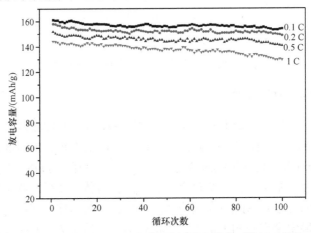

图 2-35 $Li_xMn_{0.01}FePO_4$ 分别在不同放电倍率下的循环曲线

对该材料进行中子衍射实验，了解到掺杂 Mn^{2+} 占据 Fe 的 M2 位置，而部分 Fe^{2+} 被驱赶到 Li 的 M1 位置，导致 Li 的 M1 位产生缺位，从而使该材料的电导率和离子扩散系数增大，磷酸铁锂的循环性能大大改善(图 2-36)。

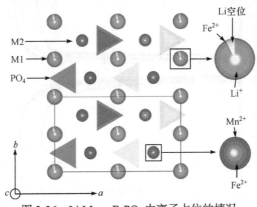

图 2-36 $Li_xMn_{0.01}FePO_4$ 中离子占位的情况

除掺杂改性外，用石墨烯、多孔碳或导电聚合物对磷酸铁锂进行包覆，也能提高该材料的电导率，改善其电化学性能。

2.2.4　结语

磷酸铁锂正极材料是最有发展前途的正极材料，针对该材料的缺点(电导率小和离子扩散慢)，需要从不同的角度对该材料进行研究。首先，从合成方法方面进行探索，合成成具有微纳结构的材料。其次，对该材料进行掺杂和包覆，提高材料的电导率和锂离子扩散系数，改善材料的循环性能和倍率循环性能。在电极的制作、黏结剂和电解液的选用方面也不可忽视。

2.3　三元正极材料

2.3.1　简介

层状 Li-Ni-Co-Mn-O 系列三元材料兼备了 $LiCoO_2$、$LiNiO_2$ 和 $LiMn_2O_4$ 的优点，其中代表性的 $LiNi_{1/3}Co_{1/3}Mn_{1/3}O_2$ 材料具有较高的容量(160~220 mAh/g)、高的电位(2.8~4.5 V)、高的振实密度，且安全好和循环性能稳定，被人们认为是锂离子动力电池的首选正极材料之一。

自 $LiNi_{1/3}Co_{1/3}Mn_{1/3}O_2$ 于 1999 年首次被合成以来，$LiCo_{1-x-y}Ni_yMn_xO_2$ 的研究引起了广泛关注。2001 年，Ohzuku 等合成 $LiNi_{1/3}Co_{1/3}Mn_{1/3}O_2$，该材料在电流密度为 0.17 mA/cm^2、电压为 3.5~5.0 V 时的放电容量达 200 mAh/g。$LiNi_{1/3}Co_{1/3}Mn_{1/3}O_2$ 具有单一的 α-$NaFeO_2$ 型层状结构，属六方晶系，其空间群为 R-$3m$，如图 2-37 所示。锂离子占据材料层状结构的 3a 位，镍、钴、锰离子随机占据材料层状结构的 3b 位，氧离子则占据材料层状结构的 6c 位；其中，镍、钴、锰离子被 6 个氧离子包围，形成 MO_6 立方八面体结构，这种二维超晶格结构有效地降低了三元材料的晶格能，使其结构稳定。同时，Kobayashi 等对 $LiNi_{1/3}Co_{1/3}Mn_{1/3}O_2$ 进行了 XPS 测试，确定了材料中 Ni、Co、Mn 的价态。实际上在充、放电过程中，Ni^{2+}/Ni^{3+}、Ni^{3+}/Ni^{4+} 和 Co^{3+}/Co^{4+} 三对离子对都参与了氧化还原反应，而 Mn^{4+} 起到了稳定材料结构的作用，它并没有参与氧化还原反应，在这个过程中并没有出现 Jahn-Teller 效应，从而使得 $LiNi_{1/3}Co_{1/3}Mn_{1/3}O_2$ 的结构更加稳定。体系中 Ni、Co、Mn 三种元素平衡存在，比任一单一组分具有更优异的性能，其中 Mn 的存在提高了材料的安全性，同时降低了成本；Ni 的存在增加了材料的容量；Co 的引入提高了电导率，减少了阳离子混排。在较宽的电压范围内(2.5~4.5 V)，甚至在合适的电解液的情况下，$LiNi_{1/3}Co_{1/3}Mn_{1/3}O_2$ 可以在更高的电压下安全使用，是替代 $LiCoO_2$

的锂离子电池正极材料之一，也被认为是电动汽车和混合动力电动车的主要发展
方向。

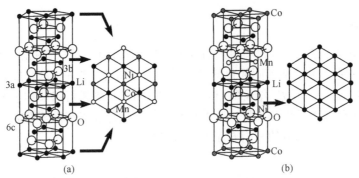

图 2-37 $LiNi_{1/3}Co_{1/3}Mn_{1/3}O_2$ 的结构示意图

$LiNi_{1/3}Co_{1/3}Mn_{1/3}O_2$ 的合成方法主要有固相烧结法和化学液相法两大类。材料
微观结构的改善和宏观性能的提高与合成方法是密不可分的。当采用不同的合成
方法时，制备的目标产物在晶体结构、形貌和电化学性质等方面都有很大的区别。
目前，锂离子电池三元正极材料 $LiNi_{1/3}Co_{1/3}Mn_{1/3}O_2$ 的合成主要有低温水热法、固
相法、喷雾干燥法、溶胶-凝胶法、共沉淀法、溶胶-凝胶法等。在改善材料的循
环性能方面，主要考虑掺杂与包覆改性。

2.3.2 三元材料合成

1. 流变相合成

以氢氧化锂、乙酸镍、乙酸钴、乙酸锰为锂源、镍源、钴源、锰源，以柠檬
酸作配位剂，按照物质的量比为 $1.05 : 1/3 : 1/3 : 1/3 : 2.05$ 称取一定量的
$LiOH·H_2O$、$Ni(Ac)_2·4H_2O$、$Co(Ac)_2·4H_2O$、$Mn(Ac)_2·4H_2O$ 和柠檬酸，加入适
量蒸馏水，球磨罐中小球和加入的粉状原材料的质量比为 $20:1$，以 300 r/min 的
转速球磨 4 h，然后把经过前期反应得到的流变相混合物在 120 ℃ 恒温干燥 24 h
得前驱体，将前驱体在马弗炉中 600 ℃ 加热 6 h(升温速率为 5 ℃/min)，自然冷却
到室温得到中间产物，将此中间产物分别在不同温度(800 ℃、850 ℃ 和 900 ℃)下
恒温焙烧 12 h，得到目标产物 $LiNi_{1/3}Co_{1/3}Mn_{1/3}O_2$。

将不同温度(800 ℃、850 ℃ 和 900 ℃)下合成的目标产物进行 ICP 分析，Li：
Ni：Mn：Co 为 $1:1/3:1/3:1/3$，与实验设计的组成基本一致。在前驱体的焙烧
过程中，锂有部分损失，所以在配料时考虑适当过量。在不同温度下得到的产物
的 XRD 图谱如图 2-38 所示。

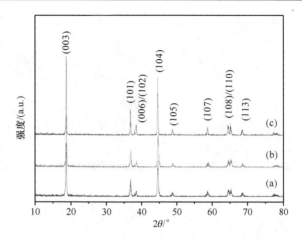

图 2-38　LNCMO-800(a)、LNCMO-850(b)和 LNCMO-900(c)的 XRD 图谱

从图 2-38 中可以看出，所有衍射峰都是基于目标产物的衍射峰，与文献报道完全吻合，没有杂质峰出现。这些衍射峰清楚地表明，三个合成温度下得到的产物都具有典型的属于六方晶系的 α-NaFeO$_2$ 结构，其空间群为 $R3m$，可以看出，从 800 ℃、850 ℃到 900 ℃，随着温度的升高，衍射峰的强度逐渐加强。经过计算，不同温度条件下得到的产物的晶胞参数列于表 2-5。

表 2-5　不同温度条件下合成样品的晶胞参数

样品	晶胞参数 a/Å	晶胞参数 c/Å
LiNi$_{1/3}$Co$_{1/3}$Mn$_{1/3}$O$_2$-800	2.9743	14.4023
LiNi$_{1/3}$Co$_{1/3}$Mn$_{1/3}$O$_2$-850	2.9658	14.2724
LiNi$_{1/3}$Co$_{1/3}$Mn$_{1/3}$O$_2$-900	2.9562	14.2367

从表 2-5 中数据可以看出，产物的晶胞参数随着合成温度的升高逐渐降低，这主要是由于随着合成温度的逐渐升高，目标产物中 Ni^{4+} 的含量也逐渐增加，而在 Ni 的三种氧化态即 Ni^{2+}、Ni^{3+} 和 Ni^{4+} 中，Ni^{4+} 的离子化半径最小为 0.48 Å，而 Ni^{2+} 和 Ni^{3+} 则分别是 0.69 Å 和 0.56 Å，所以随着合成温度的升高，Ni^{4+} 的含量逐渐增加，故相应产物的晶胞参数也逐渐降低。

不同温度下合成目标产物的形貌如图 2-39 所示。

从图 2-39 可以看出，烧结温度对材料的粒度大小和分布有显著影响。烧结温度选择为 800 ℃时，目标产物的粒度分布为 100～200 nm；烧结温度选择为 850 ℃时，目标产物的粒度分布为 200～300 nm；烧结温度选择为 900 ℃时，目标产物的粒度分布为 200～300 nm。随着烧结温度的升高，目标产物的粒度分布逐渐增加。在目标产物的粒度分布上，烧结温度为 800 ℃时的产物粒度最小，但是粒度

图 2-39　LNCMO-800(a)、(b)，LNCMO-850(c)、(d)和 LNCMO-900(e)、(f)的 SEM 图

的均匀性不是很好；烧结温度为 900 ℃时的产物粒度已经偏大，并且颗粒的均匀性也明显不如 800 ℃时的产物；只有烧结温度为 850 ℃时的产物，无论是粒度分布还是产物颗粒的均匀性均好于其他两个温度合成的产物。这在某种程度上影响材料的电化学性能。

对不同温度下得到的产物 LiNi$_{1/3}$Co$_{1/3}$Mn$_{1/3}$O$_2$ 进行电化学性能测试，结果发现 850 ℃时的产物表现出较高的容量和良好的循环性能，如图 2-40 所示。

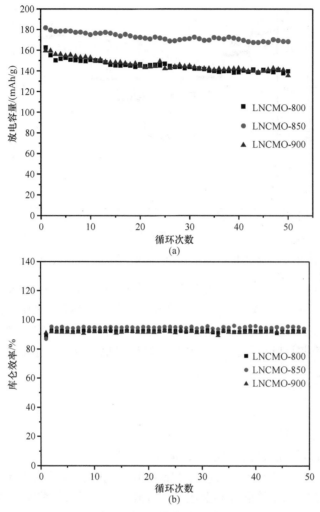

图 2-40　目标产物的循环性能(a)和库仑效率(b)

从图 2-40 中可以看出，不同温度下的目标产物都有较好的循环稳定性，其中在相同的电流密度和循环次数下，850 ℃时目标产物的容量、循环性能和库仑效率均明显高于其他两个温度下的目标产物。此外，850 ℃合成的目标产物作为正极材料时，具有较好的倍率性能，其不同电流密度下的放电容量与循环次数的关系如图 2-41 所示。

从图 2-41 看出，850 ℃时的目标产物作正极材料时，在不同的电流密度情况下进行充、放电循环，都有很好的充放稳定性。当电流密度分别为 20 mA/g、50 mA/g、100 mA/g、200 mA/g 和 400 mA/g 时，其相应的放电容量分别为 181 mAh/g、157 mAh/g、132 mAh/g、111 mAh/g 和 70 mAh/g，并且当材料经过

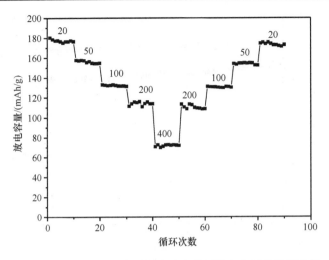

图 2-41　LNCMO-850 在不同电流密度下放电容量的循环性能

电流密度为 400 mA/g 的充、放电循环后，负载电流密度再回到 20 mA/g 时，材料的容量仍能保持在 174 mA/g 左右，非常接近其初始容量。这说明在 850 ℃时，采用流变相合成方法合成的三元材料具有良好的倍率性能。将不同温度合成的材料制成电极，并对其进行交流阻抗测试，其结果也支持了上述结论。

2. 沉淀法合成

沉淀法合成分两步进行，先用沉淀法合成三元材料前驱体，然后将前驱体与锂盐进行混合，在适当的温度下进行烧结，合成出三元材料。

(1) 三元材料前驱体的合成：按 $n(Ni):n(Co):n(Mn)=1:1:1$ 称取一定量的 $Ni(Ac)_2 \cdot 4H_2O$、$Co(Ac)_2 \cdot 4H_2O$、$Mn(Ac)_2 \cdot 4H_2O$ 配成适当浓度的混合溶液，将适量 NH_4HCO_3 水溶液滴加到上述混合溶液中，直至共沉淀完后，静置 5 h；所得沉淀用去离子水洗涤，将上述共沉淀产物在 120 ℃于真空干燥箱中干燥，自然冷却后用玛瑙研钵研磨得到 120 ℃下的粉状共沉淀产物；得到三元共沉淀物前驱体(碳酸盐)。如果用 Na_2CO_3 为沉淀剂，则前驱体是氢氧化物。

(2) 锂化过程：将此前驱体在 350 ℃下加热 2 h，自然冷却后备用。将该前驱体与锂盐按比例(1:1.05，物质的量比)进行混合，加入适量无水乙醇研磨，然后在 600 ℃下于马弗炉中恒温加热 6 h，得到含锂的共沉淀前驱体；再分别在 800 ℃、850 ℃和 900 ℃下加热 12 h，得到不同温度下合成的目标产物。

图 2-42 为前驱体和目标产物的 SEM 图。

图 2-42(a)和(b)中，三元材料前驱体为碳酸盐，呈微球状。三个不同温度下的目标产物呈现微纳球形貌，微米球由粒径不同的纳米颗粒构成，颗粒粒径为 100～

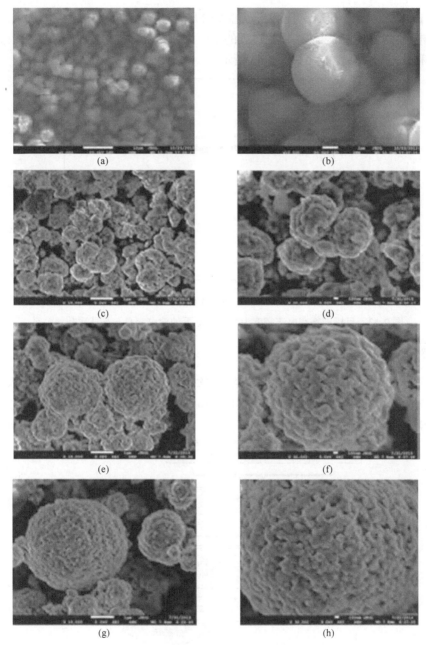

图 2-42　前驱体和目标产物的 SEM 图
(a)、(b) 前驱体；(c)、(d) LCNMO-800；(e)、(f) LCNMO-850；(g)、(h) LCNMO-900

300 nm，其中 800 ℃目标产物的微米球粒径分布在 0.5～1 μm，850 ℃目标产物的微米球粒径分布在 1～3 μm[图 2-42(e)和(f)]，900 ℃目标产物的微米球粒径分布在

1～5 μm[图 2-42(g)和(h)]。随着合成温度的升高，微米球颗粒粒径逐渐增大。

电化学性能测试表明：锂化过程的温度为 850 ℃时，三元材料表现出较高的容量和良好的循环性能，如图 2-43 所示。

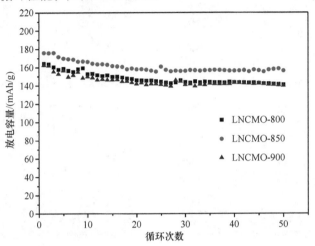

图 2-43　目标产物在电流密度为 20 mA/g 下的放电容量与循环次数的关系

3. 水热法合成

冯传启研究团队成员近期用水热法合成纳米状三元材料，首先将原料加入表面活性剂和沉淀剂，生成球状前驱体，再将前驱体与氢氧化锂混合后加入水中，在强碱环境中，控制适当温度进行水热反应，得到了三元材料。合成步骤如图 2-44 所示。

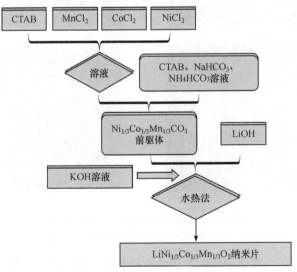

图 2-44　水热法合成三元材料纳米片

合成三元材料的 SEM 图和 XRD 图谱如图 2-45 所示。合成的三元材料不仅具有较高的容量，而且具有优良的电化学性能。形成机理和材料的应用有待进一步深入研究。

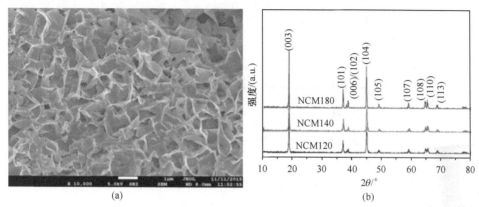

图 2-45　合成三元材料的 SEM 图(a)和 XRD 图谱(b)

2.3.3　三元材料的改性

1. 掺杂改性

用不同金属离子(如 Al^{3+}、Mg^{2+} 和 Zn^{2+} 等)对三元材料进行掺杂，探索不同掺杂量对其电化学性能的影响。以掺杂 Al^{3+} 为例，将一定量的 $LiOH \cdot H_2O$、$Ni(Ac)_2 \cdot 4H_2O$、$Co(Ac)_2 \cdot 4H_2O$、$Mn(Ac)_2 \cdot 4H_2O$、Al_2O_3 和柠檬酸按比例混合后，加入少量去离子水研磨，搅拌形成均匀流变态混合物。将混合物在 120 ℃恒温反应兼干燥(约 12 h)，将前驱体研细，在 600 ℃下于马弗炉中恒温加热 6 h，自然冷却后取出研细；然后在 850 ℃下于马弗炉中恒温加热 12 h，得目标产物，根据掺杂 Al^{3+} 的量(0%、0.5%、1%、2%、5%，摩尔分数)，分别命名为 LNCM、LNCM-0.5%Al^{3+}、LNCM-1.0%Al^{3+}、LNCM-2.0%Al^{3+}和 LNCM-5.0%Al^{3+}。合成不同掺杂样品的 XRD 图谱如图 2-46 所示。

从图 2-46 可知，Al^{3+}掺杂前后合成材料结构不变，各衍射峰与文献报道的三元材料完全吻合，没有杂质峰出现，产物均属于六方晶系的 α-$NaFeO_2$ 结构。随着 Al^{3+}的掺杂量增加，晶胞参数略有减小。

图 2-47 为五个不同掺杂量样品的 SEM 图。样品的形貌为规则的多面体，其中大多数为准球状颗粒，有团聚现象，粒径分布为 200~500 nm。与未掺杂的材

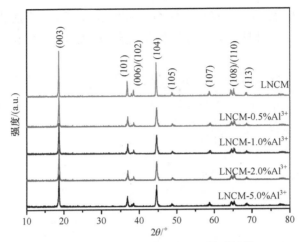

图 2-46 合成不同掺杂样品的 XRD 图谱

料相比，四种掺杂 Al^{3+} 后的材料颗粒表面变得粗糙，掺杂量为 0.5% 的材料与未掺杂材料的形貌最为接近。掺杂量为 1.0%、2.0%、5.0% 样品的形貌相差不大。但随着掺杂量的增加，掺杂样品的颗粒变大。

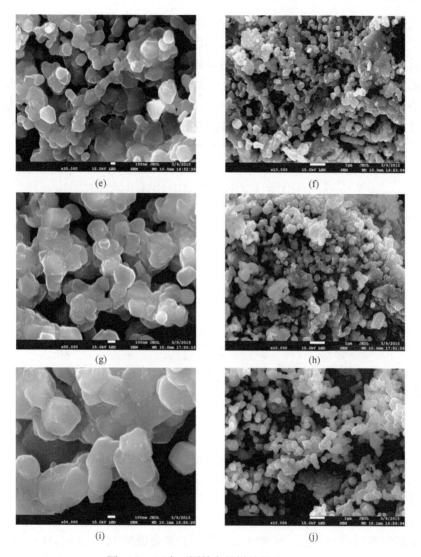

图 2-47　五个不同掺杂量样品的 SEM 图

(a)、(b) LNCM; (c)、(d) LNCM-0.5%Al^{3+}; (e)、(f) LNCM-1.0%Al^{3+}; (g)、(h) LNCM-2.0%Al^{3+}; (i)、(j) LNCM-5.0%Al^{3+}

　　不同掺杂量样品的容量与电化学性能如图 2-48 所示，未掺杂样品的初始放电容量高达 180 mAh/g，但衰减较快，50 次循环后放电容量降到 158 mAh/g，容量损失为 12.3%；而掺杂后的 LiNi$_{1/3}$Co$_{1/3}$Mn$_{1/3}$O$_2$ 循环性能得到了明显提高，尤其是 Al^{3+}的掺杂量为 1.0%时循环性能最好，50 次循环后放电容量降到 176 mAh/g，容量衰减率最小，仅为 3.3%；当 Al^{3+}的掺杂量为 5.0%时，样品的容量降低，50 次循环后放电容量降到 166 mAh/g。三元材料在充、放电过程中镍的价态发生变化，造成正极材料结构的改变或坍塌，而 Al 掺杂可减缓这种情况的发生，部分 Al^{3+} 取代了 Ni^{2+} 的位置，当大量 Li^+ 脱出时，Al^{3+} 在层间起到支撑稳定结构的作用，可以使材料在反复的充、放电过程中维持晶体结构稳定，晶格不发生塌陷现象，从而有效地改善材料的循环稳定性。由于合适的掺杂量对材料的阻抗有一定影响，也影响了其电化学性能。LNCM-1.0%Al^{3+}样品具有较好的循环性能，而且倍率性能也最好。其他离子(Mg^{2+} 和 Zn^{2+})的掺杂也有类似的规律。

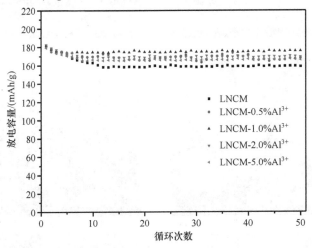

图 2-48　不同 Al^{3+} 掺杂量样品的循环曲线

2. 包覆改性

除掺杂外，三元材料还可以采用表面包覆的方法进行改性。包覆的材料可以是多孔锂离子导体(氧化物或无机盐等)，也可以是导电聚合物，还可以是非晶的多孔碳。

1) AlPO₄ 对三元材料的包覆

用流变相反应的方法，在 850 ℃条件下，先合成纯 $LiNi_{1/3}Co_{1/3}Mn_{1/3}O_2$ 样品，称取 1.0 g $LiNi_{1/3}Co_{1/3}Mn_{1/3}O_2$ 样品置于 10 mL 混合溶剂(5.0 mL 去离子水和 5.0 mL 无水乙醇)中，磁力搅拌下使反应物充分混合。称取 0.005 g $Al(NO_3)_3 \cdot 9H_2O$ 和 $(NH_4)_2HPO_4$ 分别溶于 5 mL 去离子水中，将 $Al(NO_3)_3 \cdot 9H_2O$ 溶液加入 $LiNi_{1/3}Co_{1/3}Mn_{1/3}O_2$ 溶液中，磁力搅拌 1 h 使溶液充分混合，然后逐滴加入 $(NH_4)_2HPO_4$ 溶液，磁力搅拌数小时，抽滤，用去离子水和无水乙醇洗涤，在 60 ℃ 的真空干燥箱内干燥后，在 500 ℃下于管式炉中恒温加热 6 h，自然冷却后再研磨，得到 0.5%(质量分数，下同)AlPO₄ 包覆的 $LiNi_{1/3}Co_{1/3}Mn_{1/3}O_2$ 样品。同理，可制得不同 AlPO₄ 包覆量(1.0%、2.0%和5.0%)的 $LiNi_{1/3}Co_{1/3}Mn_{1/3}O_2$ 样品。

如图 2-49 所示，用 AlPO$_4$ 包覆样品的 XRD 图谱与未包覆样品的 XRD 图谱几乎完全相同，AlPO$_4$ 包覆不影响材料的结构。AlPO$_4$ 包覆样品的衍射峰强度比未包覆样品特征峰强度弱，而且随着包覆量增加，强度减弱更加明显。这可能是因为 AlPO$_4$ 包覆量太少或是 AlPO$_4$ 在 LiNi$_{1/3}$Co$_{1/3}$Mn$_{1/3}$O$_2$ 表面形成了一个均匀的薄层。

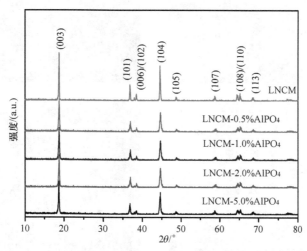

图 2-49　不包覆量样品的 XRD 图谱

采用 PowderX 程序分析并计算出样品的晶胞参数 a、c 以及 $I_{(003)}/I_{(104)}$ 随包覆量的变化，如表 2-6 所示。随着 AlPO$_4$ 包覆量的增加，晶胞参数 a 和 c 有所增加。同时，包覆样品的 $I_{(003)}/I_{(104)}$ 均较大。这说明包覆对材料的六方晶格有序度有一定影响。

表 2-6　LiNi$_{1/3}$Co$_{1/3}$Mn$_{1/3}$O$_2$ 和 AlPO$_4$ 包覆 LiNi$_{1/3}$Co$_{1/3}$Mn$_{1/3}$O$_2$ 样品的结构和物理参数

AlPO$_4$ 包覆量/%	a/Å	c/Å	$I_{(003)}/I_{(104)}$
0	2.870	14.256	1.779
0.5	2.871	14.259	1.814
1.0	2.873	14.263	1.835
2.0	2.876	14.265	1.826
5.0	2.878	14.268	1.805

图 2-50 为五个不同样品的 SEM 图，样品的形貌为规则的多面体，其中大多数为规则的颗粒近球形或球形，粒径分布为 200~500 nm。与未包覆的材料相比，用 AlPO$_4$ 包覆后的材料颗粒表面变得粗糙，包覆量为 0.5% 的三元材料与未包覆材料的形貌最为接近，包覆量为 1.0%、2.0%、5.0% 的材料其形貌相差不大。包覆后

样品的颗粒变大。

(a)

(b)

(c)

(d)

(e)

(f)

(g)

(h)

(i)　　　　　　　　　　　　　　(j)

图 2-50　不同包覆量样品的 SEM 图

(a)、(b) LNCM；(c)、(d) LNCM-0.5%AlPO₄；(e)、(f) LNCM-1.0%AlPO₄；(g)、(h) LNCM-2.0%AlPO₄；
(i)、(j) LNCM-5.0%AlPO₄

电化学性能测试表明：在电流密度为 20 mAh/g 的条件下充、放电，与未包覆三元材料相比，包覆 AlPO₄ 后材料的充电平台均略有升高，放电平台均略有降低；未包覆材料的首次容量为 178 mAh/g，循环 50 次时为 160 mAh/g，容量保持率为 89.9%；包覆 0.5% AlPO₄ 材料的首次容量为 181 mAh/g，循环 50 次时降为 171 mAh/g，容量保持率为 94.4%；包覆 1.0% AlPO₄ 材料的首次容量为 179 mAh/g，容量衰减缓慢，循环 50 次时降为 176 mAh/g，容量保持率为 98.3%；包覆 2.0% AlPO₄ 材料的首次容量为 180 mAh/g，循环 50 次时降为 167 mAh/g，容量保持率为 91.7%；包覆 5.0% AlPO₄ 材料的首次容量为 182 mAh/g，循环 50 次时降为 164 mAh/g，容量保持率为 91.1%。

图 2-51 为不同 AlPO₄ 包覆量三元材料的放电容量与循环次数的关系(电流密

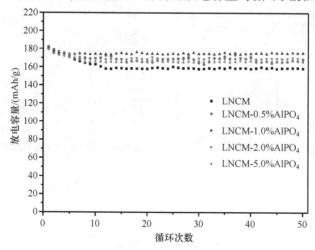

图 2-51　不同 AlPO₄ 包覆量三元材料的放电容量与循环次数的关系

度为 20 mA/g，电压范围为 2.5～4.5 V)，$AlPO_4$ 包覆量为 1.0% 的三元材料不仅表现出优良的循环性能，而且具有较高的容量和较好的倍率性能。

采用 $AlPO_4$ 对 850 ℃的 $LiNi_{1/3}Co_{1/3}Mn_{1/3}O_2$(LNCM)包覆后其循环性能得到了明显提高，尤其是 $AlPO_4$ 的包覆量为 1.0% 时循环性能最好，50 次循环后放电容量仅降到 176 mAh/g，容量衰减最小，只有 1.7%。1.0% $AlPO_4$ 改性 $LiNi_{1/3}Co_{1/3}Mn_{1/3}O_2$ 比未包覆的样品表现出更好的循环性能。

2) 聚苯胺对三元材料的包覆

称取 0.15 g $(NH_4)_2S_2O_8$ 溶于 10 mL 去离子水中，配制成 $(NH_4)_2S_2O_8$ 溶液，量取 0.5 mL 苯胺和 1.1 mL 浓盐酸(35%)溶于 300 mL 去离子水中，在室温下磁力搅拌使反应物充分混合。在冰水浴和磁力搅拌下称取 1.0 g 上述用于聚苯胺(PANI)包覆的 $LiNi_{1/3}Co_{1/3}Mn_{1/3}O_2$ 样品于 100 mL 去离子水中，然后把苯胺和盐酸溶液快速加入 $LiNi_{1/3}Co_{1/3}Mn_{1/3}O_2$ 悬浮液中，同时快速把 $(NH_4)_2S_2O_8$ 溶液加入 $LiNi_{1/3}Co_{1/3}Mn_{1/3}O_2$ 悬浮液中，$LiNi_{1/3}Co_{1/3}Mn_{1/3}O_2$ 悬浮液的颜色迅速变蓝，说明苯胺正在聚合，然后在冰水浴条件下静置 6 h，最后用去离子水和无水乙醇洗涤数次，在 60 ℃的真空干燥箱内干燥后，即得到聚苯胺包覆的 $LiNi_{1/3}Co_{1/3}Mn_{1/3}O_2$。

用聚苯胺包覆的三元材料($PANI-LiNi_{1/3}Co_{1/3}Mn_{1/3}O_2$)的 XRD 图谱与未包覆的 $LiNi_{1/3}Co_{1/3}Mn_{1/3}O_2$ 的 XRD 图谱几乎完全相同。

图 2-52 为 $PANI-LiNi_{1/3}Co_{1/3}Mn_{1/3}O_2$ 样品的 SEM 图，样品的粒度分布为 100～300 nm，比较规则，且团聚现象比较严重；PANI 包覆在 $LiNi_{1/3}Co_{1/3}Mn_{1/3}O_2$ 表面，聚苯胺的包覆提高了三元材料的电导率，比表面积增大，颗粒粒径较小，缩短了 Li^+ 的扩散过程，有利于电化学性能的改善。

(a)　　　　　　　　　　　　　　　(b)

图 2-52　$PANI-LiNi_{1/3}Co_{1/3}Mn_{1/3}O_2$ 的 SEM 图

聚苯胺包覆三元材料($PANI-LiNi_{1/3}Co_{1/3}Mn_{1/3}O_2$)的充、放电曲线和循环曲线如图 2-53 所示。与未包覆的三元材料相比，PANI 包覆材料的充电平台均略有升高，放电平台均略有降低；材料的首次充电容量为 190 mAh/g，放电容量为 183 mAh/g，之后的容量走势平稳、衰减缓慢，循环 50 次时充电容量为 176 mAh/g，放电容量降为 176mAh/g，循环 100 次时充电容量为 177 mAh/g，放电容量为 176 mAh/g，容量保持率为 96.1%，库仑效率为 99.8%。与未包覆的样品相比，聚苯胺包覆的三元材料其电化学性能得到明显的改善。

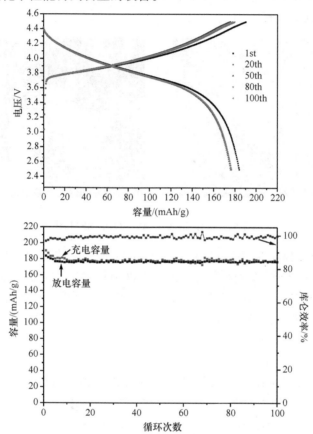

图 2-53　PANI-LiNi$_{1/3}$Co$_{1/3}$Mn$_{1/3}$O$_2$ 样品的充、放电曲线和循环曲线(电流密度为 20 mA/g)

在不同电流密度(50 mA/g、100 mA/g、200 mA/g、400 mA/g、600 mA/g)下进行电化学性能测试，实验结果表明：随着电流密度的增大，样品的放电容量虽有所降低，但是循环稳定性仍然较好，为高容量和循环性能稳定的三元材料的修饰提供了新的思路。

3) 碳对三元材料的包覆

将 0.1 g 葡萄糖溶于 15 mL 混合溶剂(7.5 mL 去离子水和 7.5 mL 无水乙醇)中，称取 1.0 g 用流变相合成法在 850 ℃条件下合成的三元材料(LiNi$_{1/3}$Co$_{1/3}$Mn$_{1/3}$O$_2$)样品，将其加入葡萄糖溶液中，然后在烘箱中 100 ℃下恒温 12 h 干燥，自然冷却后取出研磨得到粉状前驱体;在氩气气氛条件下,于管式炉中 500 ℃恒温加热 4 h,自然冷却后再研磨,得到碳包覆的 $LiNi_{1/3}Co_{1/3}Mn_{1/3}O_2$ 样品。

图 2-54 为 C-$LiNi_{1/3}Co_{1/3}Mn_{1/3}O_2$ 样品的 SEM 图。样品的粒径范围为 100～300 nm,碳包覆在 $LiNi_{1/3}Co_{1/3}Mn_{1/3}O_2$ 表面,碳的包覆能提高材料的电导率,也有利于电化学性能的改善。

(a)　　　　　　　　　　　　　　　(b)

图 2-54　C-$LiNi_{1/3}Co_{1/3}Mn_{1/3}O_2$ 的 SEM 图

碳包覆三元材料(C-$LiNi_{1/3}Co_{1/3}Mn_{1/3}O_2$)在 20 mAh/g 的充、放电曲线和循环曲线如图 2-55 所示。与未包覆材料(用于包覆 $AlPO_4$ 的 $LiNi_{1/3}Co_{1/3}Mn_{1/3}O_2$ 材料)相比,碳包覆材料的充电平台均略有升高,放电平台均略有降低;材料的首次充电容量为 188 mAh/g,放电容量为 181 mAh/g,之后的容量走势平稳、衰减缓慢,循环 50 次时充电容量为 176 mAh/g,放电容量降为 175 mAh/g,循环 100 次时充电容量为 176 mAh/g,放电容量为 174 mAh/g,容量保持率为 96.1%,库仑效率为 99.8%。与未用碳包覆的样品相比,碳包覆样品的电化学性能得到较大改善。

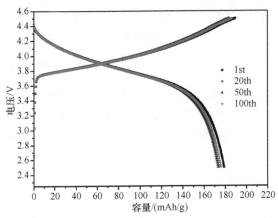

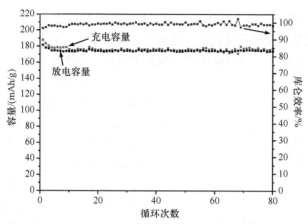

图 2-55　C-LiNi$_{1/3}$Co$_{1/3}$Mn$_{1/3}$O$_2$ 的充、放电曲线和循环曲线(电流密度为 20 mA/g)

图 2-56 是碳包覆三元材料(C-LiNi$_{1/3}$Co$_{1/3}$Mn$_{1/3}$O$_2$)在不同倍率下的循环性能，在电流密度为 50 mA/g、100 mA/g、200 mA/g、400 mA/g、600 mA/g 和 800 mA/g 时，材料的首次放电容量分别为 181 mAh/g、160 mAh/g、146 mAh/g、129 mAh/g、96 mAh/g 和 76 mAh/g，循环 50 次后放电容量分别为 164 mAh/g、155 mAh/g、137 mAh/g、126 mAh/g、99 mAh/g 和 76 mAh/g。C-LiNi$_{1/3}$Co$_{1/3}$Mn$_{1/3}$O$_2$ 材料在大电流密度下进行充、放电时，仍具有很好的循环稳定性，碳包覆材料降低了 Li$^+$ 在脱嵌过程中的极化程度，有效地改善了材料的循环性能。

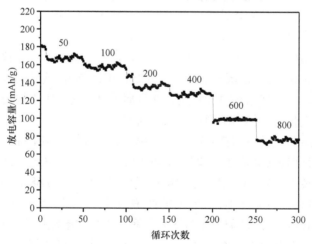

图 2-56　C-LiNi$_{1/3}$Co$_{1/3}$Mn$_{1/3}$O$_2$ 在不同倍率下的循环性能

2.3.4　结语

三元材料是近年发展起来的一类新型正极材料，它具有容量高、循环性能稳

定、成本适中的优点。本节着重讲述了镍钴锰物质的量比为 1∶1∶1 的三元材料
(简称 333)，根据三元材料的相图，还有其他高镍的三元材料，如图 2-57 所示。
从图 2-57 中可看出，三元材料还有其他几种组成，如 811、622、433 和 532 等。

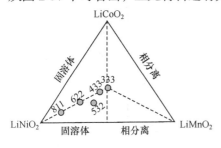

图 2-57　三元材料稳定存在的相图

三元材料的合成方法还有溶胶-凝胶法、固相法、模板法、喷雾干燥法和微波烧结法等。在三元材料的改性方面，有正、负离子同时掺杂，氧化物包覆，锂盐包覆，石墨烯或碳纳米管复合等方法。三元材料今后研究发展的方向是，调控组成和形貌，合成微纳结构的三元材料复合物，构建三元材料的三维导电网络，提高材料的容量，改善材料的倍率循环性能。

2.4　其他正极材料

2.4.1　磷酸钒锂

近年来，具有 NASCION 结构的聚合阴离子锂盐成为锂离子二次电池正极材料的研究热点。$Li_3V_2(PO_4)_3$ 单斜晶体中，PO_4 四面体和 VO_6 八面体通过共用顶角的氧互相连接，具有灯笼状结构基元。每个金属 V 原子被 6 个 PO_4 四面体包围，同时 PO_4 四面体被 4 个 VO_6 八面体包围。这种构造形成了三维的网状结构，Li 处于这个框架结构的孔穴中，3 个四重的晶体位置为 Li 占据，导致在一个结构单元中有 12 个 Li 的位置。在敞开的三维空间结构中像 PO_4^{3-} 这样的大阴离子替代了氧原子的位置，从而使结构更加稳定，并且离子可以在其中更快地移动，这样使其具有很好的电化学和热力学稳定性及较高的容量。

$Li_3V_2(PO_4)_3$ 最大的特点就是离子电导率大，化合物结构中存在足够的空间可以传导 Na、Li 等碱金属离子。单斜结构的 $Li_3V_2(PO_4)_3$ 为 3.0～4.3 V，能够可逆地脱嵌两个锂离子，V^{3+}/V^{4+} 氧化还原电位对应于 3.60 V、3.68 V 和 4.09 V，此时理论容量为 133 mAh/g；第三个锂的脱嵌发生于 4.55 V，此时理论容量为 197 mAh/g。$Li_3V_2(PO_4)_3$ 的放电电位平台较高，平均放电电压平台约为 4.0 V；具有优异的低温性能和热稳定性，使用安全，以及优异的循环稳定性，且具有低成本的优势，因此备受人们关注。

目前磷酸钒锂的合成方法主要有高温固相法、碳热还原法、溶胶-凝胶法和微波法。高温固相法的优点是工艺简单，易实现产业化，但合成样品的纯度不高、

粒径较大、电化学性能差、合成时间较长,且传统的高温固相法以纯 H_2 作为还原,存在成本高、不安全的缺点。碳热还原法虽能降低成本和改善材料性能,但采用碳热固相还原仍不可避免原料混合不均的问题,影响正极材料的振实密度。溶胶-凝胶法虽然合成温度低、产品粒径小、电化学性能好、循环稳定性好,但操作较复杂,反应条件苛刻。微波法具有反应时间短、能耗低等优点,但加热时间短,不易控制。

磷酸钒锂的流变相合成:按物质的量比 $n(\text{Li}):n(\text{V}):n(\text{P}):n(\text{有机酸})=3.1:2:3:2$,分别称取 $\text{LiOH}\cdot\text{H}_2\text{O}$、$\text{NH}_4\text{VO}_3$、$\text{NH}_4\text{H}_2\text{PO}_4$ 和柠檬酸混合,加入少量去离子水研磨,搅匀形成流变态混合物(黄色)。将该混合物在 $90\sim100\ ℃$ 恒温 $12\ \text{h}$,形成蓝色蓬松状固体前驱体。然后将混合物在 $300\ ℃$ 左右预处理 $2\sim4\ \text{h}$,自然冷却,取出样品仔细研磨。将样品在 Ar 气保护下以不同温度焙烧一定时间,得到目标产物。反应物中加入柠檬酸的作用有两个,一是作为螯合剂能与其他原料混合均匀;二是柠檬酸在高温分解形成碳,可作为还原剂把 V^{5+} 还原为 V^{3+},而且分散均匀的碳也可以提高材料的电导率。

图 2-58 为不同温度下合成样品的 XRD 图谱。根据 MDI-JADE 软件可计算出 $\text{Li}_3\text{V}_2(\text{PO}_4)_3$ 晶胞参数为: $a=0.855\,10\ \text{nm}$, $b=0.861\,05\ \text{nm}$, $c=1.2022\ \text{nm}$, $\beta=89.9004°$,晶胞体积$=0.885\,16\ \text{nm}^3$,与以前文献报道的一致。与 JCPDS 卡片上的 $\text{Li}_3\text{Fe}_2(\text{PO}_4)_3$ 图谱(JCPDS 43-0526)一致,样品结构为单斜晶系,空间群为 $P2_1/m$。

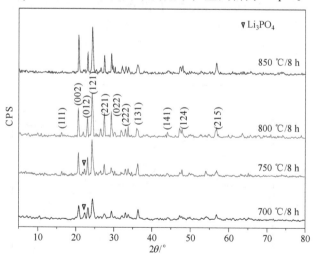

图 2-58　不同温度下合成样品的 XRD 图谱

图 2-59 为 $800\ ℃$ 合成的磷酸钒锂的 TEM 图。从图 2-59(a)中可以看到,深色部分为 $\text{Li}_3\text{V}_2(\text{PO}_4)_3$ 颗粒,样品为均一的片状颗粒,粒径约为 $200\ \text{nm}$,浅灰色部

分为碳层，这说明以流变相法合成了碳包覆的 $Li_3V_2(PO_4)_3$ 颗粒，碳层表面粗糙且为多孔状。$Li_3V_2(PO_4)_3$ 为片状颗粒，有较大的比表面积，粒径也较小，可缩短 Li^+ 的扩散过程；多孔状碳层能提高材料的电导率，故具有优异的电化学性能。

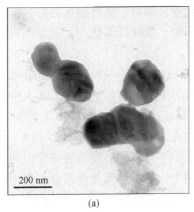

(a)   (b)

图 2-59　在 800 ℃合成 $Li_3V_2(PO_4)_3$ 样品(a)和表面包覆碳层(b)的 TEM 图

以 800 ℃下样品为例，在常温下以 0.1 C 进行了充、放电测试，电压范围为 3.0～4.3 V。图 2-60 为 800 ℃下合成样品的首次循环充、放电曲线。样品的充、放电曲线可以细分为 3 个电压平台：3.60 V、3.68 V 和 4.09 V(vs. Li/ Li$^+$)，分别对应 $Li_{3-x}V_2(PO_4)_3$ 中 x=0.0～0.5、x=0.5～1 和 x=1～2，每个范围内都可以观察到明显的电压平台。前两个电压平台对应第一个 Li^+ 脱出，第三个电压平台对应第二个 Li^+ 脱出。脱出的两个 Li^+ 都是对应 V^{3+}/V^{4+} 氧化还原对，所不同的是两个 Li^+ 的

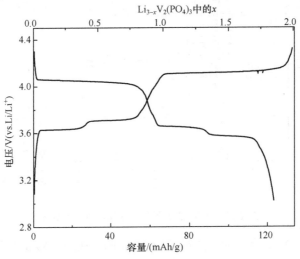

图 2-60　800 ℃合成样品的首次充、放电曲线
时率为 0.1 C，电压范围 3.0～4.3 V

位置不同，因此对应的势能不同，第二个 Li^+ 的势能更低，更稳定，因此脱出第二个 Li^+ 需要的电压较高。放电时，两个 Li^+ 重新嵌入结构中，分别对应电压平台 4.03 V、3.63 V 和 3.55 V，充、放电电压平台相差小于 0.05 V，表明该体系具有高度的可逆性。

对不同合成温度样品进行电化学性能测试，合成温度为 800 ℃时，$Li_3V_2(PO_4)_3$ 材料具有理想的单斜结构，具有较高的可逆容量、优良的循环性能和倍率性能。在 0.1 C 和 1 C 倍率下首次放电容量为 122 mAh/g 和 107 mAh/g，0.1 C 倍率下，30 次循环后容量仍有 120 mAh/g，容量保持率为 98.4%。对该材料进行稀土元素掺杂，可进一步提高其循环性能，改性后的磷酸钒锂是有希望应用于锂离子动力电池的正极材料。

2.4.2　硼酸锰锂

Legagneur 等在 2001 年首次报道了 $LiMBO_3$(M=Mn、Fe)能够可逆地脱嵌锂离子，由于它具有无毒、对环境友好、原料来源丰富、容量高等优点，被认为是锂离子电池理想的正极材料，从而受到人们极大的关注。与 $LiFePO_4$ 相比，硼酸锰锂的优势在于：容量更高(理论上可以达到 220 mAh/g，$LiFePO_4$ 为 170 mAh/g)，导电性更好(电导率约 3.9×10^{-7} S/cm)，体积变化率极小(约 2%)。这一材料可作为 $LiFePO_4$ 的替代材料。BO_3^{3-} 的摩尔质量(58.8 g/mol)比 PO_4^{3-}(95 g/mol)小很多，且硼酸锰锂的结构能够同时提供锂离子导电和电子导电。但是这种材料有一致命的缺陷，就是对水和氧气均比较敏感，室温下少量的空气接触就会使材料的容量迅速降至 70 mAh/g，给其商业化应用带来很大的障碍。

目前 $LiMnBO_3$ 的合成方法主要有高温固相法和溶胶-凝胶法。赵彦明等以 Li_2CO_3、MnO_2 和 H_3BO_3 为原料，在烧结温度高于 800 ℃时得到了具有六方结构的单相 $LiMnBO_3$。充、放电测试结果表明：加入高比表面积的炭黑和机械球磨，其容量和循环性能得到很大改善，但充、放电电流的大小会影响其循环性能和容量。Kim 等用化学计量比的 Li_2CO_3、$MnC_2O_4 \cdot 2H_2O$ 和 H_3BO_3 为原料，先经过球磨 72 h，再在不同的温度(500 ℃和 800 ℃)下退火合成了单斜晶系和六方晶系的 $LiMnBO_3$，还制备了碳包覆的 $LiMnBO_3$。实验发现，球磨得到的单斜 $LiMnBO_3$(m-$LiMnBO_3$)在 0.05 C 下第二次放电容量为 65 mAh/g；碳包覆的六方晶系 $LiMnBO_3$(h-$LiMnBO_3$)在 0.05 C 下第二次放电容量提高到 100 mAh/g。碳在 $LiMnBO_3$ 颗粒间起到了导电桥梁的作用，增加了材料的导电性，从而提高了材料的电性能，进而提高了容量。Afyon 等以 $LiNO_3$、$Mn(NO_3)_2 \cdot 4H_2O$ 和 $B(OEt)_3$ 为原料，丙酸为溶剂，采用溶胶-凝胶法合成了 $LiMnBO_3$。结果表明，在不同温度(350 ℃、500 ℃、650 ℃)下煅烧 12 h，能得到纯相的 $LiMnBO_3$ 正极材料，氧化石墨烯(GRO)包覆的 h-LiMnBO$_3$ 在 0.05 C 下首次放电容量达到 145 mAh/g,具有较高的放电容量和较好的循环稳定性。循环伏安测试表明,该正极材料具有较好的电化学可逆性。

　　LiMnBO$_3$ 最主要的缺陷仍然是离子电导率和电子电导率低,因而限制了它的应用和发展。要提高材料的离子电导率,必须设法降低迁移离子与骨架间的作用力,并要求材料的离子迁移通道大小与 Li$^+$ 半径匹配,有较高的离子浓度及空隙浓度。通过掺杂引入不同价态的元素可造成骨架的价态不平衡,增加迁移离子浓度或产生新的空隙,促进离子迁移,从而提高离子电导率。同时包覆也是改善电子电导率的一个有效途径,可减轻材料的极化作用,从而提高其电化学性能。

　　流变相反应法合成 LiMnBO$_3$ 及其碳包覆复合物(LiMnBO$_3$/C):按物质的量比 1:1:1 准确称取一定量的分析纯 LiOH·2H$_2$O、MnAc$_2$·4H$_2$O 和 H$_3$BO$_3$,同时称取适量的柠檬酸(为总金属离子物质的量的 25%)作为碳源。充分混合后,加入少量去离子水进行研磨,搅拌均匀形成乳白色的流变态混合物。然后将混合物在烘箱内 100 ℃下恒温 12 h 干燥,变成淡黄色的固体前驱体,将前驱体研细,在 350 ℃氩气气氛下预处理 3 h;冷却后研细,再在 650 ℃氩气气氛下煅烧 15 h,自然冷却得到 LiMnBO$_3$ 和包覆碳的 LiMnBO$_3$(LiMnBO$_3$/C)样品。

　　图 2-61 为 LiMnBO$_3$ 和 LiMnBO$_3$/C 的 XRD 图谱,两个目标产物都具有尖锐的衍射峰,说明合成的样品都有较好的结晶度。将它们的特征衍射峰与文献报道的结果对照后发现,样品具有明显的(100)和(300)衍射峰,证明得到的目标产物为单斜和六方混合相的 LiMnBO$_3$。由于无定形态碳的衍射峰较弱,在 XRD 图谱中未检测到,但通过热重分析发现 LiMnBO$_3$/C 中含碳量约为 13%。

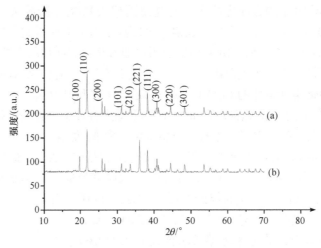

图 2-61　LiMnBO$_3$(a)和 LiMnBO$_3$/C(b)的 XRD 图谱

图 2-62 为 LiMnBO$_3$ 和 LiMnBO$_3$/C 的 SEM 图。从图 2-62 中看出，两个样品均由大小不均匀的颗粒团聚而成，较多的颗粒为近球形。未包覆碳的 LiMnBO$_3$ 颗粒大小非常不均匀，粒径为 1～5 μm。而碳包覆的 LiMnBO$_3$ 颗粒大小分布较为均匀，粒径为 300 nm～1.5 μm。可见柠檬酸分解过程中产生的碳包覆在表面起到了控制 LiMnBO$_3$ 颗粒生长的作用。这有利于材料电化学性能的改善。

(a)   (b)

图 2-62   LiMnBO$_3$ (a)和 LiMnBO$_3$/C(b)的 SEM 图

图 2-63 为 LiMnBO$_3$ 和 LiMnBO$_3$/C 的循环性能，未包覆的 LiMnBO$_3$ 初始容量较低，经过 50 次循环后放电容量只有 57 mAh/g，循环稳定性较好。而 LiMnBO$_3$/C 具有相对较高的容量，前三次循环容量衰减较快，从 149 mAh/g 降低到 100 mAh/g，但之后的循环容量衰减缓慢，经过 50 次循环后 LiMnBO$_3$/C 电极的放电容量降到

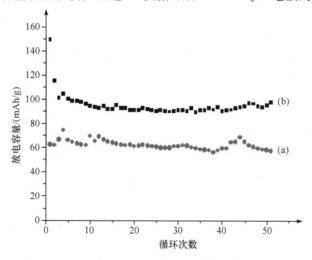

图 2-63   LiMnBO$_3$(a)和 LiMnBO$_3$/C(b)的循环性能

97 mAh/g。与未包覆的 $LiMnBO_3$ 相比，$LiMnBO_3/C$ 样品表现出更加优良的电化学性能。

用流变相合成方法，以柠檬酸为碳源，合成了 $LiMnBO_3$ 材料和碳包覆的 $LiMnBO_3/C$ 材料，电化学性能研究表明，未包覆碳的 $LiMnBO_3$ 首次放电容量只有 63 mAh/g，而包覆碳的 $LiMnBO_3/C$ 首次放电容量达到了 149 mAh/g。与纯 $LiMnBO_3$ 相比，碳包覆材料($LiMnBO_3/C$)的电化学性能有了明显的改善，而且具有较好的倍率性能。虽然 $LiMnBO_3/C$ 比纯 $LiMnBO_3$ 材料有较好的电化学性能，但其可逆容量比初始容量低很多，材料在充、放电过程中极化现象仍然较严重。要使该材料既有较高的可逆容量又有优良的电化学性能，有待对 $LiMnBO_3$ 材料进行进一步综合改性。

2.4.3 结语

除上述两种新型正极材料外，近年来对其他新型正极材料(如 Li_2FeSiO_4、Li_2MnSiO_4、$LiFeBO_3$、$Li_2FeP_2O_7$ 等)也进行了研究。这些材料的共同特点是：材料的电子电导率低，锂离子扩散系数小，在合成中容易出现杂相。这些不利因素严重影响了材料的实际应用。因此，除了对合成方法加以改进，合成一些具有特殊形貌的正极材料外，还要对材料进行全面的综合改性(掺杂、包覆或不同正极材料的复合等)和构建多维导电网络，目的是提高材料的可逆容量和倍率性能，使它们离应用的距离越来越近。

参 考 文 献

冯传启. 2003. 锂锰尖晶石正极材料的合成、改性及其性质的研究[D]. 武汉: 武汉大学博士学位论文

冯传启, 李华, 王世银, 等. 2009. TiO_2 包覆的尖晶石 $LiMn_2O_4$ 的电化学性能[J]. 电池, 5: 257-259

冯传启, 李琳, 李华, 等. 2016. 二元掺杂对 $LiFePO_4$ 结构及电化学性能的影响[J]. 电源技术, 40(4): 755-762

冯传启, 宋力, 张克立, 等. 2004. 尖晶石型正极材料 $Li_xMn_{1.98}Gd_{0.02}O_4$ 的合成及性能[J]. 电源技术, 28(11): 667-670

冯传启, 张克立, 孙聚堂. 2003. 锂离子电池正极材料尖晶石 $LiMn_2O_4$ 的研究现状[J]. 化学研究与应用, 25(2): 141-145

高虹. 2014. 磷酸铁锂及钨(钼)氧化物的合成、改性及电化学性能的研究[D]. 武汉: 湖北大学硕士学位论文

何雨石, 裴力, 马紫峰. 2007. 层状结构 $Li[Ni, Co, Mn]O_2$ 正极材料制备与改性研究进展[J]. 化工进展, 26: 337-344

何则强, 熊利之, 麻明友, 等. 2005. 纳米的非水溶剂溶胶-凝胶法制备与表征[J]. 无机化学学报, 21: 1691-1696

胡成林, 代建清, 戴永年, 等. 2007. Ti 离子掺杂对 LiFePO$_4$ 材料性能的影响[J]. Materials Review(材料导报), 2l(7): 147-149

胡环宇, 仇卫华, 李发喜, 等. 2006. Mg 掺杂对 LiFePO$_4$ 材料电化学性能的影响[J]. 电源技术, 30(1): 18-20

金超, 吕东生, 李伟善. 2003. 尖晶石 LiMn$_2$O$_4$ 的表面修饰改性[J]. 中国锰业, 21(3): 21-25

雷钢铁, 李朝晖, 苏光耀, 等. 2003. 锂离子电池阴极材料 LiCo$_x$Mn$_{2-x}$O$_4$ 的研究[J]. 化学世界, 44(10): 514-516

李华. 2011. 锂离子电池电极材料的合成、改性及电化学性能研究[D]. 武汉: 湖北大学硕士学位论文

李华, 汤晶, 王石泉, 等. 2012. 非整比磷酸铁锂 Li$_x$M$_{0.01}$FePO$_4$ 的合成与电化学性能研究[J]. 电源技术, 36(1): 52-54

李丽, 李国华, 王石泉, 等. 2010. 磷酸钒锂正极材料的合成与性能研究[J]. 无机化学学报, 26(1): 126-131

李琳. 2015. 锂离子电池三元正极材料 LiNi$_{1/3}$Co$_{1/3}$Mn$_{1/3}$O$_2$ 的合成、改性及电化学性能研究[D]. 武汉: 湖北大学博士学位论文

李琳, 郑浩, 程劲松, 等. 2015. LiMnBO$_3$/C 正极材料的合成及电化学性能的研究[J]. 电源技术, 39(2): 249-252

李晴, 姜强, 李琳, 等. 2015. 三元正极材料前驱体 Mn$_x$Ni$_y$Co$_z$CO$_3$ 的合成及条件探究[J]. 无机盐工业, 47(1): 75-78

刘兴泉, 李庆, 于作龙. 1999. 锂离子电池阴极材料 Li-Mn-O 水热合成及表征[J]. 合成化学, 7(4): 382-388

卢集政, 赖琼钰. 1998. 锂脱嵌化合物的微波烧结研究[J]. 化学研究与应用, 10(6): 620-623

罗穗莲, 李伟善, 刘煦. 2001. 过量锂尖晶石锂锰氧化物的结构与电化学行为[J]. 中国锰业, 19(4): 11-14

吕正中, 周震涛. 2003. LiMn$_2$O$_4$ 在充、放电过程中的相变[J]. 电池, 33(2): 77-79

毛秦钟, 黄辉, 张文魁, 等. 2009. F 掺杂对 LiFePO$_4$/C 材料电化学性能的影响[J]. 中国材料科技与设备, 3: 65-67

倪江峰, 周恒辉, 陈继涛, 等. 2004. 铬离子掺杂对 LiFePO$_4$ 电化学性能的影响[J]. Acta Physico-Chimica Sinica, 20(6): 582-586

倪江锋, 周恒辉, 陈继涛, 等. 2005. 金属氧化物掺杂改善 LiFePO$_4$ 电化学性能[J]. 无机化学学报, 21(4): 472-476

仇卫华, 赵海雷. 2003. Mn 掺杂对 LiPePO$_4$ 材料电化学性能的影响[J]. 电池, 3: 134-135

曲涛, 田彦文, 钟参云, 等. 2005. 锂离子电池正极材料 Li$_{0.99}$Y$_{0.01}$FePO$_4$ 的制备[J]. 功能材料, 36(5): 694-696

汤昊, 冯传启, 刘浩文, 等. 2003. 掺杂 Y^{3+}的锂锰尖晶石的合成及其电化学性能研究[J]. 化学学报, 61(1): 47-50

唐新村, 何莉萍, 陈宗璋, 等. 2003. 低温固相反应法在多元金属复合氧化物合成中的应用——锂离子电池正极材料γ-LiMnO$_2$ 的合成、结构及电化学性能研究[J]. 无机材料学报, 18(2):

313-319

吴宇平, 戴晓兵, 马军旗, 等. 2004. 锂离子电池: 应用与实践[M]. 北京: 化学工业出版社

徐宁, 刘国强, 曾潮流, 等. 2002. Pechini 预燃烧合成锂离子蓄电池正极材料 $LiMn_2O_4$ [J]. 电源技术, 26(6): 131-133

徐宁, 刘国强, 曾潮流, 等. 2003. 尖晶石型 $LiNi_xMn_{2-x}O_4$ 锂离子正极材料的电化学性能[J]. 中国有色金属学报, 13(1): 81-84

杨书廷, 贾俊华, 陈红军. 2002. 亚微米级正极材料 $LiMn_2O_4$ 的合成[J]. 电池, 32(5): 261-263

杨威, 曹传堂, 曹传宝. 2005. 共沉淀法制备锂离子电池正极材料 $LiFePO_4$ 及其性能研究[J]. 材料工程, 6: 36-40

殷康健, 赵瑞瑞, 朱继涛, 等. 2014. 碳包覆对 $Li[Ni_{1/3}Mn_{1/3}Co_{1/3}]O_2$ 正极材料性能影响[J]. 电源技术, 19(3): 130-133

周鑫, 赵新兵, 余红明, 等. 2008. F 掺杂 $LiFePO_4/C$ 的固相合成及电化学性能[J]. 无机材料学报, 23(3): 587-591

朱勇军. 2007. 锂离子电池正极材料球形 $LiNi_{1/3}Co_{1/3}Mn_{1/3}O_2$ 的合成及性能研究[D]. 长沙: 中南大学博士学位论文

Amdouni N, Gendron F, Mauger A, et al. 2006. $LiMn_{2-y}Co_yO_4(0 \leqslant y \leqslant 1)$ intercalation compounds synthesized from wet-chemical route[J]. Materials Science and Engineering B, 129: 64-75

Amine K, Yasuda H, Yamachi M. 2000. Olivine $LiCoPO_4$ as 4.8 V electrode material for lithium bateries[J]. Electrochem. Solid State Lett, 3(4): 178-179

Anna A S, Kalska B, Haggstrom L, et al. 2000. Lithium extraction/insertion in $LiFePO_4$: an X-ray diffraction and Moessbauer spectroscopy study [J]. Solid State Ionics, 130(1-2): 41-52

Arnold G, Garche J, Hemmer R, et al. 2003. Fine-particle lithium ion phosphate $LiFePO_4$ synthesized by a new low-cost aqueous precipitation technique[J]. Journal of Power Sources, 119-121: 247-251

Arora P, Popov B N, White R E, et al. 1998. Electrochemical investigations of cobalt-doped $LiMn_2O_4$ as cathode material for lithium-ion batteries[J]. J Electrochem Soc, 145(3): 807-815

Aurbach D, Markovsky B, Salitra G, et al. 2007. Review on electrodeelectrolytesolution interactions, related to cathode materials for Li-ion batteries[J]. Journal of Power Sources, 165(2): 491-499

Barboux P, Manthirm J M, Schokoohi F K. 1991. Dielectric and high T_c superconductor applications of sol-gel and modified sol-gel processing to microelectronics technology[J]. J Solid State Chem, 94: 185-196

Barker J, Saidi M Y, Swoyer J L. 2003. Lithium iron(Ⅱ) phospho-olivines prepared by a novelcarbothermalreduction method[J]. Electrochem Solid State Lett, 6(3): A53-A55

Breger J, Jhng M, Dupre N, et al. 2005. High-resolution X-ray diffraction, DIFFaX, NMIL and first principles study of disorder in the Li_2MnO_3-$Li[Ni_{1/2}Mn_{1/2}]O_2$ solid solution[J]. Journal of Solid State Chemistry, 178: 2575-2585

Chen Y H , Chen R Z, Tang Z Y, et al. 2009. Synthesis and characterization of Zn-doped $LiCo_{0.3}Ni_{0.4-x}Mn_{0.3}Zn_xO_2$ cathode materials for lithium-ion batteries[J]. Journal of alloys and compounds, 476(1-2): 539-542

Chen Y H, Tang Z Y, Zhang G Q, et al. 2009. Synthesis and characterization of $Mg_3(PO_4)_2$-coated $Li_{1.05}Ni_{1/3}Mn_{1/3}Co_{1/3}O_2$ cathode material for Li-ion battery[J]. Journal of Wuhan University of Technology-Materials Science Edition, 24(3): 347-353

Cho J. 2003. Improved thermal stability of $LiCoO_2$ by nanoparticle $AlPO_4$ coating with respect to spinel $Li_{1.05}Mn_{1.95}O_4$ [J]. Electrochim Commun, 5: 146-148

Cho J, Kim H, Park B. 2004. Comparison of overcharge behaviour of $AlPO_4$-coated $LiCoO_2$ and $LiNi_{0.8}Co_{0.1}Mn_{0.1}O_2$ cathode material in Li ion cell[J]. J Electrochem Soc, 151(10): A1707-A1711

Cho J, Kim T-G, Kim C-J, et al. 2005. Comparison of Al_2O_3- and $AlPO_4$-coated $LiCoO_2$ cathode materials for a Li-ion cell[J]. J Power Sources, 146: 58-64

Cho J, Kim T J, Kim J, et al. 2004. Synthesis, thermal and electrochemical properties of $AlPO_4$-coated $LiNi_{0.8}Co_{0.1}Mn_{0.1}O_2$ cathode materials for a Li ion cells[J]. J Electrochem Soc, 151(11): A1899-A1904

Cho T H, Shiosaki Y, Noguchi H. 2006. Preparation and characterization of layered $LiMn_{1/3}Ni_{1/3}Co_{1/3}O_2$ as a cathode material by an oxalate co-precipitation method[J]. Journal of Power Sources, 159(2): 1322-1327

Cho W, Ra W, Shirakawa J, et al. 2006. Synthesis and electrochemical properties of nonstoichiometric $LiAl_xMn_{2-x}O_{4-\delta}$ as cathode materials for rechargeable lithium ion battery[J]. Journal of Solid State Chemistry, 179(11): 3534-3540

Corbo P, Corcione F E, Migliardini F, et al. 2006. Experimental assessment of energy-management strategiesin fuel-cell propulsion systems[J]. Journal of Power Sources, 157: 799-808

Cuyomard D, Tarascon J M. 1995. High voltage stable liquid electrolytes $Li_{1+x}Mn_2O_4$/carbon rocking-chair lithium batteries[J]. J Power Sources, 54: 92-98

Dai K H, Xie Y T, Wang Y J, et al. 2008. Effect of Fluorine in the Preparation of $Li(Ni_{1/3}Co_{1/3}Mn_{1/3})O_2$ via Hydroxide Coprecipitation[J]. Electrochim Acta, 53(8) : 3257-3261

De-Cheng L, Takahisa M, Lian-qi Z, et al. 2004. Effect of synthesis method on the electrochemical performance of $LiNi_{1/3}Mn_{1/3}Co_{1/3}O_2$[J]. Journal of Power Sources, 132(1-2): 150-155

Deng B H, Nakamura H, Qing Z. 2004. Greatly improved elevated-temperature cycling behavior of $Li_{1+x}Mg_yMn_{2-x-y}O_{4+\delta}$ spinels with controlled oxygen stoichiometry[J]. Electrochim Acta, 49(11): 1823-1830

Doeff M M, Finones R, Hu Y. 2002. Electrochemical performance of sol-gel synthesized $LiFePO_4$ in lithium battery. 11th International Meeting on lithium battery(IMLB), Monterey, CA, USA

Dong H J, Seung M O. 1997. Electrolyte effects on spinel dissolution and cathodic capacity losses in 4 V $Li/Li_xMn_2O_4$ rechargeable cells[J]. Electrochem Soc, 144(10): 3342-3348

Feng C Q, Li H, Zhang C F, et al. 2012. Synthesis and electrochemical properties of non-stoichiometric Li-Mn-spinel ($Li_{1.02}M_xMn_{1.95}O_{4-y}F_y$) for lithium ion battery application[J]. Electrochim Acta, 61: 87-93

Feng C Q, Li H, Zhang P, et al. 2010. Synthesis and modification of non-stoichiometric spinel ($Li_{1.02}Mn_{1.90}Y_{0.02}O_{4-y}F_{0.08}$) for lithium-ion batteries[J]. Materials Chemistry and Physics, 119:

82-85

Feng C Q, Tang H, Zhang K L, et al. 2003. Synthesis and electrochemical characterization of nonstoichiometry spinel phase ($Li_xMn_{1.93}Y_{0.02}O_4$) for lithium ion battery applications[J]. Materials Chemistry and Physics, 80(3): 573-576

Fey G T K, Shui R F, Subramanian V, et al. 2002. Synthesis of nonstoichionetric lithium nickel cobalt oxides and their structural and electrochemical characterization[J]. J Power Sources, 103: 265-272

Gao H, Wang J Z, Yin S Y, et al. 2015. Synthesis and electrochemical properties of $LiFePO_4$/C for lithium ion batteries[J]. Journal of Nanoscience and Nanotechnology, 15: 2253-2257

Gao P, Yang G, Liu H, et al. 2012. Lithium diffusion behavior and improved high rate capacity of $LiNi_{1/3}Co_{1/3}Mn_{1/3}O_2$ as cathode material for lithium batteries[J]. Solid State Ionics, 207: 50-56

Gao X W, Feng C Q, Chou S L, et al. 2013. $LiNi_{0.5}Mn_{1.5}O_4$ spinel cathode using room temperature ionic liquid as electrolyte[J]. Electrochim Acta, 101: 151-157

Gao Y, Dahn J R. 1996. High temperature phase diagram of $Li_{1+x}Mn_{2-x}O_4$ and its implications[J]. Electrochem Soc, 143(6): 1783-1788

GaoY, Dahn J R. 1996. Correlation between the growth of the 3.3 V discharge plateau and capacity fading in $Li_{1+x}Mn_{2-x}O_4$materials [J]. Solid State Ionics, 84(1-2): 33-40

Guilmard M, Pouillerie M, Delmas C, et al. 2003. Structural and electrochemical properties of $LiNi_{0.7}Co_{0.15}Al_{0.15}O_2$[J]. Solid State Ionics, 160: 35-50

Gummow R J, Kock A, Thackery M M. 1994. Improved capacity retention in rechargeable 4 V lithium/lithium manganese oxides(spinel)cells[J]. Solid State Ionics, 69(1): 59-67

Hayashi N, Ikuta H, Wakihara M. 1999. Cathode of $LiMg_yMn_{2-y}O_4$ and $LiMg_yMn_{2-y}O_{4-\delta}$ spinel phases for lithium secondary batteries[J]. J Electrochem Soc, 146(4): 1351-1354

He Y S, Ma Z F, Liao X Z, et al. 2007. Synthesis and characterization of submicron-sized $LiNi_{1/3}Co_{1/3}Mn_{1/3}O_2$ by a simple self-propagating solid-state metathesis method[J]. J Power Sources, 163: 1053-1058

Horn Y S, Hackney S A, Kahaian A J, et al. 1999. Structural fatigue in spinel electrodes in $Li/Li_x[Mn_2]O_4$ cells[J]. J Power Sources, 81-82: 496-499

Hsu K-F, Tsay S-Y, Hwang B-J. 2005. Physical and electrochemical properties of $LiFePO_4$/carbon composite synthesized at various pyrolysis periods[J]. JPower Sources, 146(1-2): 529-533

Huang B J, Santhanam R, Liu D G, et al. 2001. Effect of Al-substitution on the stability of $LiMn_2O_4$ synthesized by citric acid sol-gel method[J]. J Power Sources, 101: 326-331

Huang H, Yin S C, Nazar L F. 2001. Approaching theoretical capacity of $LiFePO_4$ at room temperature at high rates[J]. Solid-State Lett, 4: A170-A172

Huang Y H, Gao D S, Lei G T, et al. 2007. Synthesis and characterization of $Li(Ni_{1/3}Co_{1/3}Mn_{1/3})_{0.96}Si_{0.04}O_{1.96}F_{0.04}$ as a cathode material for lithium-ion battery[J]. Materials Chemistry and Physics, 106(2-3): 354-359

Hunter J. 1981. Preparation of a new crystal form of manganese oxide γ-MnO_2[J]. J Solid State Chem, 39: 142-146

Hwang B J, Santhanam C H, Chen C H, et al. 2003. Effect of synthesis conditions on electrochemical properties of $LiNi_{1-y}Co_yO_2$ cathode for lithium rechargeable batteries[J]. J Power Sources, 114: 244-252.

Iwakura C, Oura T, Inouse H, Mastsuoka M. 1996. Effects of substitution with foreign metals on the crystallographic, thermodynamic and electrochemical properties of AB5-type hydrogen storage alloys[J]. Electrochim Acta, 41(1): 117-121

Jang S B, Kang S H, Amine K, et al. 2005. Synthesis and improved electrochemical performance of $Al(OH)_3$-coated $Li[Ni_{1/3}Mn_{1/3}Co_{1/3}]O_2$ cathode materials at elevated temperature[J]. Electrochim Acta, 50(20) : 4168-4173

Jian G, Li F J, Hua T Y. 2006. Effect of structural and electrochemical properties of different Al-doped contents of $Li[Ni_{1/3}Mn_{1/3}Co_{1/3}]O_2$[J]. Electrochim Acta, 51: 6275-6280

Jiang Q, Yin S Y, Feng C Q, et al. 2015. Hydrothermal synthesis of $Mn_xCo_yNi_{1-x-y}(OH)_2$ as a novel anode material for the lithium-ion battery[J]. Journal of Electronic Materials, 44(8):2877-2882

Jiang Z P, Abrehem K M. 1996. Preparation and electrochemical characterization of micron-sized spinel $LiMn_2O_4$[J]. J Electrochemical Society, 143(5): 1591-1598

Julien C, Mangani I R, Selladurai S, et al. 2002. Synthesis structure and electrochemistry of $LiMn_{2-y}Cr_{y/2}Cu_{y/2}O_4$ (0.0≤y≤0.5)prepared by wet chemistry [J]. Solid State Sciences, 4(8): 1031-1038

Kanasaku T, Amezawa K, Yamamoto N. 2000. Hydrothermal synthesis and electrochemical properties of Li-Mn-spinel[J]. Solid State Ionics, 133(1-2): 51-56

Kang C S, Son J T. 2012. Synthesis and electrochemical properties of $LiNi_{1/3}Co_{1/3}Mn_{1/3}O_2$ cathode materials by electrospinning process[J]. Journal of Electroceramics, 29(4): 235-239

Kim H S, Kong M Z, Kim K, et al. 2007. Effect of carbon coating on $LiNi_{1/3}Co_{1/3}Mn_{1/3}O_2$ cathode material for lithium secondary batteries[J]. J Power Sources, 171: 917-921

Kim J H, Park C W, Sun Y K. 2003. Synthesis and electrochemical behavior of $Li[Li_{0.1}Ni_{0.35-x/2}Co_xMn_{0.55-x/2}]O_2$ cathode materials[J]. Solid State Ionics, 164(1-2): 43-49

Kim J M, Chung H T. 2004. The first cycle characteristics of $Li[Ni_{1/3}Co_{1/3}Mn_{1/3}]O_2$ charged up to 4.7 V[J]. Electrochim Acta, 49(5): 937-944

Kim J M, Tsuruta S, Kumagai N. 2007. $Li_{0.93}[Li_{0.21}Co_{0.28}Mn_{0.51}]O_2$ nanoparticles for lithium battery cathode material made by cationic exchange from K-birnessite[J]. Electrochemistry Communications, 9: 103-108

Kim W, Lee S, Woo S. 2003. Characterization of Al-doped spinel $LiMn_2O_4$ thin film cathode electrodes prepared by liquid source misted chemical deposition(LSMCD)technique[J]. Electrochim Acta, 48(28): 4223-4231

Kitamura N, Iwatsuki H, Idemoto Y. 2009. Improvement of cathode performance of $LiMn_2O_4$ as a cathode active material for Li ion battery by step-by-step supersonic-wave treatments[J]. J Power Sources, 189(1): 114-120

Lee K S, Myung S T, Kim D W, et al. 2011. AlF_3-coated $LiCoO_2$ and $Li[Ni_{1/3}Co_{1/3}Mn_{1/3}]O_2$ blend composite cathode for lithium ion batteries[J]. J Power Sources, 196(16): 6974-6977

Lee M H, Kang Y, Myung S T, et al. 2004. Synthetic optimization of Li[Ni$_{1/3}$Co$_{1/3}$Mn$_{1/3}$]O$_2$ via co-precipitation [J]. Electrochim Acta, 50(4): 939-948

Lee Y S, Kumada N, Yoshio M. 2001. Synthesis and characterization of lithium aluminum-doped spinel(LiAl$_x$Mn$_{2-x}$O$_4$)for lithium secondary battery[J]. J Power Sources, 96: 376-384

Leroux F, Nazar L F. 1997. 3-volt manganese dioxide: the amorphous alternative[J]. Solid State Ionics, 100: 103-113

Li D C, Kato Y, Kobayakawa K, et al. 2006. Preparation and electrochemical characteristics of LiCo$_{1/3}$Ni$_{1/3}$Mn$_{1/3}$O$_2$ coated with metal oxides coating[J]. J Power Sources, 160(2): 1342-1348

Li D C, Takahisa M, Zhang L Q, et al. 2004. Effect of synthesis method on the electrochemical performance of LiCo$_{1/3}$Ni$_{1/3}$Mn$_{1/3}$O$_2$ [J]. J Power Sources, 132(1-2): 150-155

Li G, Azuma H, Tohda M. 2002. LiMnPO$_4$ as the cathode for lithium batteries[J]. Electrochemical and Solid Letters, 5(6): A135-A137

Li G, Azuma H, Tohda M. 2002. Optimized LiMn$_y$Fe$_{1-y}$PO$_4$ as the cathode for lithium batteries[J]. J Electrochem Soc, 149(6): A743-A747

Li J, Zheng J M, Yang Y. 2007. Studies on storage characteristics of LiNi$_{0.4}$Co$_{0.2}$Mn$_{0.2}$O$_2$ as cathode materials in lithium ion batteries[J]. Journal of the Electrochemical Society, 154(5): A427-A432

Li L, Feng C Q, Zheng H, et al. 2014. Synthesis and electrochemical properties of LiNi$_{1/3}$Co$_{1/3}$Mn$_{1/3}$O$_2$ cathode material[J]. Journal of Electronic Materials, 43(9): 3508-3513

Li L, Feng C Q, Zheng H, et al. 2016. Synthesis and electrochemical properties of Li[Ni$_{1/3}$Co$_{1/3}$Mn$_{1/3}$]O$_2$ for lithium ion batteries[J]. Science of Advanced Materials, 8: 980-986

Li Q, Hu Y L, Li L, et al. 2016. Synthesis and electrochemical performances of Mn$_x$Co$_y$Ni$_z$CO$_3$[J]. J Mater Sci: Mater Electron, 27:1700-1707

Liao B, Lei Y Q, Chen L X, et al. 2004. A study on the structure and electrochemical properties of La$_2$Mg(Ni$_{0.95}$M$_{0.05}$)9 (M=Co, Mn, Fe, Al, Cu, Sn) hydrogen storage electrode alloys[J]. Journal of Alloys and Compounds, 376(1-2): 186-195

Liao B, Lei Y Q, Chen L X, et al. 2004. Effect of the La/Mg ratio on the structure and electrochemical properties of La$_x$Mg$_{3-x}$Ni$_9$ (x=1.6~2.2) hydrogen storage electrode alloys for nickel-metal hydride batteries [J]. J Power Source, 129: 358-367

Liao P Y, Duh J G, Sheen S R. 2005. Effect of Mn content on the microstructure and electrochemical performance of LiNi$_{0.75-x}$Co$_{0.25}$Mn$_x$O$_2$ cathode materials [J]. J Electrochem Soc, 152(9): A1695-A1700

Lin B, Wen Z Y, Gu Z H. 2007. Preparation and electrochemical properties of Li[Ni$_{1/3}$Co$_{1/3}$Mn$_{1-x/3}$Zr$_{x/3}$]O$_2$ cathode materials for Li-ion Batteries[J]. J Power Sources, 174: 544-547

Lin B, Wen Z Y, Han J D, et al. 2008. Electrochemical properties of carbon-coated LiNi$_{1/3}$Co$_{1/3}$Mn$_{1/3}$O$_2$ cathode material for lithium-ion batteries[J]. Solid State Ionics, 179(27-32): 1750-1753

Liu D T, Wang Z X, Chen L Q. 2006. Comparison of structure and electrochemistry of Al-and Fe-doped $LiNi_{1/3}Mn_{1/3}Co_{1/3}O_2$[J]. Electrochim Acta, 51: 4199-4203

Liu H, Cao Q, Fu L J, et al. 2006. Doping effects of zinc on $LiFePO_4$ cathode material for lithium ion batteries[J]. Electrochem Commun, 8(10): 1553-1557

Liu H, Li C, Zhang H P, et al. 2006. Kinetic study on $LiFePO_4$/C nanocomposites synthesized by solid state technique[J]. J Power Sources, 159: 717-720

Liu W, Farrington G C. 1996. Synthesis and electrochemical studies of spinel phase $LiMn_2O_4$ cathode materials prepared by the Pechini process[J]. J Electrochem Soc, 143(3): 879-884

Liu W, Kowal K, Farrington G C. 1996. Electrochemical characteristics of spinel phase $LiMn_2O_4$-based cathode material prepared by the Pechini process-influence of firing temperture and dopants [J]. J Electrochem Soc, 143(11): 3590-3597

Liu Y F, Pan H G, Gao M X, et al. 2003. Influence of heat treatment on electrochemical characteristics of $La_{0.75}Mg_{0.25}Ni_{2.8}Co_{0.5}$ hydrogen storage electrode alloy[J]. Transactions of Nonferrous Metals Society of China, 13: 25-28

Liu Y F, Pan H G, Gao M X, et al. 2004. Structures and electrochemical properties of $La_{0.7}Mg_{0.3}Ni_{2.975-x}Co_{0.525}Mn_x$ hydrogen storage alloys[J]. J Electrochem Soc A, 151(3): 374-380

Liu Y F, Pan H G, Gao M X, et al. 2005. Influence of Ni addition on the structures and electrochemical properties of $La_{0.7}Mg_{0.3}Ni_{2.65+x}Co_{0.75}Mn_{0.1}$ ($x=0\sim0.5$) hydrogen storage alloys[J]. J Alloys Comp, 389(1-2): 281-289

Lu C H, Lin S W. 2001. Influence of the particle size on the electrochemicalproperties of lithium manganese oxide[J]. J Power Source, 97-98: 458-460

Lu Z H, Beaulieu L Y, Donaberger R A. 2002. Synthesis, structure and electrochemical behavior of $Li[Ni_xLi_{1/3-2x/3}Mn_{2/3-x/3}]O_2$[J]. J Electrochem Soc, 149(6): A778-A791

Lu Z H, Dahn J R J. 2002. Understanding the anomalous capacity of $Li/Li[Ni_xLi_{(1/3-2x/3)}Mn_{(2/3-x/3)}]O_2$ cells using in situ X-Ray diffraction and electrochemical studies[J]. Electrochem Soc, 149(7): A815-A822

Ma L, Deng C, Sun Y H, et al. 2011. Reviews on the synthesis method of layered $Li[Ni_{1/3}Co_{1/3}Mn_{1/3}]O_2$ as cathode material for lithium ion batteries[J]. Chem Eng, 194(11): 28-30(in Chinese)

Masashi H, Keiichi K, Yasuo A, et al. 2003. Synthesis of $LiFePO_4$ cathode material by microwave processing[J]. J Power Source, 119-121: 258-261

Masaya K, Lid C, Koichi K, et al. 2006. Structural and electrochemical properties of $LiNi_{1/3}Mn_{1/3}Co_{1/3}O_{2-x}F_x$ prepared by solid state reaction[J]. J Power Sources, 157: 494-500

Morcrette M, Barboux P, Perriere J, et al. 1998. $LiMn_2O_4$ thin films for lithium ion sensors[J]. Solid State Ionics, 112(3-4): 249-254

Naoaki Y, Tsutomu O. 2003. Novel lithium insertion material of $Li(Ni_{1/3}Co_{1/3}Mn_{1/3})O_2$ for advanced lithium-ion batteries[J]. J Power Sources, 119(2): 171-174

Nishimura K, Douzono T, Kasai M, et al. 1999. Spinel-type lithium manganese oxide cathodes for rechargeable lithium batteries[J]. J Power Sources, 81-82: 420-424

Ohzuku T, Kato J, Sawai K, et al. 1991. Electrochemistry of manganese dioxide in lithium nonaqueous cells. IV. Jahn-Teller deformation of MnO_6-octahedron in Li_xMnO_2[J]. Electrochem Soc, 138(9): 2556-2560

Ohzuku T, Kitagawa M, Hirai T. Electrochemistry of manganese dioxide in lithium nonaqueous cell[J]. J Electrochem Soc, 1990, 137: 769-775

Ohzuku T, Makimura Y. 2001. Layered lithium insertion material of $LiNi_{1/3}Co_{1/3}Mn_{1/3}O_2$ for lithium-ion batteries[J]. Chin Chem Lett, 30: 642-643

Okada S, Sawa S, Egashira M, et al. 2001. A cathode properties of phospho-olivine $LiMPO_4$ for lithium secondary batteries[J]. J Power sources, 97-98: 430-432

Padhi A K, Manivannan V, Goodenough J B. 1998. Charge ordering in lithium vanadium phosphates: electrode materials for lithium-ion batteries[J]. Electrochem Soc, 145: 1518-1520

Padhi A K, Nanjundaswamy K S, Goodenough J B. 1997. Phospho-olivines as positive electrode materials for rechargeable lithium batteries[J]. J Electrochem Soc, 144(4): 1188-1194

Panero S, Scrosati B, Wachtler M, et al. 2004. Nanotechnology for the progress of lithium batteries R&D[J]. J Power Sources, 129: 90-95

Pank S H, Oh S W, Sun Y K. 2005. Synthesis and structural characterization of layered $Li[Ni_{1/3+x}Co_{1/3}Mn_{1/3-2x}Mo_x]O_2$ cathode materials by ultrasonic spray pyrolysis[J]. J Power Sources, 146: 622-625

Park A K, Sona J T, Chung H T, et al. 2003. Synthesis of $LiFePO_4$ by co-precipitation and microwave heating[J]. Electrochemistry Communications, 5: 839-842

Park C W, Kim S H, Nahm K S, et al. 2008. Synthesis and electrochemical properties of layered $Li[Ni_{1/3}Co_{1/3}Mn_{1/3}]_{0.96}Ti_{0.04}O_{1.96}F_{0.04}$ as cathode material for lithium-ion batteries[J]. J Alloys and Compounds, 449: 343-348

Park S B, Lee S M, Shin H C, et al. 2007. An alternative method to improve the electrochemical performance of a lithium secondary battery with $LiMn_2O_4$[J]. J Power Sources, 166(1): 219-225

Park S H, Kang C H. 2006. Preparation of $Li[Ni_{1/3}Co_{1/3}Mn_{1/3}]O_2$ powders for cathode material in secondary battery by solid-state method[J]. Rare Metals, 25: 184-188

Park S H, Yoon C S, Kang S G, et al. 2004. Synthesis and structural characterization of layered $Li[Ni_{1/3}Co_{1/3}Mn_{1/3}]O_2$ cathode materials by ultrasonic spray pyrolysis method[J]. Electrochim Acta, 49(4): 557-563

Periasamy P, Kalaiselvil N. 2007. High voltage and high capacity characteristics of $LiNi_{1/3}Co_{1/3}Mn_{1/3}O_2$ cathode for lithium battery applications[J]. Int J Electrochem Sci, 55: 689-699

Qiu X, Sun X, Shen W, et al. 1997. Spinet $Li_{1+x}Mn_2O_4$ synthesized by coprecipitation as cathodes for lithium-ion batteries[J]. Solid State Ionics, 93(3-4): 335-339

Robertson A D, Amstrong A R, Fowkes A J, et al. 2001. $Li_x(Mn_{1-y}Co_y)O_2$ intercalation compounds as electrodes for lithium batteries: influence of ion exchange on structure and performance[J]. J Mater Chem, 11: 113-118

Robertson A D, Lu S H, Howard W F, et al. 1997. Mn^{3+} modified $LiMn_2O_4$ spinel intercalation cathode II electrochemical stabilization by Cr^{3+}[J]. J Electrochemical Soc, 10: 3500-3505

Sato K, Poojary D M, Clearfield A, et al. 1997. The surface structure of the proton-exchanged lithium manganese oxide spinels and their lithium-ion sieve properties[J]. J Solid State Chemistry, 131(1): 83-85

Shaju K M, Subba Rao G V, Chowdari B V R. 2002. Performance of layered $LiNi_{1/3}Co_{1/3}Mn_{1/3}O_2$ as cathode for Li-ion batteries[J]. Electrochim Acta, 48: 145-151

Shin H C. Cho W II, Jang H. 2006. Electrochemical properties of the carbon-coated $LiFePO_4$ as a cathode material of lithium-ion secondary batteries[J]. J Power Sources, 199: 1383-1388

Shoufei Y, Zavalij P Y, Whittingham M S. 2001. Hydrothermal synthesis of lithium iron phosphate cathode[J]. Electrochemistry Communication, 3: 505-508

Sigala C, Guyomar D, Verbaer e A, et al. 1995. Positive electrode materials with high operating voltage for lithium batteries: $LiCr_yMn_{2-y}O_4 (0 \leqslant y \leqslant 1)$ [J]. J Solid State Ionics, 81: 167-170

Sinha N N, Munichandraiah N. 2009. Synthesis and characterization of carbon-coated $LiNi_{1/3}Co_{1/3}Mn_{1/3}O_2$ in a single step by an inverse microemulsion route[J]. ACS Applied Materials&Interfaces, 1(6): 1241-1249

Storey C, Kargina I, Grincourt Y, et al. 2001. Electrochemical characterization of a new high capacity cathode[J]. J Power Sources, 98(1): 541-544

Streltsov V A, Belokoneva E L, Tsirelson V G, et al. 1993. Multipole analysis of the electron density in triphylite $LiFePO_4$ using X-ray diffraction data[J]. Acta Crystallographica, Section B(Structural Science), B49: 147-153

Sung-Yoon C, Bloking J T, Yet-Ming Chiang C. 2002. Electronically conductive phospho-olivines as lithium storage electrodes [J]. Nat Mater, 1: 123-128

Tabuchi M, Nabeshima Y, Ado K, et al. 2007. Material design concept for Fe-substituted Li_2MnO_3-based positive electrodes[J]. J Power Sources, 174: 554-559

Tang R, Liu L Q, Liu Y N, et al. 2005. Structure and electrochemical properties of $La_{0.8-x}RE_xMg_{0.2}Ni_{3.2}Co_{0.6}$ hydrogen storage alloys[J]. The Chinese Journal of Nonferrous Metals, 15(7): 1057-1061(in Chinese)

Taniguchi I, Bakenov Z. 2005. Spray pyrolysis synthesis of nanostructured $LiFe_xMn_{2-x}O_4$ cathode materials for lithium-ion batteries[J]. Powder Technology, 159: 55-62

Taniguchi I, Song D, Wakihara M. 2002. Electrochemical properties of $LiM_{1/6}Mn_{11/6}O_4$(M=Mn, Co, Al and Ni) as cathode materials for Li-ion batteries prepared by ultrasonic spray pyrolysis method[J]. J Power Sources, 109(2): 333-339

Tarascon J M, Wang E, Shokcohi FK, et al. 1991. The spinel phase of $LiMn_2O_4$ as a cathode insecondary lithium cells[J]. J. Electrochem Soc, 138: 2859-2864

Tarascon J M, Mckinnon W R, Cowar F, et al. 1994. Synthesis conditions and oxygen stoichiometry effects on Li insertion into the spinel $LiMn_2O_4$[J]. J Electrochem Soc, 141: 1421-1431

Thackeray M M, Mansuetto M F, Bates J B. 1997. Structure and electrochemical studies of α-manganese dioxide(α-MnO$_2$)[J]. J Power sources, 68(2): 152-154

Thackeray M M. 1990. Handbook of Battery Materials[M]. New York: John Wiley&Sons Inc, 293

Thackeray M M. 1995. Structural consideration of layered and spinel lithiated oxides for lithium ion batteries[J]. J Electrochem Soc, 142(8): 2558-2563

Thirunakaran R, Kim K T, Kang Y M, et al. 2005. Cr^{3+}modified LiMn$_2$O$_4$ spinel intercalation cathodes through oxalic acid assisted sol-gel method for lithium rechargeable batteries[J]. Materials Research Bulletin, 40(1): 177-186

Tong D G, Lai Q Y, Wei N N, et al. 2005. Synthesis of LiCo$_{1/3}$Ni$_{1/3}$Mn$_{1/3}$O$_2$ as a cathode material for lithium ion battery by water-in-oil emulsion method[J]. Materials Chemistry and Physics, 94(2-3): 423-428

Tsai Y W, Hwang B J, Ceder G, et al. 2005. In-situ X-ray absorption spectroscopic study on variation of electronic transitions and local structure of LiNi$_{1/3}$Co$_{1/3}$Mn$_{1/3}$O$_2$ cathode material during electrochemical cycling[J]. Chem Mater, 17(12): 3191-3199

Vacassy R, Hofmann H, Papageorgiou N, et al. 1999. Influence of the particle size of electrode materials on intercalation rate and capacity electrodes[J]. J Power Source, 81-82: 621-626

Veneri O, Migliardini F, Capasso C, et al. 2011. Dynamic behaviour of Li batteries in hydrogen fuel cell power trains[J]. J Power Sources, 196: 9081-9086

Wang G X, Bradhurst D H, Liu H K, et al. 1999. Improvement of electrochemical properties of the spinel LiMn$_2$O$_4$ using a Cr dopant effect[J]. Solid State Ionics, 120: 95-101

Wang G X, Shen X P, Yao J. 2009. One-dimensional nanostructures as electrode materials for lithium-ion batteries with improved electrochemical performance[J]. J Power Sources, 189: 543-546

Wang G X, Yang L, Bewlay S L, et al. 2005. Electrochemical properties of carbon coated LiFePO$_4$ cathode materials[J]. J Power Sources, 146: 521-524

Wang Z X, Chen L Q, Huang X J, et al. 2003. Enhancement of electronic conductivity of LiPePO$_4$ by Cr doping and its identification by first-principles calculations[J]. Physical Review B, 68(19): 108-115

Wei F S, Lei Y Q, Chen L X, et al. 2006. Influence of material processing on crystallographic and electrochemical properties of cobalt-free LaNi$_{4.95}$Sn$_{0.3}$ hydrogen storage alloy[J]. Transactions of Nonferrous Metals Society of China, 16(3): 527-531

Wen Y X, Zeng L M, Tong Z F, et al. 2006. Structure and properties of LiFe$_{0.9}$V$_{0.1}$PO$_4$[J]. J Alloy Comp, 416(1-2): 206-208

Wu F, Wang M, Su Y F, et al. 2010. A novel method for synthesis of layered LiCo$_{1/3}$Ni$_{1/3}$Mn$_{1/3}$O$_2$ as cathode material for lithium-ion battery [J]. J Power Sources, 195(8): 2362-2367

Wu Y, Manthiram A. 2006. High capacity, surface-modified layered Li[Li$_{(1-x)/3}$ Mn$_{(2-x)/3}$Ni$_{x/3}$Co$_{x/3}$]O$_2$ cathodes with low irreversible capacity loss[J]. Electrochemical and Solid-State Letters, 9(5): A221-A224

Xia Y Y, Yoshio M. 1996. An investigation of lithium ion insertion into spinel structure Li-Mn-O compounds[J]. J Electrochem Soc, 143(3): 825-833

Xia Y Y, Yoshio M. 1996. Studies on Li-Mn-O spinel system(obtained from melt-impregnation method)as positive electrodes for 4V lithium batteries. partIII. Characterization of capacity and rechargeability[J]. J Power Sources, 63(1): 97-102

Xia Y Y, Yoshio M. 1997. Studies on Li-Mn-O spinel system(obtained from melt-impregnation method)as a cathode for 4 V lithium batteries Part IV. High and low temperature performance of LiMn$_2$O$_4$ [J]. J Power Sources, 66(1): 129-133

Xia Y Y, Zhou Y H, Masaki Y. 1997. Capacity fading on cycling of 4 V Li/LiMn$_2$O$_4$ cells[J]. J Electrochem Soc, 144(8): 2593-2600

Xia Y, Noguchi H, Yoshio M. 1995. Differences in electrochemical behavior of LiMn$_2$O$_4$ and Li$_{1+x}$Mn$_2$O$_4$ as 4 V Li-cell cathodes[J]. J Solid State Chem, 119: 216-218

Xia Y, Zhang WK, Huang H, et al. 2011. Self-assembled mesoporous LiFePO$_4$ with hierarchical spindle-like architectures for high-performance lithium-ion batteries[J]. J Power Sources, 196: 5651-5658

Yamada A, Chung S C, Hinokuma K. 2001. Optimized LiFePO$_4$ for lithium battery cathodes[J]. J Electrochem Soc, 148: A224-A229

Yamada A, Kudo Y, Liu K L. 2001. Reaction mechanism of the olivine-type Li$_x$(Mn$_{0.6}$Fe$_{0.4}$)PO$_4$(0⩽x⩽1)[J]. J Electrochem Soc, 148(7): A747-A754

Yamada A, Miura K, Hinokuma K. 1995. Synthesis and structural aspects of LiMn$_2$O$_4$ as a cathode for rechargeable lithium batteries[J]. J Electrochem Soc, 142: 2149-2156

Yamada A, Tanaka M, Tanaka K, et al. 1999. Jahn-Teller instability in spinel Li-Mn-O[J]. J Power Sources, 81-82: 73-78

Yang S, Song Y, Peter Y Z, et al. 2002. Reactivity stability and electrochemical behavior of lithium iron phosphates[J]. Electrochemistry Communications, 4(3): 239-244

Yang Z X, Song Z L, Chu G, et al. 2012. Surface modification of LiCo$_{1/3}$Ni$_{1/3}$Mn$_{1/3}$O$_2$ with CoAl-MMO for lithium-ion batteries[J]. Journal of Materials Science, 47(9): 4205-4209

Yasushi I, Hiroshi S, Koichi C, et al. 2005. Crystal structural change during charge-discharge process of LiMn$_{1.5}$Ni$_{0.5}$O$_4$ as cathode material for 5 V class lithium secondary battery[J]. Solid State Ionics, 176: 299-306

Yoshio M, Nakamura H, Xia Y Y. 1999. Lithiated manganese dioxide as a 3V cathode for lithium batteries[J]. Electrochim Acta, 45: 273-283

Yoshio M, Noguchi H, Miyashita T, et al. 1995. 3 V or 4 V: Li-Mn composite as cathode in Li batteries prepared by LiNO$_3$ method as Li source[J]. J Power Source, 54: 483-489

Yoshio M, Wang H, Fukuda K. 2003. Spherical carbon-coated natural graphite as a lithium- ion battery- anode material[J]. Angewandte Chemie, 115(35): 4335-4338

Yoshio M, Xia Y Y, Kumada N, et al. 2001. Storage and cycling performance of Cr-modified spinel at elevated temperatures[J]. J Power Sources, 101(1): 79-85

Zhang F L, Luo Y C, Sun K, et al. 2006. A study on the structure and electrochemical properties of

$La_{1.5}Mg_{0.5}Ni_{7-x}Co_x$($x$=0~1.8) hydrogen storage alloys[J]. Functional Materials, 37(2): 265-268(in Chinese)

Zhang S, Deng C, Fu BL, et al. 2010. Synthetic optimization of spherical $Li[Ni_{1/3}Mn_{1/3}Co_{1/3}]O_2$ prepared by a carbonate co-precipitation method[J]. Powder Technology, 198(3): 373-380

Zhang X B, Sun D Z, Yin W Y, et al. 2006. Crystallographic and electrochemical characteristics of $La_{0.7}Mg_{0.3}Ni_{3.5-x}(Al_{0.5}Mo_{0.5})_x$ (x=0~0.8) hydrogen storage alloys[J]. J Power Sources, 154: 290-297

Zhang Y H, Dong X P, Wang G Q, et al. 2005. Cycling stability of La_Mg_Ni system (PuNi3-type) hydrogen storage alloys prepared by casting and rapid quenching[J]. The Chinese Journal of Nonferrous Metals, 15(5): 705-710(in Chinese)

Zhang Y H, Zhao D L, Dong X P, et al. 2009. Effects of rapid quenching on structure and electrochemical characteristics of $La_{0.5}Ce_{0.2}Mg_{0.3}Co_{0.4}Ni_{2.6-x}Mn_x$ (x=0~0.4) electrode alloys[J]. Transactions of Nonferrous Metals Society of China, 19(2): 364-371

Zhecheva E, Stoyanova R. 1993. Structure and electrochemistry of $Li_xFe_yNi_{1-y}O_2$[J]. Solid Station Ionics, 66: 143-149

Zheng H, Zhang Q, Li L, et al. 2014. Synthesis and electrochemical properties of spinel $LiMn_{1.95}M_xO_{4-y}F_y$ for lithium ion batteries[J]. Journal of Nanoscience and Nanotechnology, 14: 5124-5129

Zheng J, Chen J J, Jia X, et al. 2010. Electrochemical performance of the $LiNi_{1/3}Co_{1/3}Mn_{1/3}O_2$ in aqueous electrolyte[J]. J Electrochem Soc, 157: A702-A706

Zheng Z S, Tang Z L, Zhang Z T, et al. 2002. Surface modification of $Li_{1.03}Mn_{1.97}O_4$ spinels for improved capacity retention[J]. Solid State Ionics, 148: 317-321

Zhong S K, Li W, Li Y H, et al. 2009. Synthesis and electrochemical performances of $LiNi_{0.6}Co_{0.2}Mn_{0.2}O_2$ cathode materials[J]. Transactions of Nonferrous Metals Society of China, 19(6): 1499-1503

Zhou Z L, Song Y Q, Cui S, et al. 2008. Effect of heat treatment on the properties of La-Mg-Ni-system hydrogen storage electrode alloys(II) hydrogen storage and electrochemical properties[J]. Rare Metal Materials and Engineering, 37(6): 964-969(in Chinese)

第3章　锂离子电池负极材料

3.1　碳

3.1.1　简介

碳材料之所以被广泛用于锂离子电池的负极材料，是因为这些碳材料具有高的容量(200~400 mAh/g)、低的电极电位(<1.0 V vs. Li$^+$/Li)、高的循环效率(>95%)、长的循环寿命和电池内部没有金属锂，安全问题有明显缓解。目前研究得较多且较为成功的碳负极材料有石墨、乙炔黑、微珠碳、石油焦、碳纤维、裂解聚合物和裂解碳等。通常，锂在碳材料中形成的化合物的理论表达式为 Li$_x$C$_6$。按化学计量的理论容量为 372 mAh/g。近年来，随着对碳材料研究工作的不断深入，已经发现通过对石墨和各类碳材料进行表面改性和结构调整，或使石墨部分无序化，或在各类碳材料中形成纳米级的孔、洞和通道等结构，锂在其中的嵌入/脱嵌不但可以按化学计量 Li$_x$C$_6$ 进行，而且还可以有非化学计量嵌入/脱嵌，其容量大大增加，由 LiC$_6$ 的理论值 372 mAh/g 提高到 700~1000 mAh/g，因而使锂离子电池的容量大大增加。

用于锂离子电池负极的碳材料可分为石墨化碳和非石墨化碳。根据能否石墨化，非石墨化碳又分为软碳和硬碳。石墨是目前商品锂离子电池主要的负极材料，Li$^+$嵌入石墨的层间形成层间化合物 Li$_x$C$_6$。石墨具有良好的充、放电电压平台，理论容量为 372 mAh/g，但杂质和缺陷结构导致石墨的实际可逆容量一般仅为 300 mAh/g，且石墨对电解液敏感，首次库仑效率低、循环性能较差。改进方法主要有表面包覆改性、氧化处理及掺杂改性等。

硬碳是难石墨化碳，由相互交错的单石墨层构成；嵌锂时，Li$^+$嵌入单石墨层的两边，因而硬碳具有更高的容量。硬碳的充、放电曲线不会出现明显的电压平台，因此能方便地从电压估计电池的充、放电状态，便于电池管理。此外，硬碳较石墨具有更好的耐过充性能，在嵌锂 110%时表面仍不会析出金属锂，而石墨在嵌锂 105%时已有金属锂沉积，因此硬碳的安全性更高。不可逆容量大、循环性能较差是目前限制硬碳实际应用的主要原因。硬碳材料常由酚醛树脂、蔗糖、环氧树脂、聚糠醇 PFA-C、PVC、PFC 等高分子聚合物热解得到。Ni 等在 1100 ℃、氩气保护热解酚醛树脂制备硬碳，首次放电容量为 526 mAh/g(电流密度为 100 mA/g，电压范围为 0～2.0 V)，比石墨的理论容量高 40%。改进的方法包括：延长煅烧时间，减少硬碳中 H 杂原子含量，进而提高硬碳的容量和循环性能；利用真空碳化的方法制备硬碳，将表面活性位和微孔用热解碳膜包覆，减少首次不可逆容量。

纳米碳管的研究也是高锂储量负极材料的新方向。1991 年，日本的 Lijima 教授采用高分辨率透射电子显微镜首次发现碳纳米管(carbon nanotube，CNT)。碳纳米管可以看成是由单层或多层的石墨片状结构卷曲而成的纳米级管状物，直径从几纳米到几百纳米不等。碳纳米管不仅具有石墨的优良特性，如充、放电电压稳定，导电性好等，而且具有耐热、耐腐蚀以及独特的中空结构，同时还具有较大的比表面积等，是一种非常理想的锂离子电池负极材料。在放电过程中，锂离子不仅能够嵌入碳纳米管的内外管壁，还可以嵌入该管子间相互交错所形成的纳米缝隙中，该纳米缝隙可以有效地避免溶剂共嵌入所导致的石墨层脱落，进而提高电极材料的容量和循环性能。这类材料有很好的储锂能力，容量可达 525 mAh/g。但是，在首次循环中 SEI 膜的生成会导致不可逆容量损失较大，库仑效率较低。此外，碳纳米管还存在碳材料本身容量不高、大规模制备的碳纳米管电位滞后等诸多不利因素。有效的改进方法是将碳纳米管与其他容量高的合金材料、非金属或金属氧化物进行复合，从而制备出纳米级的复合材料。由于材料只有纳米尺寸，同时由于管径的限制，某些金属较难团聚和长大，大大降低了循环过程中材料的粉化，最终使得该复合电极材料的容量和循环性能得到提高。

2004 年，英国的 Geim 等首次制备并观察到石墨烯结构。石墨烯是一种很有发展前景的锂离子电池负极材料，具有二维蜂窝状晶格结构，比石墨的可逆储锂容量高；减少层数有利于获得更高的可逆容量。研究发现：石墨烯片层的两侧均可吸附 1 个 Li^+，因此石墨烯的理论容量为石墨的两倍，即 744 mAh/g。石墨烯可以直接用作锂离子电池的负极材料，但将石墨烯单独用作锂离子电池的负极材料，还需解决不可逆容量大和电压滞后等问题。石墨烯具有优异的机械性能和导电性能，可能更适合用于制备锡基和硅基，金属或合金、过渡金属硫化物或氧化物复合材料，从而得到电化学性能优异的纳米复合材料。相关工作已成为石墨烯应用研究的一个热点。为了进一步提高锂离子电池的能量密度，开发新型高容量负极材料成为相关研究的热点。

近几十年来，生物碳材料的研究掀起了储能材料领域又一股热潮。生物碳因其自身独特的理化性质，并且具有资源丰富、价格低廉、可再生以及绿色环保等诸多优点，成为非石墨化碳材料中极具发展潜力的后起之秀，并引起了科研工作者的广泛兴趣，在很多领域都有应用价值。

3.1.2　生物碳

生物碳(RFC 和 CC)作负极材料。

生物碳(RFC)碳微米棒的制备是以苎麻为原材料进行制备。制备过程如下：称取一定质量的苎麻，于 NaOH 溶液中加热至沸，1 h 后过滤洗涤。再将滤渣于 30% H_2O_2 中浸泡 24 h，过滤，并用大量去离子水洗涤至中性，洗涤后的样品置于真空干燥箱中 100 ℃烘干。将干燥好的苎麻先在空气中预烧一段时间。冷却至室温后取出，研磨均匀后装入石英方舟，在管式炉中高温炭化。煅烧条件为：氩气氛围，温度 700 ℃，时间 3 h，升温速率 5 ℃/min。

生物碳(CC)碳纳米片是以玉米芯为原材料进行制备。将从市场上买到的玉米棒洗干净后在沸水中煮熟，从玉米棒中取出玉米芯，洗干净后置于真空干燥箱中 100 ℃烘干。将干燥好的玉米芯先在空气中预烧一段时间。冷却至室温后取出，研磨均匀后装入石英方舟，在管式炉中高温炭化。煅烧条件同上。

图 3-1(a)为生物碳 RFC 和 CC 的 XRD 图谱，两个样品均在 2θ 为 23°和 43°处出现衍射峰，与六方石墨的(002)和(100)晶面相对应。宽峰说明了碳的石墨化程度很低，都是无定形碳。图 3-1(b)为 RFC 和 CC 在 800~1800 cm^{-1} 的拉曼散射光谱，可以看出 RFC 和 CC 样品均在 1341 cm^{-1} 和 1592 cm^{-1} 位置有两个强峰，分别对应 D 峰和 G 峰。通常情况下，用 D 峰和 G 峰的强度比(I_D/I_G)来衡量碳材料的无序度。CC 的 I_D/I_G 值为 0.83，比 RFC 的 I_D/I_G 值(0.88)低，由此可以推断，与 RFC 相比，CC 的缺陷较少，呈现出一种有序状态。

图 3-2 是苎麻、玉米芯、RFC 和 CC 的数码照片和 SEM 图。可以清楚地看出，苎麻在炭化前后均保持丝状形貌，从 RFC 的 SEM 图可以进一步看出苎麻丝经炭化得到的生物碳的微观结构是直径约为 10 μm 的三维棒状结构。而从 CC 的 SEM 图可以看出，玉米芯经炭化得到的生物碳 CC 呈现出二维纳米片结构。从 TEM 图上可以看到，CC 的表面有大量"白斑"，该生物碳表面可能有大量的微孔存在。

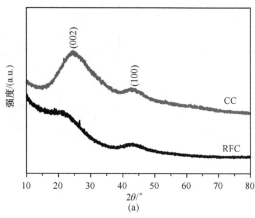

(a)

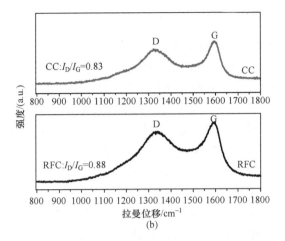

图 3-1　生物碳 RFC 和 CC 的 XRD 图谱(a)和拉曼散射光谱(b)

图 3-2　苎麻、玉米芯、RFC 和 CC 的数码照片和 SEM 图

(a) 苎麻的数码照片；(b) RFC 的数码照片；(c) RFC 的 SEM 图；(d) 玉米芯的数码照片；(e) CC 的 SEM 图

图 3-3(a)是生物碳 RFC 和 CC 电极作为锂离子电池负极材料时的充、放电曲线(电流密度为 100 mA/g，电压范围为 0.01～3 V)。RFC 电极的初始放电容量为 757 mAh/g，可逆容量为 432 mAh/g，比传统石墨负极的理论放电容量高。此外，循环 2、5、10 次的放电容量分别为 432 mAh/g、399 mAh/g、389 mAh/g；循环 1、2、5、10 次的充电容量分别为 407 mAh/g、402 mAh/g、379 mAh/g、385 mAh/g。对于 CC 电极[图 3-3(b)]，该生物碳电极循环 1、2、5、10 次的放电容量分别为 762 mAh/g、443 mAh/g、394 mAh/g、363 mAh/g；循环 1、2、5、10 次的充电容量分别为 415 mAh/g、393 mAh/g、378 mAh/g、359 mAh/g。

图 3-3(c)是生物碳 RFC 和 CC 电极作为锂离子电极材料时的循环性能曲线(电流密度 100 mA/g)。可以看出 RFC 和 CC 均呈现出优异的循环性能，其中 CC 电极的循环性能明显优于 RFC 电极。RFC 电极循环 11 次的容量可以保持在 389 mAh/g 以上，此后容量持续增长，循环 180 次后容量保持在 523 mAh/g。对于 CC 电极，其可逆容量高达 443 mAh/g，循环 17 次后容量开始增长，循环 180 次后容量高达 660 mAh/g。值得注意的是，两种生物碳材料在放电过程中均出现了容量增长现象，除了聚合物膜的形成以及晶体颗粒的破碎、粉化等原因外，这一现象还有可能是充、放电过程中生物碳材料产生的空位引起的，空位的存在有利于锂离子的脱出和嵌入。

图 3-3(d)是生物碳 RFC 和 CC 电极的倍率性能曲线。在电流密度分别为 100 mA/g、300 mA/g、500 mA/g 时，CC 电极的放电容量都比 RFC 电极高，其中 CC 在各电流密度下的容量分别保持在 395 mAh/g、275 mAh/g、251 mAh/g。当电流还原为 100 mA/g 时，其容量回到 357 mAh/g；而 RFC 在各电流密度下的容量分别保持在 313 mAh/g、222 mAh/g、204 mAh/g；当电流还原为 100 mA/g 时，其回归容量低得多，仅为 304 mAh/g，说明 CC 的倍率性能更佳。这也进一步说明了相对于 RFC，CC 作为新型锂离子电池负极材料具有更优越的储锂性能。

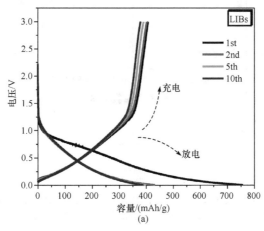

(a)

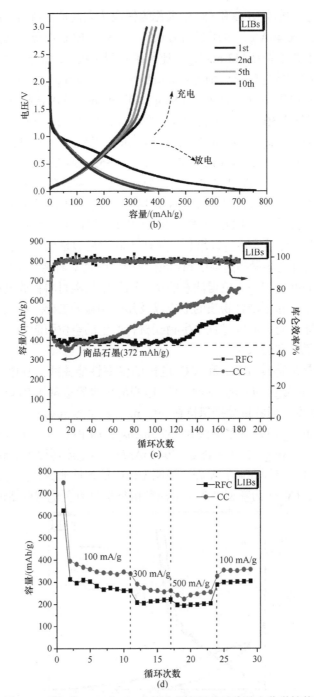

图 3-3　生物碳 RFC 和 CC 电极在锂离子电池中的电化学性能

(a) RFC 电极的充、放电曲线；(b) CC 电极的充、放电曲线；(c) 循环性能曲线；(d) 倍率性能曲线

　　与此同时，我们对生物碳材料 RFC 和 CC 的储钠性能也进行了一些探究。图 3-4(a)和(b)分别为 RFC 和 CC 电极作为钠离子电池负极材料时的充、放电曲线(电流密度为 100 mA/g，电压范围为 0.01～3 V)。可以看出，RFC 电极的初始放电容量为 349 mAh/g，首次充电容量为 133 mAh/g；CC 电极的初始放电容量为491 mAh/g，首次充电容量为 152 mAh/g。两种生物碳的储钠性能在充、放电容量上与上述储锂性能有很大出入。此外，RFC 电极循环 10 次的放电容量为 123 mAh/g，循环 10 次的充电容量为 124 mAh/g。CC 电极循环 10 次的放电容量为 145 mAh/g，循环 10 次的充电容量为 141 mAh/g。两种生物碳首次放电产生的不可逆容量也都是 SEI 膜的形成引起的。图 3-4(c)是 RFC 和 CC 电极作为钠离子电极材料时的循环性能曲线(电流密度 100 mA/g)，RFC 和 CC 也都表现出很好的循环性能，其中CC 电极的循环性能优于 RFC 电极。RFC 电极循环 100 次后容量保持在 122 mAh/g，容量保持率高达 88.4%。CC 电极循环 100 次后容量保持在 139 mAh/g，容量保持率高达 85.8%。图 3-4(d)为 RFC 和 CC 电极作为钠离子电极材料时的倍率性能曲线。可以看出，电流密度分别为 100 mA/g、300 mA/g、500 mA/g 时，CC 电极的放电容量也都比 RFC 电极高，其中 CC 在各电流密度下的容量分别保持在161 mAh/g、125 mAh/g、103 mAh/g。当电流还原为 100 mA/g 时，其容量回到157 mAh/g；而 RFC 在各电流密度下的容量分别保持在 192 mAh/g、119 mAh/g、93 mAh/g，当电流还原为 100 mA/g 时，其回归容量低得多，仅为 136 mAh/g。由此可以说明 CC 在钠离子电池中的倍率性能也更好。综上所述，相对于 RFC，CC在作为钠离子电池负极材料时也具有更优越的储钠性能。

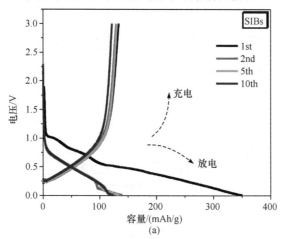

(a)

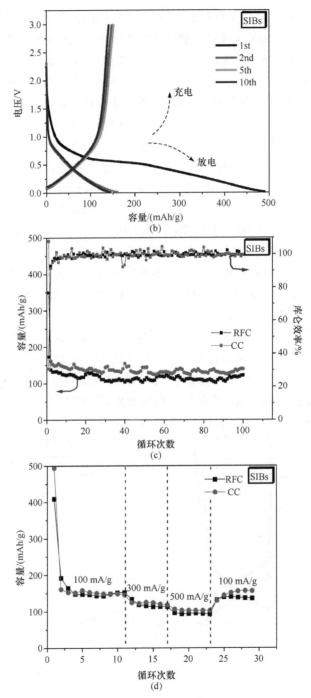

图 3-4　生物碳 RFC 和 CC 电极在钠离子电池中的电化学性能

(a) RFC 电极的充、放电曲线；(b) CC 电极的充、放电曲线；(c) 循环性能曲线；(d) 倍率性能曲线

　　图 3-5(a)和(b)分别为生物碳 RFC 和 CC 电极在锂离子电池和钠离子电池中未进行循环的交流阻抗谱。交流阻抗图谱中高频到中频部分出现的半圆是在电极材料与电解液界面的双电层电容和锂离子在界面交换的电阻共同作用下形成的，其中半圆在 x 轴上的截距大小等于锂离子在电极材料与电解液界面交换电阻的大小，即模拟电路图中 R_{ct} 元件的电阻大小。CC 电极的 R_{ct}(129.2 Ω)小于 RFC 的 R_{ct}(239.7 Ω)，说明 CC 电极在锂离子电池中的电荷传输电阻较小，也就是说生物碳 CC 在用作锂离子电池负极材料时具有更好的导电性。生物碳 CC 和 RFC 电极在钠离子电池中的 R_{ct} 分别为 361.2 Ω 和 412.5 Ω，CC 电极的 R_{ct} 值小得多，说明 CC 电极在钠离子电池中的电荷传输电阻也较小，生物碳 CC 在用作钠离子电池负极材料时具有更好的导电性。图 3-5(c)和(d)分别为生物碳 RFC 和 CC 电极在锂离子电池和钠离子电池中的线性 Warburg 阻抗图。根据公式 $Z' = R_s + R_{ct} + A_W\omega^{-1/2}$，Warburg 阻抗图在平台区域的斜率就是 Warburg 系数 A_W。两种生物碳材料 RFC 和 CC 在锂离子电池中的 Warburg 系数 A_W 分别为 141.7 $\Omega/s^{1/2}$ 和 108.5 $\Omega/s^{1/2}$。根据公式

$$D_{Li^+} = \left[\frac{V_m}{FSA_W}\left(-\frac{dE}{dx}\right)\right]^2$$

可知，由于 V_m、F、S 和 $(dE)/(dx)$ 都是定值，所以锂离子扩散系数与 A_W 的二次方成反比，A_W 越大则锂离子扩散系数越小。因此，锂离子在 CC 材料的晶格中扩散系数更大，电化学性能更好，这与前面的结论是一致的。同样，两种生物碳材料 RFC 和 CC 在钠离子电池中的 Warburg 系数 A_W 分别为 187.4 $\Omega/s^{1/2}$ 和 171.5 $\Omega/s^{1/2}$，说明钠离子在 CC 材料的晶格中扩散系数更大，电化学性能更好。

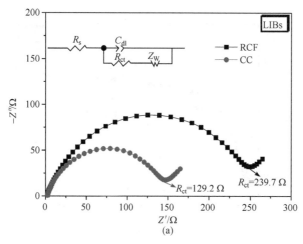

(a)

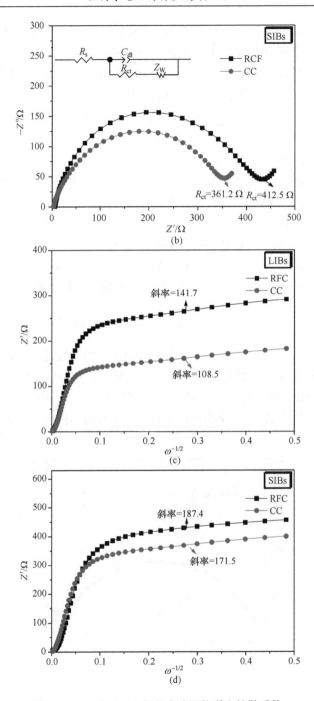

图 3-5　RFC 和 CC 电极的交流阻抗谱和扩散系数

(a) 锂离子电池中的交流阻抗谱；(b) 锂离子电池中的扩散系数；(c) 钠离子电池中的交流阻抗谱；
(d) 钠离子电池中的扩散系数

3.1.3　结语

以天然苎麻和玉米芯作为原材料,经高温碳化得到三维的碳棒微米结构以及二维的碳纳米片。两种生物碳材料都表现出优异的储锂性能,特别是以玉米芯为碳源制备的生物碳具有较高的可逆容量和优良的循环性能,循环 180 次后放电容量保持在 606 mAh/g,远远超出传统石墨材料的理论容量。此外,两种生物碳在作为储钠材料时也有较好的循环性能。对其具有的独特电化学性能进行了理论解释。这两种生物碳材料都是极具潜力的负极材料,类似的生物碳材料很多,有待进一步深入研究,开发出高性能的生物碳负极材料。

3.2　硅　和　锗

3.2.1　简介

商业化锂离子电池所用的负极材料为石墨,正极材料为锂金属氧化物($LiCoO_2$ 和 $LiMn_2O_4$)或 $LiFePO_4$,石墨的理论容量为 372 mAh/g,正极材料的理论容量低于 200 mAh/g。正、负极材料较低的理论容量致使目前商业化锂离子电池的能量密度和功率密度很难满足电动汽车的应用。以 $Li_{22}Si_5$ 来计算,Si 的理论容量可达 4200 mAh/g;理论容量远远高于商用石墨的理论容量(372 mAh/g),因此 Si 是一种极有发展前景的负极材料。

Si 负极材料在实际应用中的主要挑战是:①循环充、放电时,在锂离子的脱嵌过程中,容易引起电极材料相当大的体积膨胀(如 Si 的体积膨胀可高达 400%),进而引发电极材料的粉化和坍塌;②SEI 膜不稳定。这两个问题最终导致材料的粉化,循环性能降低,容量衰减厉害。此外,材料的电子电导率相对较低(10^{-3} S/cm),嵌锂后增大到 10^2 S/cm。锂离子的扩散速率较低,这严重影响了 Si 负极在充、放电过程中的容量大小和倍率性能。针对这些问题,研究人员已经进行了大量的研究工作并取得了巨大进展。寻找缓解和控制体积膨胀的方法策略是解决这一缺陷的突破点。在以前的研究中,人们提出了很多方法和策略,如材料无定形化、纳米化、多孔化,以及将活性材料嵌入能缓解体积膨胀的导电基质中形成复合材料等。其中,将活性材料嵌入能缓解体积膨胀的导电基质中形成复合材料是最常见的方法和策略,并与上述其他方法和策略交叉联合使用。例如,Wang 等先用镁热还原法合成了 Si 纳米粒子(粒子大小为 5～8 nm),然后一层一层地组装成 Si@C/RGO 纳米复合材料。在 0.2 C 的电流密度下,经过 100 次循环后,Si@C/RGO 纳米复合材料的放电容量仍然能保持在 1900 mAh/g,而单质 Si 材料的放电容量有所下降,只有 1800 mAh/g。在小电流密度下,两种材料的放电容量相差不是很大。实际应用中，小电流条件下的充、放电无法满足人们的需要，常需要在大电流下充、放电。在 2 C 的电流密度下，Si@C/RGO 纳米复合材料的放电容量保持在 1400 mAh/g，而 Si 纳米材料的放电容量急剧下降，只有 430 mAh/g。甚至在 4 C 的电流密度下，Si@C/RGO 纳米复合材料的放电容量仍然能维持在 1200 mAh/g。虽然复合材料优势很明显，但是同时也降低了活性材料的振实密度(体积密度)，使容量有所下降。因此，需要控制复合材料中活性材料所占的比例，若比例过高，则材料的体积膨胀没有得到很好的抑制；若比例过低，则材料的容量太低，无法满足实际需要。

最近 10 年中，锗基电极材料的研究得到了很大的发展。与硅基、锡基电极一样，锗基电极材料具有较高的理论容量。以 $Li_{22}Ge_5$ 计算，锗理论容量可达 1600 mAh/g。同时，锂离子在锗材料上的扩散速率是在硅材料上扩散速率的 400 倍，锗的电导率比硅的电导率大 10^4 倍。虽然锗有许多优点，但是它的缺陷也异常明显：从经济效益上看，目前能够开采利用的锗较少，锗的成本比较昂贵；同时，在充、放电过程中，容易引起锗材料相当大的体积膨胀(体积膨胀可高达 300%)，进而引发电极材料的粉化和坍塌。目前，人们可以通过材料纳米化来抑制锗材料的体积膨胀问题，大量纳米锗材料已经被广泛合成，如锗的纳米粒子、锗的纳米线、锗的纳米管以及各种不同三维结构的锗等。另外，将锗嵌入能够有效缓解体积膨胀的导电基质中形成复合材料也是一个不错的选择。常用的导电基质有碳材料(碳纳米管、石墨烯、软碳等)和导电高聚物(聚吡咯 PPy、聚苯胺等)，与锗复合形成材料 Ge/C 和 Ge-PPy。

纳米化锗材料对抑制锗的体积膨胀起到了很好的作用，得到了较好的电化学性能。Chockla 等采用溶液-液相-固相法，以纳米的 Au 作为晶种，二苯基锗为反应剂，合成了锗的纳米线。其平均直径为 30 nm，长度为几十微米。在 0.1 C 的电流密度下，经过 100 次循环后，其放电容量保持在 1248 mAh/g。在 1 C 的电流密度下，经过 1100 次循环后，其放电容量仍然能保持在 600 mAh/g。Jia 等以 GeO_2 和镁粉为原料，在氩-氢混合气的氛围中，通过镁热还原法得到三维结构的多孔性锗材料。这种三维结构不仅提供了一个缓冲区来适应锗的体积膨胀，并且还提高了材料的导电性。在 1 C 的电流密度下，经过 200 次循环后，其放电容量仍能保持在 1131 mAh/g，容量保持率超过 96%。在 5 C 的电流密度下，它的可逆容量仍能达到 717 mAh/g。Zhang 等将 GeO_2 溶于 3%的氨水中，70 ℃下搅拌 30 min，用磷酸调 pH 约为 2，以钛箔为基质，室温下析出微米级立方体的 GeO_2，再在氢气条件下高温还原生成微米级立方体的 Ge。由于微米级立方体的 Ge 具有高度结晶和特殊的结构，因此首次循环的不可逆容量和损失的容量都较少，首次库仑效率可高达 91.8%。在 0.1 C 的电流密度下，经过 200 次循环后，其放电容量仍能保持在 1250 mAh/g，容量保持率为 99%。

　　将导电材料与锗合成复合材料，对于锗的体积膨胀也起到了较大的缓冲作用，使其电化学性能得到明显改善。Hao 等以 $GeCl_4$ 为锗源，通过电化学沉积法将 Ge 沉积在碳纳米管表面，而碳纳米管是包覆在铜箔上的，不加黏结剂，组装成电池后，锗-碳纳米管(Ge-CNT)复合材料比 Ge 表现出更好的电化学性能。在 0.2 C 的电流密度下，经过 100 次循环后，Ge 电极材料的放电容量仅为 190 mAh/g，而 Ge-CNT 复合材料的放电容量为 810 mAh/g，是锗电极材料的 4 倍多。Ge-CNT 复合材料首次循环的库仑效率为 77%，之后库仑效率保持在 99% 以上，而 Ge 首次循环的库仑效率仅为 58%。这两个电极材料的电化学性质存在差异，主要是因为 Ge-CNT 复合材料中，CNT 不仅有效缓冲了锗的体积膨胀，还提高了材料的导电性。Xiao 等以 GeO_2 为锗源、乙二胺和水为混合溶剂、F127 为表面活性剂，通过冷冻干燥法得到前驱体，再将前驱体在氩-氢混合气中高温还原，通过改变不同 GeO_2 的量，生成不同比例的 C/Ge 复合材料。Ge 的粒径大小为 10～20 nm。在 0.6 A/g 的电流密度下，经过 50 次循环后，C/Ge(60.37%)复合材料的放电容量可保持在 960 mAh/g。而将 GeO_2 直接高温下还原生成的 Ge，其放电容量仅为 350.1 mAh/g。C/Ge(60.37%)复合材料表现出更好的电化学性能，这种优异性主要归功于碳的高电导率和较高的机械柔韧性以及复合材料的多孔结构。Ngo 等先将 $Ge(OC_2H_5)_4$ 溶于乙醇，形成均一溶液，再加一定比例的水，形成 GeO_2 溶胶，然后把 GeO_2 溶胶与聚乙烯吡咯烷酮(PVP)的乙醇溶液混合，形成均匀的混合物，80 ℃ 干燥后，在氩气条件下高温反应 1 h，即可得到三维 Ge/C 复合材料。这种复合材料表现出优异的循环特性，在 2 C 的电流密度下，经过 1000 次循环后，其放电容量可保持在 1216 mAh/g，容量保持率高达 86.8%。在 1000 C 的电流密度下，其可逆容量可保持在 1122 mAh/g。这种复合材料与 $LiCoO_2$ 组成全电池，经过 50 次循环后，其容量保持率为 94.7%。

　　人们合成了大量不同结构和形貌的锗基电极材料，广泛应用于锂离子电池的研究。降低成本和抑制锗材料的体积膨胀始终是人们的关注点。例如，Guo 等制备了 $Ca_2Ge_7O_{16}$ 中空微球，并研究了其作为锂离子负极材料的电化学性能。与锗负极材料相比，三元锗酸盐 $Ca_2Ge_7O_{16}$ 一方面降低了锗的含量，降低了材料的价格；另一方面，不仅在脱锂的过程中形成了 Li_2O，可以作为缓冲基质缓解锗纳米粒子的体积膨胀，而且在充、放电过程中有效地阻止了纳米锗粒子的团聚。$Ca_2Ge_7O_{16}$ 的理论容量为 990 mAh/g，合成原料便宜，环境友好。最近报道 $Ca_2Ge_7O_{16}$ 的形貌简单，一般为纳米粒子、纳米线和纳米棒等。这些结构的粒子具有大的表面积，容易与电解液发生副反应。为了解决这一问题，合成中空微纳米结构的锗酸盐是一个很好的改进方法。

3.2.2　静电纺丝法制备硅/碳复合材料

　　静电纺丝的工艺原理是在静电场中使带电的纺丝射流抽长拉细，经溶剂蒸发后固化收集为类似非织造布状的纤维毡。静电纺丝装置主要由三部分组成，即高压电源、供液器(带有注射器和针头)和收集装置，如图 3-6 所示。高压电源的作用是使纺丝液形成带电喷射流，供液器将纺丝液从针头挤出，收集装置一般是覆有铝箔纸的平板。高压电源的一极与注射器的针头相连，另一极与收集装置相连。纺丝液在注射泵的作用下被挤出到高压电场中，当电压强度足够大时，液滴所带的电荷产生的斥力将克服液滴的表面张力，使液滴形成射流进入电场中，在电场力作用下带电的射流发生剧烈的不稳定拉伸，与此同时，大部分溶剂在拉伸过程中挥发，固化后的长丝纤维呈无规则状收集在接地的收集板上，形成纤维膜，即纳米纤维毡。受纺丝液流变性能的影响，制备出的纳米纤维直径为几纳米到几百纳米不等。静电纺丝法是一种有效的制备纳米丝、纳米带的方法。

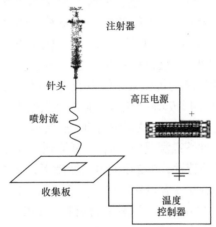

图 3-6　静电纺丝系统

　　以静电纺丝法制备 Si/C 复合物为例进行论述。

　　将 1.6 g 聚丙烯腈(PAN，相对分子质量为 $1.5×10^6$)加入 13 mL 二甲基甲酰胺(DMF)中，加热到 60 ℃成为透明溶液 A。将 110 mg 纳米硅和 50 mg 四正辛基溴化铵($C_{32}H_{68}BrN$，表面活性剂)加入 10 mL DMF 中，得到溶液 B。将溶液 A 和溶液 B 混合，强力搅拌形成溶胶-凝胶前驱体。用 10 mL 玻璃注射器抽取适量的溶胶-凝胶前驱体，然后将注射器放到注射泵上，在高压 14 kV 下，注射泵控制溶液以 0.5 mL/h 的流速不断地从不锈钢针头(内径 0.8 mm)喷出，形成丝，并在覆盖了泡沫镍的收集板上沉积。整个反应的温度控制在 180 ℃。反应过程如图 3-6 所示。在管式炉中、氩气气氛下，将产物在 480 ℃灼烧，得到 Si/C 复合物。

图 3-7 是纳米硅和制备的 Si/C 复合物的 XRD 图谱。在 $2\theta=28°$、$48°$、$57°$强峰为 Si 的衍射峰，结果显示 Si/C 复合物由静电纺丝和后续的热处理过程形成。纳米硅和聚丙烯腈前驱体分解形成 Si/C 复合物、H_2O、NH_3 和一些相对分子质量小的有机物，Si/C 复合物由无定形碳和 Si 粉组成。

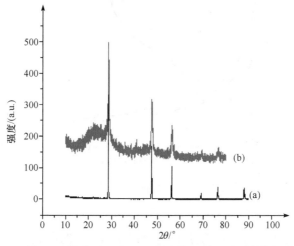

图 3-7　纳米硅(a)和 Si/C 复合物(b)的 XRD 图谱

图 3-8 是在不同放大倍率下 Si/C 复合物的 SEM 图，从图中可以看出，Si 颗粒均匀分散在碳上和碳网络中，大小为 30～60 nm。硅粒子上的碳作为连接剂把硅纳米粒子连接在一起。

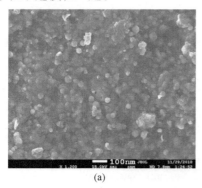
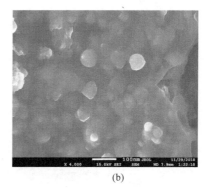

(a)　　　　　　　　　　　　　(b)

图 3-8　Si/C 复合物的 SEM 图

图 3-9 是 Si/C 复合物的充、放电曲线(电流密度为 80 mA/g，电压范围为 0.01～3.0 V)。开路电压约为 1.7 V，首次放电时，电压急剧降低到 0.2 V。放电平台在 0.2 V 附近，是 Li^+ 嵌入 Si/C 复合物中。在随后的充电过程中，电压范围为 0.2～0.6 V，放电过程也有平台，说明在这个电压范围内 Li^+ 从 Si/C 复合物中脱嵌容易。

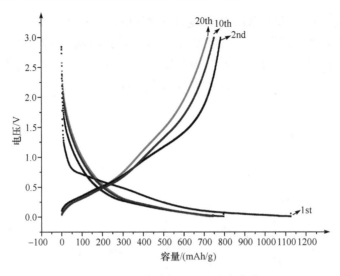

图 3-9　Si/C 复合物的充、放电曲线

图 3-10 是 Si/C 复合物分别在 50 mA/g、80 mA/g、100 mA/g、120 mA/g 电流密度下的循环性能曲线。Si/C 复合物电极在 50 mA/g 的电流密度下，初始放电容量为 2100 mAh/g，经过 35 次循环后，放电容量还保持在 860 mAh/g。电流密度上升到 80 mA/g，经过 35 次循环后，放电容量还保持在 800 mAh/g。电流密度上升到 100 mA/g，经过 35 次循环后，放电容量还保持在 680 mAh/g。电流密度上

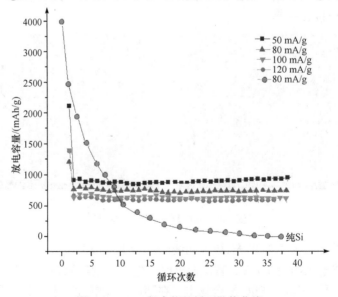

图 3-10　Si/C 复合物的循环性能曲线

升到 120 mA/g，经过 35 次循环后，放电容量还保持在 670 mAh/g。在随后的循环中，保持很好的循环稳定性。而 Si 纳米粒子虽然初始放电容量很高，为 4000 mAh/g，但衰减很快，经过 35 次循环后，放电容量衰减非常厉害。这主要是因为市售纳米硅本身体积较大，经过循环后体积膨胀，使得电极材料的结构发生了较大的改变，可能造成粉化或坍塌，导致容量大幅度下降。而 Si/C 复合物由于 Si 纳米颗粒与碳复合，提高了材料的导电性和锂离子扩散速率，并且有效地缓解了 Si 的体积膨胀。此方法制得的 Si/C 复合物是有应用前景的锂离子电池负极材料。

3.2.3 溶剂热和热还原法合成锗/碳复合材料

采用溶剂热和热还原处理法制备 Ge/MWCNTs 复合材料。

称取 40 mg 酸处理后的多壁碳纳米管(MWCNTs)，加入 30 mL 无水乙醇，超声 0.5 h，使碳纳米管分散在溶剂中，加入 0.5 g 四氯化锗($GeCl_4$)，再超声 0.5 h，将均一的混合溶液转移到 50 mL 反应釜中，160 ℃下反应 4 h，经过离心、无水乙醇洗涤、冷冻干燥处理后，得到前驱体，将前驱体研磨后，在管式炉中通入含 5% H_2 的 Ar，650 ℃反应 2 h，即得到产物 Ge /MWCNTs 复合材料。

不添加多壁碳纳米管，在同样的实验条件下得到合成 Ge。

图 3-11(a)是市售 Ge、合成 Ge 和 Ge/MWCNTs 复合材料的 XRD 图谱，图中市售 Ge、合成 Ge 和 Ge/MWCNTs 复合材料的衍射峰与 Ge(JCPDS 04-0545)的标准谱图匹配。MWCNTs 的衍射峰被 Ge 强烈的衍射峰掩盖。图 3-13(b)是 Ge/MWCNTs 复合材料的拉曼光谱，1330 cm^{-1} 和 1585 cm^{-1} 两个峰分别代表 C 原子晶格的缺陷(D 峰)和 C 原子 sp^2 杂化的面内伸缩振动(G 峰)，进而表明 MWCNTs 的存在。而 Ge/MWCNTs 复合材料中，293 cm^{-1} 出现的峰对应晶体 Ge 之间的相互作用，表明 Ge 的存在。通过对复合材料的 XRD 图谱和 拉曼光谱的分析，可以证明复合材料是由锗和碳组成的。

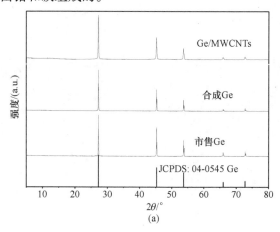

(a)

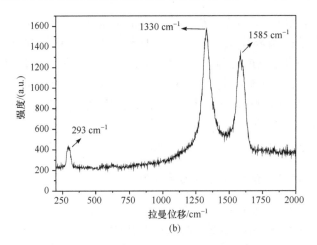

(b)

图 3-11　市售 Ge、合成 Ge 和 Ge/MWCNTs 的 XRD 图谱(a)和 Ge/MWCNTs 的拉曼光谱(b)

　　图 3-12(a)、(b)是市售 Ge 的 SEM 图。市售 Ge 的颗粒平均在 2 μm 左右，并伴有一定的团聚。图 3-12(c)、(d)是合成 Ge 的 SEM 图。合成 Ge 颗粒的粒径明显较小，约为 100 nm。从 TEM 图[图 3-12(e)、(f)]可以看出大多数 Ge 颗粒完全被碳纳米管掩埋，被掩埋的 Ge 颗粒也有一定程度的团聚。Ge 颗粒被碳纳米管掩埋，使得材料具有很高的导电性和良好的锂离子扩散速率，并且在电池充、放电时有效地缓解了 Ge 的体积膨胀，从而使材料表现出优异的电化学性质。

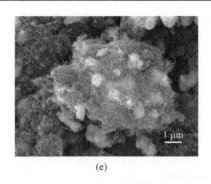
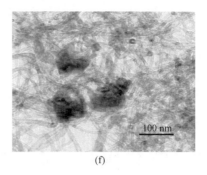

(e)　　　　　　　　　　　　　　　　(f)

图 3-12　Ge 的 SEM 图和 Ge/MWCNTs 的 TEM 图

(a)、(b) 市售 Ge 的 SEM 图；(c)、(d) 合成 Ge 的 SEM 图；(e)、(f) Ge/MWCNTs 的 TEM 图

图 3-13(a)是市售 Ge、合成 Ge 和 Ge/MWCNTs 复合材料的循环性能曲线(电流密度为 100 mA/g，电压范围为 0.01～1.5 V)。可以看出 Ge/MWCNTs 复合材料的放电容量衰减幅度最小，循环稳定性最好，合成 Ge 的循环稳定性次之，市售 Ge 的循环稳定性最差。图 3-13(b)是市售 Ge、合成 Ge 和 Ge/MWCNTs 复合材料的倍率性能曲线。Ge/MWCNTs 复合材料的倍率性能最好，合成 Ge 次之，市售 Ge 最差。在电流密度依次从 100 mA/g、200 mA/g、500 mA/g、800 mA/g、1000 mA/g 改变的过程中，相应的 Ge/MWCNTs 复合材料的放电容量维持在 1150 mAh/g、1080 mAh/g、960 mAh/g、880 mAh/g、850 mAh/g。这主要是由于市售 Ge 的颗粒最大(2 μm)，它本身的导电性最差，而且充、放电时锂离子在材料上扩散路径最长，脱锂和嵌锂过程较难发生。最后，在充、放电过程中没有缓冲区来缓解 Ge 的体积膨胀，进而导致电极比较容易粉化。Ge/MWCNTs 复合材料因为 Ge 颗粒被碳纳米管掩埋，提高了材料的导电性和锂离子扩散速率，并且有效地缓解了 Ge 的体积膨胀，从而表现出最好的电化学性质。

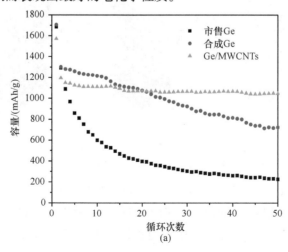

(a)

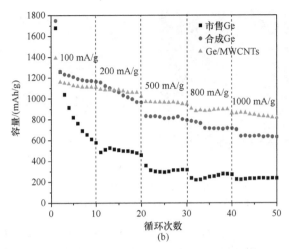
(b)

图 3-13　市售 Ge、合成 Ge 和 Ge/MWCNTs 的循环性能曲线(a)和倍率性能曲线(b)

3.2.4　模板法合成锗/碳复合材料

以中空碳球包覆锗粒子 Ge@HCS 的制备为例进行论述。

首先，用 SiO₂ 球作模板，然后表面被自组装的间苯二酚-甲醛树脂和十六烷基三甲基溴化铵(CTAB)碳化后的均匀碳层覆盖。加入 NaOH 后，形成了中空碳球(HCS)。将乙氧基锗引入中空碳球，然后热还原得到 Ge@HCS。多孔结构的碳球不仅可以增大电极和电解液之间的接触面积，还有利于锗前驱体进入中空碳球中。制备 Ge@HCS 复合物的流程如图 3-14 所示。为了对比,同时也制备了 Ge@C 复合物。

(a)

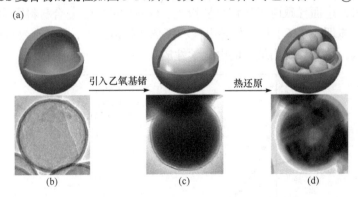

图 3-14　中空碳球包覆锗粒子 Ge@HCS 的制备流程及对应 TEM 图
(a) 制备流程；(b) HCS；(c) GeO₂@HCS；(d) Ge@HCS

Ge@HCS 和 Ge@C 粒子电极的电化学性能如图 3-15 所示。在 0.4 C 下循环 100 次后，虽然初始容量差别不大，但 Ge@C 粒子电极容量衰减很快，循环 100 次后容量只有 185 mAh/g；而 Ge@HCS 电极保持在 1000 mAh/g 以上，如图 3-15(a)

所示。图 3-15(b)是两个电极的倍率性能曲线。在不同的倍率下，Ge@C 粒子电极容量衰减很快。而 Ge@HCS 电极在 0.1 C 倍率下，循环 10 次后容量为 1153.3 mAh/g。在 5 C 下，循环 50 次后容量为 953.3 mAh/g。在 10 C 下，循环 60 次后容量为878.9 mAh/g。甚至在高达 20 C 下，容量还保持在 772.5 mAh/g，是 0.1 C 下容量的 67%。经过这么多次循环后，再把倍率降到 0.1 C，容量还能恢复到 1142.5 mAh/g，几乎回到原值。与此相比，Ge@C 粒子电极容量在 20 C 时只有 20 mAh/g。Ge@C粒子的倍率性能很差主要归结于在脱嵌锂的过程中不可避免的体积膨胀所引起的极化。Ge@HCS 复合材料因为 Ge 颗粒被 HCS 包裹，多孔结构的碳球不仅可以增大电极和电解液之间的接触面积，还由于内部有空隙，有效地缓解了 Ge 的体积膨胀，从而表现出很好的电化学性质。

　　Ge@HCS 复合材料电极具有高的可逆容量、优异的循环和倍率性能，作为锂离子电池负极材料是大有潜力的。同时，这种独特的复合结构也为制备其他有潜力的负极材料提供了一个很好的启示。

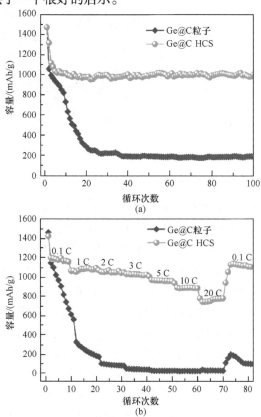

图 3-15　Ge@HCS 和 Ge@C 粒子电极在 0.1 C 下循环 100 次的循环性能曲线(a)和
不同倍率下的性能比较(b)

3.2.5　溶剂热法制备多锗酸盐

以海胆状 $Ca_2Ge_7O_{16}$ 分级中空微球的合成为例, 论述多锗酸盐作为负极的性能。

用溶剂热的方法合成, 起始原料为 $CaAc_2 \cdot H_2O$、GeO_2(物质的量比为 2:7)、硫脲, CTAB 为表面活性剂, 溶剂为乙醇和水(体积比为 1:5)。溶剂热温度为 180 ℃, 反应时间 24 h。

图 3-16 为溶剂热法合成的 $Ca_2Ge_7O_{16}$ 的 XRD 图谱和 SEM 图。所有衍射峰均为正交晶系 $Ca_2Ge_7O_{16}$(JCPDS 34-0286)的衍射峰。从 SEM 图可以看出, 目标产物为海胆状微球, 破裂的地方可以看到中空结构, 这些微球内部有空洞, 外部为纳米棒组成的壳。

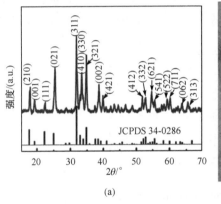

图 3-16　合成的 $Ca_2Ge_7O_{16}$ 的 XRD 图谱和 SEM 图

图 3-17 是 $Ca_2Ge_7O_{16}$ 纳米线和中空微球在不同电流密度下的倍率性能曲线, 以及在 100 mA/g 电流密度下的循环性能曲线。$Ca_2Ge_7O_{16}$ 中空微球具有更优异的倍率性能[图 3-17(a)]。在 100 mA/g 下, 平均放电容量为 856.6 mAh/g。在 200 mA/g 下, 平均放电容量为 781.2 mAh/g。在 500 mA/g 下, 平均放电容量为 705.2 mAh/g。在 1 A/g 下, 平均放电容量为 620.2 mAh/g。在 2 A/g 下, 平均放电容量为 529.3 mAh/g。在 3 A/g 下, 平均放电容量为 452.6 mAh/g。电流密度恢复到 100 mA/g, 放电容量还保持在 732.8 mAh/g。甚至在 3 A/g 下, 放电容量为 341.3 mAh/g。而 $Ca_2Ge_7O_{16}$ 纳米线在 4 A/g 下放电容量只有 56.1 mAh/g, 该容量是在 200 mA/g 下的放电容量的 9.7%。图 3-17(b)为 $Ca_2Ge_7O_{16}$ 纳米线和中空微球的循环性能曲线, $Ca_2Ge_7O_{16}$ 纳米线电极的循环性能也很好, 但与 $Ca_2Ge_7O_{16}$ 中空微球相比容量较低, 循环 100 次后放电容量为 624.7 mAh/g。$Ca_2Ge_7O_{16}$ 中空微球电极循环 100 次后, 放电容量保持在 800 mAh/g 以上。$Ca_2Ge_7O_{16}$ 中空微球具有高的可逆容量、优异

的循环和倍率性能，可以作为有很大潜力的锂离子电池负极材料，可降低锗负极材料的成本，值得进一步研究探索。

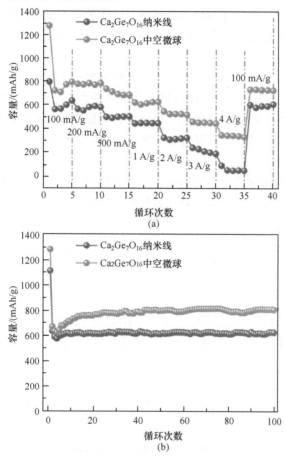

图 3-17 $Ca_2Ge_7O_{16}$ 纳米线和中空微球在不同电流密度下的倍率性能曲线(a)

和 100 mA/g 电流密度下的循环性能曲线(b)

电解液 EC/DMC/DEC (3/4/3) + 5%(质量分数)FEC

3.2.6 结语

用静电纺丝的方法合成了 Si/C 复合物。与纳米硅相比，Si/C 复合物具有更好的循环稳定性和倍率性能。这是由于 Si 纳米颗粒与碳复合，提高了材料的导电性和锂离子扩散速率，并且有效地缓解了 Si 的体积膨胀。结果显示制得的 Si-C 复合物可以作为有较大应用前景的锂离子电池负极材料。

采用溶剂热和热还原处理法制备了 Ge/MWCNTs 复合材料。Ge/MWCNTs 复合材料具有最优异的电化学性能。这主要是由于 Ge 颗粒与碳纳米管复合，提高了材料的导电性和锂离子扩散速率，并且有效地缓解了 Ge 的体积膨胀。

利用模板合成中空碳球，进而合成 Ge@HCS 复合材料。Ge@HCS 复合材料具有高的可逆容量、优异的循环和倍率性能，作为锂离子电池负极材料是大有潜力的。同时，这种独特的复合结构也为制备其他有潜力的负极材料提供了一个很好的启示。

溶剂热合成 $Ca_2Ge_7O_{16}$ 中空微球，这种特殊的中空微球形貌对其电化学性能有很大的影响。$Ca_2Ge_7O_{16}$ 中空微球具有高的可逆容量、优异的循环和倍率性能，可以作为有很大潜力的锂离子电池负极材料，降低单独用锗材料作负极的成本。

用导电基质碳和 CNT 等复合硅、锗负极材料，改性效果明显。另外，静电纺丝、溶剂热等方法合成这类材料简单、实用。对硅和锗材料，首先是纳米化，其次是将其放置到构建的导电网络中，改善其电化学性能。这些特殊形貌的复合材料的合成和改性方法可以推广到其他材料的合成中。

3.3 尖晶石型氧化物

3.3.1 简介

1956 年，Jonker 等首次提出了尖晶石结构物质 $Li_4Ti_5O_{12}$ 的存在。起初，引起关注的主要是 $LiTi_2O_4$ 具有的超导性能的电子结构。20 世纪 90 年代，研究者开始将该体系作为锂离子电池负极材料进行结构和电化学性能分析。

目前，商品化锂离子电池的负极材料主要是可嵌锂的碳材料。但是碳负极的电位与金属锂的电位非常接近，在过充电时，金属锂容易在碳负极表面析出形成枝晶，造成电路短路，影响了电池的安全性能。且碳负极在大电流充、放电时极化现象严重，无法适应短时间内通过强电流设备的需要。因此，开发出性能更加优越的锂离子电池负极材料符合经济和时代的发展要求，具有巨大的市场空间。在脱嵌锂的反应过程中，$Li_4Ti_5O_{12}$ 电位为 1.55 V(vs. Li^+/Li)，理论容量为 175 mAh/g，实际容量可达到 150～160 mAh/g。该尖晶石循环稳定性高，库仑效率高，嵌锂电位高而不易引起金属锂析出，放电电压平稳，能够在大多数液体电解质的稳定电压区间使用，并且材料来源广泛，热稳定性好，充、放电结束时有明显的电压突变特性，这些优良特性能够满足新一代锂离子电池循环次数更多、大倍率性能更好、充、放电过程更安全等要求，使 $Li_4Ti_5O_{12}$ 成为最有发展和应用前景的动力锂离子电池负极材料之一。因此，近些年来科学工作者掀起了对这一材料的研究热潮。

$Li_4Ti_5O_{12}$ 也可写为 $Li[Li_{1/3}Ti_{5/3}]O_4$，是一种金属锂与低电位过渡金属钛的复合氧化物，具有缺陷的尖晶石结构，晶胞参数为 a=0.836 nm，属于 $Fd3m$ 空间群，如图 3-18 所示。其中 O^{2-} 构成 FCC 点阵，位于 32e 位置，部分 Li^+ 位于 8a 的四面体间隙中，剩余 Li^+ 和 Ti^{4+} 以 1:5 的比例位于 16d 的八面体间隙中，8b、48f、16c 为全空态，因此其结构式可写为 $Li_{8a}[Li_{1/3}Ti_{5/3}]_{16d}[O_4]_{32e}$。

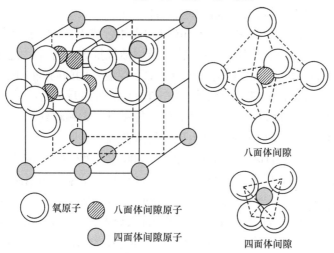

氧原子　八面体间隙原子

四面体间隙原子

八面体间隙

四面体间隙

图 3-18　$Li_4Ti_5O_{12}$ 的结构示意图

当外来的 Li^+ 嵌入 $Li_4Ti_5O_{12}$ 的尖晶石结构中时，占据八面体 16c 位置，而材料中原本处于 8a 位置的 Li^+ 也开始向 16c 迁移，最后所有的 16c 位置都被 Li^+ 占据，形成了 NaCl 岩盐相 $[Li_2]_{16c}[Li_{1/3}Ti_{5/3}]_{16d}[O_4]_{32e}$：

$$Li_{8a}[Li_{1/3}Ti_{5/3}]_{16d}[O_4]_{32e}+xLi^++xe^- \longleftrightarrow [Li_2]_{16c}[Li_{1/3}Ti_{5/3}]_{16d}[O_4]_{32e}$$

$Li_4Ti_5O_{12}$ 属于 $Li_2O\text{-}TiO_2$ 系的固溶体，每个晶胞可以嵌入 3 个 Li^+ 直到电势达到 1.55 V，导致 5 个 Ti 原子中的 3 个四价钛被还原成三价钛，形成深蓝色产物 $Li_7Ti_5O_{12}$。由于出现变价，$Li_7Ti_5O_{12}$ 的电子电导性较绝缘体 $Li_4Ti_5O_{12}$ 有很大改善（电导率为 10^{-2} S/cm）。在 Li^+ 的脱嵌过程中，$Li_4Ti_5O_{12}$ 的晶胞参数 a 只从 0.836 nm 增加到 0.837 nm，变化非常小，体积变化也小于 1%，因此称为"零应变材料"。钛酸锂的这种特性使其能够避免在充、放电过程中产生结构崩坏，提高了锂离子二次电池的安全性和循环稳定性。

$Li_4Ti_5O_{12}$ 的制备方法有高温固相合成、溶胶-凝胶法、喷雾热解法等。

高温固相合成是将反应物按化学计量比混合，置于高温炉中在某种气氛下烧结一定时间得到产物。这种方法工艺比较简单，成本低廉，易于规模化生产，是目前工业化生产 $Li_4Ti_5O_{12}$ 主要采用的方法。由于固相反应是在固体和固体之间进行，各种原料一般以较大的颗粒状态混合，原子、离子要通过缓慢的扩散才能互相靠近并发生反应，并且产物也是固体，在生成过程中也需要进一步扩散，因此高温固相反应需要较长的烧结时间，以实现各物质的均匀分布和原子、离子在晶格中的均匀嵌入。除此之外，该方法的合成温度高，能耗大，产率较低，原料微观分布不均匀，产物粒径分布不易控制。这些缺点使得原料难以充分反应得到高纯度的产物，影响了材料的一致性和重现性。

许多研究通过对比实验探索 $Li_4Ti_5O_{12}$ 的固相合成工艺，发现影响材料性能的主要因素有：反应时间、温度、原料特性及烧结气氛等。高玲、仇卫华等研究了反应时间对 $Li_4Ti_5O_{12}$ 性能的影响，在 800 ℃下保温不同的时间(2 h、4 h、12 h、24 h、36 h)，得到的产物基本为单相的 $Li_4Ti_5O_{12}$，随着反应时间的增加，产物粒径增大，容量降低。这是因为 $Li_4Ti_5O_{12}$ 的电导率低，大颗粒延长了电子和离子的传输路径，大电流充、放电下会产生更大的浓差极化。同时，以 LiOH 和锐钛矿型 TiO_2 为原料合成 $Li_4Ti_5O_{12}$，在不同温度 (600 ℃、700 ℃、800 ℃、900 ℃) 下反应 12 h，并采用热分析手段辅助探讨最佳合成温度，结果表明当温度超过 650 ℃时产物基本形成，但适当升高温度有利于晶体结构的形成，有利于锂离子的可逆脱嵌，故一般煅烧温度为 700～1000 ℃。穆雪梅、唐致远采用 $LiOH \cdot H_2O$ 或 Li_2CO_3 作为锂源，无定形 TiO_2、锐钛矿或金红石型 TiO_2 作为钛源，探讨不同原料对产物性能的影响，发现以 Li_2CO_3 和锐钛矿型 TiO_2 为原料合成的 $Li_4Ti_5O_{12}$ 具有良好的电化学性能。杨绍斌、蒋娜以 Li_2CO_3、锐钛矿型 TiO_2 和葡萄糖为原料，分别在 O_2 和 N_2 气氛下合成了 $Li_4Ti_5O_{12}$，实验证明，在 N_2 气氛下合成的 $Li_4Ti_5O_{12}$/C 复合材料中，C 在 $Li_4Ti_5O_{12}$ 颗粒间起到了导电桥梁的作用，增加了材料的导电性，从而提高了材料的电性能。

溶胶-凝胶法是将含高化学活性组分的化合物经过溶液、溶胶、凝胶而固化，再经热处理而得到氧化物或其他化合物固体的方法。该方法具有许多独特的优点，如可在短时间内达到原子或分子水平的均匀混合，容易均匀、定量地掺杂一些微量元素，合成材料温度低、时间短且结晶性能好，制备的样品颗粒尺寸小且分布均匀，通过控制工艺参数可能制备出特殊结构的材料等。但溶胶-凝胶法也存在生产成本高、不适合大规模生产等缺点。

Jiang 等在反应物中添加表面活性剂 P123，通过溶胶-凝胶法合成了分布均匀的纳米级 $Li_4Ti_5O_{12}$，由于缩短了电子和锂离子在电极材料中的扩散路径，材料良好的均匀性使得电极内部的电阻、电流密度和反应状态相对稳定，制得的 $Li_4Ti_5O_{12}$ 容量较高，循环性能优异。Nakahara 等用球形碳作模板，合成了中空球形的 $Li_4Ti_5O_{12}$，并对产物进行球磨处理，这种颗粒细小、均匀并且形貌特殊的 $Li_4Ti_5O_{12}$ 表现出 10 C 充、放电时容量为 0.15 C 的 86%的优良倍率性能。Hao 等系统地研究了在用溶胶-凝胶法制备 $Li_4Ti_5O_{12}$ 过程中，加入不同的螯合剂(草酸、柠檬酸、乙酸和三乙醇胺)对合成产物的颗粒尺寸、形状以及电化学性能的影响，结果表明，加入三乙醇胺螯合剂合成的钛酸锂颗粒尺寸最小(只有 80 nm 左右)且粒度分布均匀,以 0.5 mA/cm² 放电其容量可达 170 mAh/g,50 次循环后仍然保持在 150 mAh/g 左右。

Ju 等用喷雾热解法合成 $Li_4Ti_5O_{12}$,将化学计量比的 $LiNO_3$ 和四异丙基化钛 (TTIP, $Ti[OCH(CH_3)_2]_4$)溶解在去离子水中形成前驱体溶液,经喷雾干燥后在高温下煅烧,得到粒径为 1.5 μm 的球形粉末,在 0.1 C 倍率下首次放电容量为 154 mAh/g,循环 30 次后放电容量为 142 mAh/g。Tang 等以 TTIP、LiOH 水溶液、氨水为原料,通过水浴法制备了花状的 $Li_4Ti_5O_{12}$,其直径为 300~500 nm,电压范围为 1~3 V,倍率为 0.2 C 时初始放电容量为 217.6 mAh/g,倍率增大到 8 C 时仍有 165.8 mAh/g 的放电容量,显示出良好的倍率特性。Cheng 等采用 LiCl 为助熔剂,通过熔融盐法合成了纳米级的 $Li_4Ti_5O_{12}$,并系统地研究了不同含量的 LiCl 对 $Li_4Ti_5O_{12}$ 性能的影响,结果表明,高温下熔融的 LiCl 能够提供固-液反应界面,使 $Li_4Ti_5O_{12}$ 颗粒生长加速完成,有效减小产物粒径,在 750 ℃下经过 1 h 煅烧处理的钛酸锂颗粒尺寸为 100 nm,在 0.2 mA/cm² 的电流密度下首次放电容量为 159 mAh/g。

钛酸锂作为锂离子电池负极材料,最主要的缺陷是离子电导率和电子电导率低,限制了它的应用和发展。要提高材料的离子电导率,必须设法降低迁移离子与骨架间的作用力,并要求材料的离子迁移通道大小与 Li^+ 半径匹配,有较高的离子浓度及空隙浓度。通过掺杂引入不同价态的元素可造成骨架的价态不平衡,从而增加迁移离子浓度或产生新的空隙,元素掺杂还可有目的地制造空隙或改变通道大小,减弱骨架与离子间的作用力,促进离子迁移,从而提高离子电导率。加入导电剂是改善电子电导率的一个有效途径,可减轻材料的极化作用,从而提高其电化学性能。研究者尝试了多种方法对 $Li_4Ti_5O_{12}$ 进行改性,主要可分为离子掺杂、表面修饰和结构改性。

(1) 离子掺杂改性。

赵海雷等在 $Li_4Ti_5O_{12}$ 中掺入钒,通过高温固相法合成了 $Li_{4-x}V_xTi_5O_{12}$($x=0$、0.1、0.2),探讨了钒元素掺杂对材料的晶格结构、颗粒形貌及电化学性能的影响,结果表明,掺杂后的产物晶格规整度下降,产品粒度增大,放电容量降低;但随着钒掺杂量的增加,$Li_{4-x}V_xTi_5O_{12}$ 的大倍率充、放电性能有所改善。Huang 等用高温固相法,以 TiO_2、Li_2CO_3、Al_2O_3、LiF 为原料,制备出 Al 和 F 共掺固溶体 $Li_4Al_xTi_{5-x}F_yO_{12-y}$,结果表明,单独掺杂 Al 能够显著提高钛酸锂的可逆放电容量,增加其循环稳定性,当 $x=0.25$ 时效果最好,库仑效率高达 99.2%;但掺杂 F 却使产物的放电容量降低,Al、F 共掺样品的电化学性能介于掺 Al 和掺 F 的样品之间。Liu 等系统研究了 Cr、Fe、Ni、Mg 掺杂对 $Li_4Ti_5O_{12}$ 的影响,研究表明,Cr 的 3d

电子很容易被激发到 Ti 的 3d 能带上，因此 Cr 掺杂能有效改善 $Li_4Ti_5O_{12}$ 的电导率，但 Fe 3d 和 Ni 3d 能带上的电子却很难发生跃迁，Fe、Ni 掺杂不能明显提高产物的电导率。

(2) 表面包覆改性。

Huang 等采用不同方法在 $Li_4Ti_5O_{12}$ 表面包覆 Ag。用高温固相法制备 $Li_4Ti_5O_{12}/Ag$ 材料，Ag 未进入晶体结构中，掺杂改善了材料的电子电导率，倍率性能也有显著改善。热分解 $AgNO_3$ 法是将 $Li_4Ti_5O_{12}$ 与 $AgNO_3$ 水溶液或乙醇溶液均匀混合，煅烧后 Ag 包覆在 $Li_4Ti_5O_{12}$ 表面，实验证明 Ag 含量为 5%、溶液为去离子水时产物的电化学性能最优异，初始放电容量达到 209.3 mAh/g，50 次循环后衰减率仅为 3.31%；沉积法以 $AgNO_3$ 作为银源，NH_4OH 和 CH_3CHO 作为 Ag 沉积速率控制剂，在 $Li_4Ti_5O_{12}$ 表面包覆一层纳米级的 Ag，显著改善了尖晶石的倍率性能和循环稳定性。Guerfi 等用石墨、炭黑、聚合物裂解碳等作为碳源对 $Li_4Ti_5O_{12}$ 进行表面包覆，研究不同碳源对 $Li_4Ti_5O_{12}$ 形貌、结构以及电化学性能的影响，研究发现未包覆 C 和包覆 C 的样品初始放电容量分别为 153 mAh/g 和 165.4 mAh/g，且比表面积大的碳源制得的样品容量较高。

(3) 结构改性。

Gao 等通过"外凝胶"法制备 $Li_4Ti_5O_{12}$，将水解的 $TiCl_4$ 缓慢滴入煤油分散剂中，形成外层为油的乳液，在 50 ℃下将氨气通入乳液中，将得到的凝胶球与 Li_2CO_3 混合热处理得到球形的 $Li_4Ti_5O_{12}$。该产物首次放电容量为 160 mAh/g，20 次循环后放电容量仍维持在 160 mAh/g。

(4) 纳米化。

钛酸锂材料的本征离子和电子电导率仍然较低，为了实现其高功率特性，纳米尺度钛酸锂材料成为近年的研究热点。制备单分散纳米球形钛酸锂颗粒是降低钛酸锂材料不可逆容量的关键，但是制备均一单分散的钛酸锂前驱体材料以及维持其烧结后的球形形貌仍然是一个巨大的挑战。同时，目前纳米前驱体球形材料的制备存在一定困难，钛酸四丁酯等钛源遇水很容易团聚，不容易控制其形貌且均一性不好。虽然通过引入模板或活性剂能够合成单分散的纳米球，但是热处理过程中其形貌的维持仍然是一个急需解决的难题。清华大学深圳研究生院康飞宇教授等提出了一个非常有效的策略，用氮化钛做氮源制备平均尺寸为 120 nm 的单分散纳米球形钛酸锂材料，其电化学倍率性能十分优越。首先，氮化钛在过氧化氢、氨水作用下溶解生成过氧化钛，在一个稳定温度的强碱性环境下，可以成功合成由 TiO_2/Li^+ 组成的单分散前驱体，但是 pH 的降低会导致前驱体球进一步长大。这说明氢氧根离子对于减缓过氧化钛的分解以及前驱体球的聚集长大起着至关重要的作用。有趣的是，通过原位粘接在 TiO_2/Li^+ 纳米球表面均一的聚乙烯吡咯烷酮(PVP)层在热处理过程中很好地维持了其单分散球形结构和形貌,获得了性能优异的粒径约为 120 nm 的单分散多孔球形钛酸锂,且振实密度达到 1.1 g/cm^3。电化学研究表明,其具有非常优异的倍率性能,如 10 C 充、放电容量达到 151.1 mAh/g,甚至在 80 C 下充、放电容量仍然能够达到 108.9 mAh/g。另外,在 10 C 的充、放电速率下,循环 500 次后其容量仍保持 92.6%,体现了优异的电化学稳定性。其合成过程原理如图 3-19 所示。

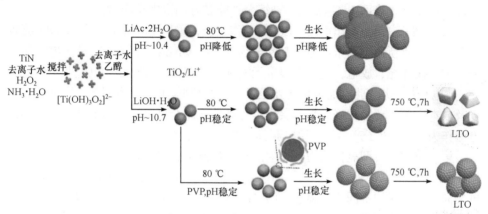

图 3-19　TiO$_2$/Li$^+$纳米球以及钛酸锂(LTO)微球的合成过程原理

　　另一种尖晶石结构的物质为 LiTi$_2$O$_4$,LiTi$_2$O$_4$ 属 Li$_4$Ti$_5$O$_{12}$ 的同系化合物,具有与其相似的结构特性和电化学性能。但是其电导率远远大于 Li$_4$Ti$_5$O$_{12}$。因此,Li$_4$Ti$_5$O$_{12}$ 用作锂离子电池负极材料更适合大电流使用。

　　合成 LiTi$_2$O$_4$ 存在很多困难,如反应物中 Li$^+$在合成中很容易挥发、Ti^{3+}很容易被氧化。LiTi$_2$O$_4$ 的合成方法主要有固相反应法、电解法、溶胶-凝胶法和水热反应法。LiTi$_2$O$_4$ 合成技术的关键是确保产物中钛原子价态为+3.5,即 Ti^{4+}/Ti^{3+}=1,因此 LiTi$_2$O$_4$ 合成反应必须以适当的还原性气氛为基础。

　　传统固相反应法是合成 LiTi$_2$O$_4$ 的基本方法,反应温度一般为 800～1100 ℃,反应气氛为氢气、稀有气体或真空。根据采用的还原剂种类不同,固相反应合成 LiTi$_2$O$_4$ 的技术途径可分为两类:一类以锂或氢气等非钛元素作为还原剂,另一类以钛单质或低价态钛氧化物为还原剂。

　　利用熔盐电解法可以制备较大尺寸的 LiTi$_2$O$_4$ 单晶(主要用于研究其超导性能)。用溶胶-凝胶法合成 LiTi$_2$O$_4$ 的报道不多。Persi 等将 TiCl$_4$ 溶解于浓 HCl 和 LiOH 水溶液中,以维生素 C 为配合剂,通过溶胶-凝胶法合成了 LiTi$_2$O$_4$。朱传高等采用钛粒为牺牲阳极,在氮气保护下,以 Bu$_4$NBr 的乙醇和乙酰丙酮混合溶液为电解液,电解并加入锂片,获得凝胶前驱体,前驱体在 700 ℃下煅烧得到粒径为 10～30 nm 的单分散纳米 LiTi$_2$O$_4$ 粉末。

用水热法比较容易获得纳米级 $LiTi_2O_4$，不足之处是产物中常包含起始原料和副反应产物。Fattakhova 等在 $120\sim200$ ℃高压釜中，通过 TiO_2 与 LiOH 在水或乙醇中反应生成纳米尖晶石结构 $Li_{1+x}Ti_{2-x}O_{4-y}$（$x=0\sim1$，$y=0.3\sim0.5$）。

Colbow 等系统研究了 $LiTi_2O_4$ 的合成方法、晶体结构、导电特性、电化学嵌锂反应特性。研究发现，$LiTi_2O_4$ 电池的电位平台非常宽，具有两相共存特征，充、放电平台电位为 1.338 V（21 ℃，vs Li^+/Li），电池经过 100 次充、放电循环后容量仅衰减约 25%，表明 $LiTi_2O_4$ 是一种综合性能较好的嵌锂反应材料。

Persi 等以 $LiTi_2O_4$ 作负极，$LiFePO_4$ 作正极，采用 LiClO4-EC-PC-PVdF 凝胶电解质，组成新型锂离子电池，其容量约为 140 mAh/g，以 C/10、C/5 电流倍率分别进行循环充、放电，其放电容量无差别；其工作电位在 2 V 以上非常稳定，充、放电平台平坦。此电池不足之处是工作电位较低，但是可靠性高、安全性好，以及成本低廉、环境友好、易薄层化等优良性能完全可以弥补其不足。因此，此电池作为 1.5 V 电子产品的功率电源具有较大应用前景。

第三类尖晶石型氧化物为三元尖晶石型过渡金属氧化物，是混合过渡金属氧化物（MTMOs）的一种，其通式是 AB_2O_4，与二元尖晶石型不同的是其 A 和 B 不再是同一种金属的不同价态离子，而是完全由两种不同元素构成，一般来说 A=Mn、Fe、Co、Ni、Cu、Zn，B=Mn、Fe、Co、Ni，A≠B。它们的结构与二元尖晶石型过渡金属氧化物相同，只是四面体和八面体的体心元素发生了改变。最先报道的三元尖晶石型过渡金属氧化物作为锂离子电池负极材料的是 $NiCo_2O_4$，随后 MCo_2O_4(M = Ni，Mn，Fe，Cu)的报道就层出不穷了。

三元尖晶石型过渡金属氧化物有一系列显著的特点：①其储锂性能类似于二元尖晶石型过渡金属氧化物（如 Fe_3O_4 和 Co_3O_4），但是 Co 基尖晶石型过渡金属氧化物的循环稳定性更好，所以一般 MFe_2O_4 和 Fe_3O_4 都需要用碳包覆或复合来提升其循环稳定性；②首次放电会导致晶形结构的破坏，这个过程是不可逆的，形成的纳米金属颗粒各自分开，所以在充电时不会重新形成 AB_2O_4 的结构，如当 M = Mg 或 Ca 时，随着 Li_2O 生成的是 MgO 或 CaO，它们不会参与电化学反应；③如果三元尖晶石型过渡金属氧化物含 Co 或 Fe，在充电到 3 V 时形成的是 Co_3O_4 或 Fe_2O_3；④首次放电电压平台的长度体现了材料的电化学性能，平台长度一般为 $650\sim850$ mAh/g；⑤首次放电与第二次放电的电化学机理是不同的；⑥只有在前几圈可以接近理论容量，随着循环次数的增加，材料容量衰减较快，对于不同的 M 元素，一般循环性能 Co > Mn、Fe、Cu > Ni、Mg。

尖晶石型过渡金属复合氧化物如 $ZnMn_2O_4$、MCo_2O_4(M=Zn，Ni，Mn 等)也是一类有发展前景的无机功能材料。尖晶石型过渡金属复合氧化物主要有以下两大类：

(1) MMn_2O_4(M=Zn、Fe)。

锌锰尖晶石型复合氧化物 $ZnMn_2O_4$ 是一类重要的无机功能材料。与传统的块体材料相比，$ZnMn_2O_4$ 纳米材料具有更大的比表面积和更短的电子传输路径，因而在电化学领域具有更广阔的应用前景。$ZnMn_2O_4$ 纳米材料因具有廉价、无毒和高催化活性的特点，已被广泛应用于光氧化 CO、光氧化有机物和光解制 H_2 等催化领域。另外，它在生物医学、电性陶瓷等领域具有广泛的应用前景。

具有三维网络通道的 $ZnMn_2O_4$ 可以在较低的电位下发生 Zn 和 Mn 的转化反应以及 Zn 与 Li 的合金化，因而具有较高的储锂容量。Mn 和 Zn 在充、放电反应中能互相协同作用，相对于 MnO 而言，$ZnMn_2O_4$ 具有更小的体积变化，因而其循环性能更加稳定。$ZnMn_2O_4$ 在充、放电过程中除了有一定的体积膨胀外，还具有电导率较低的缺点，而材料的纳米化能够有效地增加离子的扩散路径和电子传输的表面积，从而使低电导率的材料呈现较好的电化学性能。

目前的碱性锌/二氧化锰电池在浅放电时的循环寿命仍然极其有限，很难与现有二次电池媲美。其次，锌/二氧化锰电池可逆性差与采用水溶液体系有关，质子参与反应使得 MnO_2 正极在充、放电过程中晶格反复膨胀和收缩导致晶体结构迅速崩溃，性能急剧衰减，同时负极反应产物 ZnO 在碱性介质中溶解，造成了锌电极形貌结构重现性差。若采用非水体系，有可能避免上述问题的发生。尖晶石型 $LiMn_2O_4$ 材料在 Li/MnO_2 体系中，经反复充、放电结构稳定，具有良好的可逆性。由于 Zn^{2+} 与 Li^+ 具有相近的离子半径，锌与二氧化锰反应生成 $ZnMn_2O_4$ 是一种典型的尖晶石结构，据此杨汉西等合成了具有尖晶石结构的材料，与锌匹配，组成 Zn 1 mol/L $Zn(ClO_4)_2$ + PC $ZnMn_2O_4$ 电池体系，考察 $ZnMn_2O_4$ 的电化学行为。初始容量达到 140 mAh/g，且具有良好的可逆性，在 Zn 1 mol/L $Zn(ClO_4)_2$ + PC $ZnMn_2O_4$ 模拟电池体系中，循环 200 多次后容量衰减到 125 mAh/g。

目前，已通过各种方法合成了多种不同形貌的 $ZnMn_2O_4$，合成方法主要有高温固相法、无机盐热分解法、溶胶-凝胶法和水热法、溶剂热法等。用聚合物裂解法制备的 $ZnMn_2O_4$ 纳米颗粒和用溶剂热法合成的花状纳米结构的 $ZnMn_2O_4$ 的电化学性能研究结果表明，$ZnMn_2O_4$ 纳米颗粒在循环过程中容量衰减较快，因此材料的电化学性能依赖于其合成条件和处理方法。

杨汉西等以乙酸锰、乙酸锌、碳酸锰和碳酸锌为原料，在 900 ℃下合成了具有尖晶石结构的 $ZnMn_2O_4$，并研究了其在非水介质中的电化学行为。

纳米单元构成的空心球由于具有大的比表面积、较短的离子扩散路径和良好的结构稳定性被认为是高倍率锂离子电池的理想材料。Kim 等以 α-MnO_2 纳米线为前驱体，与乙酸锌反应，在通入 O_2 的情况下，合成了 $ZnMn_2O_4$ 纳米线。作为锂离子电池负极材料，在 100 mA/g 的电流密度下，循环 40 圈后，仍具有 650 mAh/g

的容量，制备的 $ZnMn_2O_4$ 纳米线具有较好的循环性能和倍率性能。

在纳米材料的制备中，水热法是一种有效的方法。陈学法等以硝酸锌、氯化锰、氢氧化钠、过氧化氢等为反应物，用水热法合成了 $ZnMn_2O_4$ 纳米颗粒，作为锂离子电池负极材料，用新型水性黏合剂 CMC-SBR 对其电化学性能进行了研究。实验结果发现：制备的 $ZnMn_2O_4$ 纳米颗粒具有较好的循环性能和倍率性能。推测出水热反应的方程式可表示为

$$Zn^{2+} + 2Mn^{2+} + 6OH^- + H_2O_2 \Longrightarrow Zn(OH)_2\downarrow + 2Mn(OH)_3\downarrow$$

$$Zn(OH)_2 + 2Mn(OH)_3 \xrightarrow[16\,h]{水热160\,℃} ZnMn_2O_4 + 4H_2O$$

Guo 等以 $(NH_4)_2Fe(SO_4)_2 \cdot 6H_2O$、$ZnSO_4 \cdot 7H_2O$ 和葡萄糖为原料在 180 ℃下水热反应 24 h，然后 600 ℃煅烧 2 h 制备了 $ZnFe_2O_4$ 微米空心球。其电化学性能测试结果表明，这种独特的空心结构不仅增加了材料的容量，也提高了材料的容量保持率。然而，这种方法需要以碳球为模板并且需要高温煅烧，因此有必要寻求一种更简单的无模板的方法来制备空心结构的复合金属氧化物微球。

这些传统方法制备的锌锰复合氧化物纳米材料较易团聚，比表面积较小，不利于电化学反应的快速进行。因此，梁静、陈军等采用一种简单易行的室温合成方法，在金属离子 Zn^{2+} 的存在下，通过将还原剂 $NaBH_4$ 作用于不同形貌的无定形 MnO_2 前驱体，可控地制备了 $ZnMn_2O_4$ 纳米空心球和纳米空心立方体。作为锂离子电池负极材料，这种空心结构的 $ZnMn_2O_4$ 纳米球和立方体预期会有更好的电化学性能。

(2) MCo_2O_4(M=Zn、Fe、Ni 等)。

高容量过渡金属氧化物(如 Co_3O_4、TiO_2 等)作为锂离子电池负极材料已经得到了广泛的研究。然而，Co_3O_4 这类过渡金属氧化物存在 Co 有毒、价格昂贵，而且容量衰减快，容量保持率不高，首次不可逆容量损失很大，充、放电效率相对较低等缺点。因此，现在很多研究者努力的方向逐渐转移到用环境友好型、价格便宜的金属来替代 Co。三元氧化物 $ZnCo_2O_4$ 是作为可供选择的锂离子电池材料之一。

相对于二元氧化物，合成三元氧化物则困难得多，需要有效地控制 Zn、Co、O 的比例。制备尖晶石型氧化物最传统的方法是高温煅烧氧化物的混合物，但要维持 1300 K 以上的温度好几天才能使反应完全。液相反应制备此类材料可避免固态反应路线的多相性、化学计量无法控制和产品颗粒粗大等缺陷。Manthiram 和 Kim 曾经评论了液相反应的主要优势，原材料分子级的混合使得多晶产品颗粒均匀、性能优异。近年来，制备尖晶石 $ZnCo_2O_4$ 的方法主要有传统共沉淀法、水热合成、高温煅烧混合的氢氧化物或碳酸盐前驱体材料等。这些方法制备 $ZnCo_2O_4$ 尖晶石需要长时间高温煅烧才能完成反应，且颗粒大小一般为 $0.1\sim1.0\ \mu m$。Sun

等曾经以草酸为沉淀剂、乙醇为溶剂用凝胶共沉淀法制得 Cu/ZnO/Al$_2$O$_3$ 超细催化剂，但目标产物的前驱体是混合草酸盐而不是复合草酸盐，低温煅烧前驱体所得产物是混合氧化物，要得到复合氧化物还需要较高的煅烧温度。为了进一步降低制备尖晶石型复合氧化物的煅烧温度，韦秀华等对 Sun 等的凝胶共沉淀法进行了改进。以草酸为沉淀剂、乙醇为溶剂，通过控制滴加次序以及溶液的 pH 制得分子前驱体锌钴草酸复合盐 ZnCo$_2$(C$_2$O$_4$)$_3$·4H$_2$O，低温下煅烧这种复合盐前驱体就可以获得尖晶石 ZnCo$_2$O$_4$。

Qiang 等用简单的共沉淀方法，以氯化锌盐、氯化钴为原料，草酸为配合剂，用氨水调节 pH=7，先合成前驱体 ZnCo$_2$(C$_2$O$_4$)$_3$，再在 500 ℃退火制备出 ZnCo$_2$O$_4$(ZCO)纳米纤维束。

制备工艺和材料的最终形貌对材料最终的性能起了关键作用，人们为此做了大量工作。Qiu 等运用水热法通过形貌控制和热解诱导制备出了高度有序、无机-有机-无机层状六边形的 ZnCo$_2$O$_4$ 纳米片。Reddy 等运用熔盐法在低温(280 ℃)下合成了纳米 ZnCo$_2$O$_4$，加热速率和冷却速率都为 3 ℃/min。另外，在实验中硫酸钴、氢氧化钴、硫酸锌的组合，加热冷却速率对形貌和晶体结构都有很大的影响。运用硫酸锌和氢氧化钴制备的纳米 ZnCo$_2$O$_4$ 在电流密度为 60 mA/g、电压为 0.05～3.0 V，循环 40 次后容量还能达到 974 mAh/g，而经过热处理之后的样品电极在经过 30 次循环之后循环稳定性得到了提高。

Liu 等用 Co 盐、Ni 盐、PEG，以 CTAB 为表面活性剂，在 pH=10 的条件下，一步水热法合成了 ZnCo$_2$O$_4$ 纳米棒，实验结果发现：其初始放电容量达 1509 mAh/g，50 次循环后容量还能达到 767.15 mAh/g，整体的库仑效率维持在 100%左右，循环性能良好。

Liu 等用 Co 盐、Ni 盐、PEG，在水和乙二醇 (ethylene glycol，EG)混合溶剂中用水热法合成了前驱体，随后在不同温度下退火，得到了不同结构的 ZnCo$_2$O$_4$ 微球和核壳微球。制得的 NiCo$_2$O$_4$ 核壳微球作为锂离子电池负极材料，在电流密度 200 mA/g 下，初始容量为 1280 mAh/g，在电流密度 400 mA/g 下，循环 50 次后容量衰减只有 3.9%，具有比 ZnCo$_2$O$_4$ 微球更好的循环稳定性。

张立新等运用微乳液法，以乙酸盐(锌盐、钴盐)为原料、草酸为沉淀剂、CTAB 为表面活性剂、乙二醇为单一溶剂首先合成前驱体 ZnCo$_2$(C$_2$O$_4$)$_3$ 纳米线，然后用 ZnCo$_2$(C$_2$O$_4$)$_3$ 纳米线作为牺牲模板，在 600 ℃下煅烧合成了具有一维尖晶石结构的多孔 ZnCo$_2$O$_4$ 纳米线。合成的 ZnCo$_2$O$_4$ 纳米线由于具有较大的比表面积和多孔性，更有利于锂离子的嵌入与脱出，其初始放电容量达 1841 mAh/g，25 次循环后容量还能达到 765 mAh/g，整体的库仑效率维持在 100%左右，循环性能良好。

为了进一步提高 ZnCo$_2$O$_4$ 负极材料的储锂性能和倍率性能，与氧化物(ZnO

等)复合是一种有效的方法。Peng 等通过柠檬酸钴锌中空微球前驱体退火的方法制备了 ZnO-ZnCo$_2$O$_4$ 复合中空微球,发现其作为锂离子电池负极材料,在循环 200次后,可逆容量保持为 1199 mAh/g,具有比 ZnCo$_2$O$_4$ 微球更好的循环稳定性。这种优异的电化学性能归结于 ZnO 和 ZnCo$_2$O$_4$ 协同效应。图 3-20 为 ZnO-ZnCo$_2$O$_4$复合中空微球的制备流程,图 3-21 为 ZnO、ZnCo$_2$O$_4$、ZnO-ZnCo$_2$O$_4$ 复合中空微球的倍率性能比较。

　　同样,与 ZnMn$_2$O$_4$ 类似,ZnCo$_2$O$_4$ 作为锂离子电池负极材料,除了有一定的体积膨胀外,还具有电导率较低的缺点,而材料的纳米化能够有效地增加离子的扩散路径和电子传输的表面积,从而使低电导率的材料呈现较好的电化学性能。另一种有效的方法就是与碳纳米管、石墨烯等电子导电性大的材料复合。结合这两种方法,人们合成了性能更加优异的复合材料。例如,Kim 等报道了一种低温

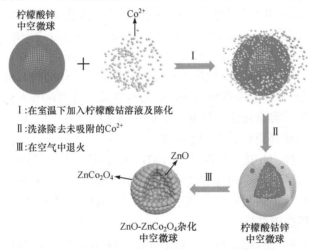

Ⅰ:在室温下加入柠檬酸钴溶液及陈化

Ⅱ:洗涤除去未吸附的 Co^{2+}

Ⅲ:在空气中退火

图 3-20　ZnO-ZnCo$_2$O$_4$ 复合中空微球的制备流程

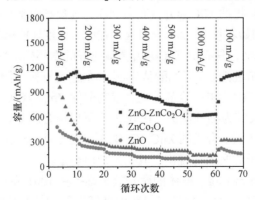

图 3-21　ZnO、ZnCo$_2$O$_4$、ZnO-ZnCo$_2$O$_4$ 复合中空微球的倍率性能比较

尿素辅助的自燃烧而后退火的方法合成了 ZnCo₂O₄/GNS(石墨烯纳米片)复合材料。ZnCo₂O₄/GNS 的合成机理见下面两个方程式。ZnCo₂O₄/GNS 的合成流程如图 3-22 所示。

$$3Zn(NO_3)_2 + 3Co(NO_3)_2 + 10NH_2CONH_2 + GNS$$

$$\xrightarrow{1/2O_2} ZnCo_2O_4 / GNS + 2ZnO + CoO + 16N_2 + 20H_2O + 10CO_2 \tag{i}$$

$$3Zn(NO_3)_2 + 6Co(NO_3)_2 + 15NH_2CONH_2$$

$$\xrightarrow{3O} 3ZnCo_2O_4 + 24N_2 + 30H_2O + 15CO_2 \tag{ii}$$

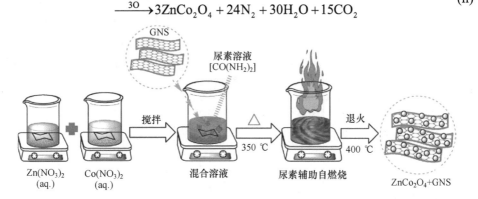

图 3-22　ZnCo₂O₄/GNS 的合成流程

ZnCo₂O₄/GNS 复合材料在 70 次循环后可逆容量达 755.6 mAh/g，在 4.5 C 下容量还能达到 378 mAh/g。而纯 ZnCo₂O₄ 电极在 70 次循环后可逆容量为 299.8 mAh/g，在 4.5 C 下容量是 302.4 mAh/g。与纯 ZnCo₂O₄ 电极相比，ZnCo₂O₄/GNS 电极的容量更高，循环性能更好，如图 3-23 所示。

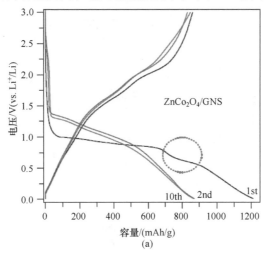

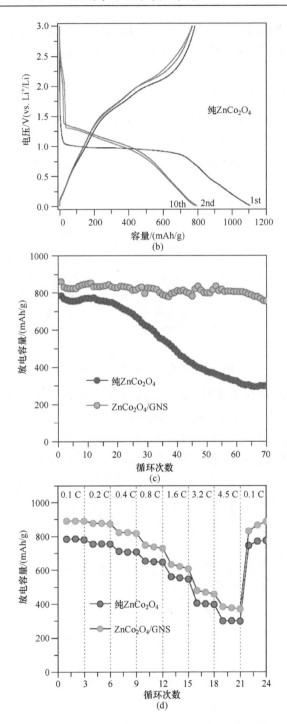

图 3-23　ZnCo$_2$O$_4$/GNS 和 ZnCo$_2$O$_4$ 电极的电化学性能比较

NiCo$_2$O$_4$ 的制备和应用也引起了人们的极大关注。NiCo$_2$O$_4$ 先是作为一种新型的超级电容器材料，具有 NiO 和 CoO 的优点，近年来开始受到人们的关注。超级电容器通常称为电化学电容器，是一种比传统电池拥有更高功率密度的储能设备，具有能量密度高、充电时间短和循环寿命较长等优良特性，广泛用于数码相机、不间断电源、太阳能充电器、报警装置等要求瞬间释放超大电流的场合，尤其是在电动汽车领域有着极其广阔的应用前景。

目前影响电容器发展的关键因素有电极材料、与电极材料匹配的电解液和电极的制备技术等。其中电极材料对电容器的性能起到决定性作用，目前研究的电容器材料主要有 3 种类型：碳材料、金属氧化物材料和导电聚合物电极材料。在众多的金属氧化物材料中，RuO$_2$ 具有优异的电容性能，其比电容可达到 720 F/g，但是由于资源有限、价格昂贵，很难实现商品化。将活性炭与镍盐和钴盐在碱性条件下共沉积制备纳米级 NiCo$_2$O$_4$/C 复合材料，具有合成工艺简单、成本低的优点，表现出比纯相 NiCo$_2$O$_4$ 材料更为宽泛的电位范围和良好的电容性能。ZnCo$_2$O$_4$/GNS 和 ZnCo$_2$O$_4$ 可作为锂离子电池体系的负极材料。

同时，尖晶石结构的 NiCo$_2$O$_4$ 可以作为锂离子电池负极材料，已经得到了学者的关注。例如，Zhang 等利用 Co 盐、Ni 盐，在水和二甘醇(diethylene glycol, DEG)混合溶剂中，用水热法合成了前驱体，前驱体分别在 300 ℃、500 ℃下退火得到多孔的 NiCo$_2$O$_4$ 微球。这些 NiCo$_2$O$_4$ 微球由多孔的纳米片组装而成。制得的多孔 NiCo$_2$O$_4$ 微球作为锂离子电池负极材料，在电流密度为 100 mA/g 下，循环 60 次后容量还是能达到 952 mAh/g；在电流密度为 500 mA/g 下，循环 100 次后容量还是能达到 720 mAh/g。并讨论了多孔 NiCo$_2$O$_4$ 微球具有优异的储锂性能的原因，如图 3-24 所示。

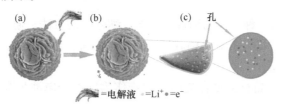

=电解液 ■=Li$^+$ ●=e$^-$

图 3-24 多孔 NiCo$_2$O$_4$ 微球的储锂性能示意图

尖晶石结构的 NiCo$_2$O$_4$ 的改性也有一些报道，方法有金属离子的掺杂、导电性碳的包覆等。Ru 等报道了多孔的珊瑚状 Zn$_{0.5}$Ni$_{0.5}$Co$_2$O$_4$ 的合成及电化学性能研究。他们用草酸为配合剂，锌盐、钴盐、镍盐为原料，利用共沉淀法合成了前驱体，前驱体再退火得到了 Zn$_{0.5}$Ni$_{0.5}$Co$_2$O$_4$(ZNCO)。与纯的 NiCo$_2$O$_4$(NCO)、ZnCo$_2$O$_4$(ZCO)相比，ZNCO 具有更高的容量和更好的倍率性能，如图 3-25 所示。

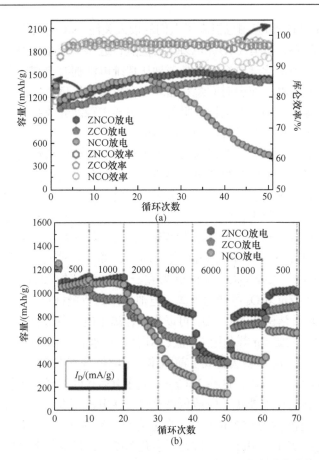

图 3-25　ZNCO、ZCO、NCO 的循环性能曲线(a)和倍率性能曲线(b)

　　静电纺丝法是一种有效的制备纳米丝、纳米带的方法。通过直接退火静电纺丝前驱体样品 $Ni(NO_3)_2/Co(NO_3)_2/PVP$ 复合物并调节升温速率，最终得到了钴酸镍($NiCo_2O_4$)微米带。

　　综上所述，尖晶石型复合金属氧化物作为锂离子电池负极材料是有应用前景的。

3.3.2　流变相合成

1. $Li_4Ti_5O_{12}/C$ 的合成

以流变相合成碳包覆的 $Li_4Ti_5O_{12}$ 为例进行论述。

将原料 LiAc、TiO_2、$H_2C_2O_4$ 和柠檬酸按物质的量比 4：5：5：9 称取一定的量，放入研钵中研细，使其充分混合，加入适量去离子水，将原料搅匀一段时间以形成乳白色均匀的流变相,在 90 ℃下保温 12 h,按此方法制备两份前驱体。将第一份前驱体放入马弗炉中,在空气中分两步煅烧,先在 580 ℃加热 3 h,随炉冷却后取出研细,然后在 750 ℃煅烧 6 h,自然冷却后可得到产物 $Li_4Ti_5O_{12}$;将第二份前驱体放入管式炉中,通入氩气,按第一份的温度和加热时间分两步煅烧,得到样品 $Li_4Ti_5O_{12}/C$。

样品的 XRD 图谱如图 3-26 所示。对照 JCPDS 标准卡片(49-0207),两种样品均保持了尖晶石结构,且结晶度较高。观察样品颜色,氩气气氛下产物 $Li_4Ti_5O_{12}/C$ 为黑色,空气气氛下产物 $Li_4Ti_5O_{12}$ 为白色,晶胞参数分别为 0.8361 nm 和 0.8362 nm。

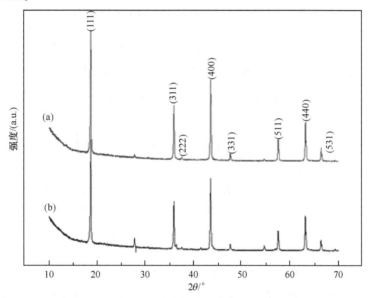

图 3-26　$Li_4Ti_5O_{12}/C$(a)和 $Li_4Ti_5O_{12}$(b)的 XRD 图谱

对制得的样品 $Li_4Ti_5O_{12}/C$ 进行热重分析,可以计算出 $Li_4Ti_5O_{12}/C$ 中 $Li_4Ti_5O_{12}$ 含量约为 93.56%,C 含量约为 6.44%。

图 3-27 为两个样品的 SEM 图。两个样品粒子大小分布均匀,$Li_4Ti_5O_{12}$ 的粒径分布为 0.5～1 μm。而 $Li_4Ti_5O_{12}/C$ 的粒径较 $Li_4Ti_5O_{12}$ 的粒径稍小,分布为 0.2～0.5 μm,粒子颗粒的生长因为表面包覆的一层碳得到了抑制,该碳层可增加材料的电导率,使该材料在大电流下充、放电时电极极化程度减弱,Li^+ 容易嵌入和脱出。

根据以上结果,推测目标产物形成过程中可能发生的化学反应如下:

$$TiO_2 + H_2C_2O_4 \longrightarrow (TiO)_2C_2O_4 + CO_2 + H_2O$$

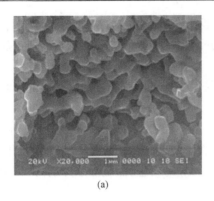

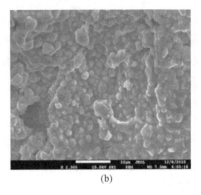

(a)　　　　　　　　　　　　　　(b)

图 3-27　Li$_4$Ti$_5$O$_{12}$(a)和 Li$_4$Ti$_5$O$_{12}$/C(b)的 SEM 图

$$(TiO)_2C_2O_4 + C_6H_8O_7 \longrightarrow [(TiO)(C_6H_7O_7)] + CO_2 + H_2O$$

$$LiAc + C_6H_8O_7 \longrightarrow [(Li)(C_6H_7O_7)] + HAc\uparrow$$

$$5[(TiO)(C_6H_7O_7)] + 4[(Li)(C_6H_7O_7)] + O_2 \longrightarrow Li_4Ti_5O_{12} + H_2O + CO_2$$

（在空气气氛下）

$$5[(TiO)(C_6H_7O_7)] + 4[(Li)(C_6H_7O_7)] \longrightarrow Li_4Ti_5O_{12} + C + H_2O + CO_2 + H_2$$

（在氩气气氛下）

其中，$H_2C_2O_4$ 作为还原剂，可以使四价钛还原为三价钛的草酸盐，而加入的柠檬酸作为配位剂与三价钛盐形成前驱体。$H_2C_2O_4$ 与柠檬酸的同时加入对于前驱体（[(Ti(Ⅲ)O)(C$_6$H$_7$O$_7$)]和[(Li)(C$_6$H$_7$O$_7$)]的混合物）的形成具有一定促进作用。

对产物 Li$_4$Ti$_5$O$_{12}$ 和 Li$_4$Ti$_5$O$_{12}$/C 进行不同倍率(50 mA/g，1C、2C、3C、4C)下的充、放电测试。当电流密度为 50 mA/g，电压范围为 3～0.01 V 时，Li$_4$Ti$_5$O$_{12}$ 首次放电的初始容量为 410 mAh/g，而 Li$_4$Ti$_5$O$_{12}$/C 的初始容量为 450 mAh/g。第三次充、放电后，Li$_4$Ti$_5$O$_{12}$/C 的可逆容量仍然保持在 300 mAh/g 左右，高于样品 Li$_4$Ti$_5$O$_{12}$(200 mAh/g)。

图 3-28 为 Li$_4$Ti$_5$O$_{12}$ 和 Li$_4$Ti$_5$O$_{12}$/C 材料的第三次充、放电曲线。Li$_4$Ti$_5$O$_{12}$ 和 Li$_4$Ti$_5$O$_{12}$/C 电极的开路电压均约为 3.01 V。充、放电电流密度为 50 mA/g 时的曲线在 1.5 V 左右出现非常平稳的充电及放电平台，但随着倍率的提高，该平台缩短甚至消失。而在图 3-29 中，大电流下的放电曲线仍在 1.5 V 处保持较长的充电平台，在 0.5 V 处保持较长的放电平台。这一特点将有利于该材料在锂离子电池体系中的实际应用。

图 3-30 为 Li$_4$Ti$_5$O$_{12}$ 和 Li$_4$Ti$_5$O$_{12}$/C 在不同倍率下的循环放电容量衰减曲线。经过 25 次循环后，Li$_4$Ti$_5$O$_{12}$/C 的放电容量仍保持在 260 mAh/g，而 Li$_4$Ti$_5$O$_{12}$ 的放

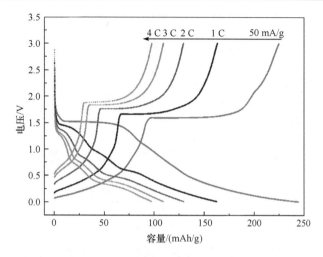

图 3-28　$Li_4Ti_5O_{12}$ 在不同倍率下的第三次充、放电曲线

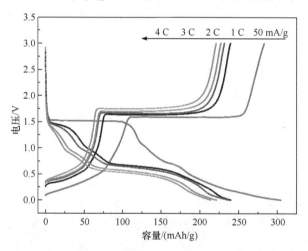

图 3-29　$Li_4Ti_5O_{12}/C$ 在不同倍率下的第三次充、放电曲线

电容量只有 200 mAh/g。提高倍率后，$Li_4Ti_5O_{12}/C$ 的循环性能也明显优于纯 $Li_4Ti_5O_{12}$ 材料，不同倍率充、放电 105 圈后，$Li_4Ti_5O_{12}$ 的放电容量只有 97 mAh/g，衰减率为 60.2%；而 $Li_4Ti_5O_{12}/C$ 的放电容量为 214 mAh/g，衰减率大大降低。这是因为 $Li_4Ti_5O_{12}$ 颗粒的表面包覆了一层碳，该碳层可增加材料的电导率，使该材料在大电流下充、放电时电极极化程度减弱，Li^+ 仍然容易嵌入和脱出。此外，碳对材料的容量也有一定贡献。

2. Sn 掺杂的 $Li_4Ti_5O_{12}$ 的合成

用类似的方法合成 Sn 掺杂的 $Li_4Ti_5O_{12}$，将原料 LiAc、TiO_2、$H_2C_2O_4$ 和柠檬

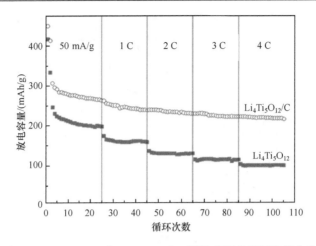

图 3-30　$Li_4Ti_5O_{12}/C$ 和 $Li_4Ti_5O_{12}$ 在不同倍率下的循环性能曲线

酸按物质的量比 4：5：5：9 称取一定的量，唯一不同的是分别按 Ti：Sn(物质的量比)为 1：0、1：0.02、1：0.06 和 1：0.1 称取 $SnCl_4 \cdot 5H_2O$ 加入反应物中。对应掺入 Sn 的量，将所得样品分别标为 LTO、LTO/Sn(1)、LTO/Sn(2)和 LTO/Sn(3)。

　　将样品 LTO 和 LTO/Sn(2)进行 SEM 分析，如图 3-31 所示。两个样品的晶体颗粒的形貌相似。LTO 中大粒径分布为 0.5～1 μm。而 LTO/Sn(2)中的粒子团聚程度有所减小，粒径分布为 0.3～0.7 μm。这说明掺杂 Sn^{4+} 后的非整比尖晶石，其颗粒在一定程度上有所降低。晶体的颗粒越小，锂离子在固相中扩散的路程越短，材料的电性能受到锂离子扩散的限制就越小。因此，减小粒径有助于降低电极的极化程度，从而改善材料的电化学性能。

图 3-31　样品 LTO(a)和 LTO/Sn(2)(b)的 SEM 图

　　当电流密度为 50 mA/g，电压范围为 3.0～0.5 V 时，$Li_4Ti_5O_{12}$ 首次放电的初始容量为 221 mAh/g，而 LTO/Sn(1)、LTO/Sn(2)和 LTO/Sn(3)的初始容量分别为 232 mAh/g、236 mAh/g 和 201 mAh/g。第二次充、放电后，四个样品的可逆容量

相差不大。

不同电流密度下四种材料的第二次充、放电曲线如图 3-32～图 3-35 所示。图 3-32 中，曲线在 1.5 V 左右出现非常平稳的充电及放电平台，但随着倍率的提高，该平台缩短甚至消失。而图 3-33 和图 3-34 中，大电流下的曲线仍在 1.5 V 处保持较长的充电平台，放电平台也长于 LTO。这一特点将有利于该材料在锂离子电池体系中的实际应用。在图 3-35 中，掺杂量较大的 LTO/Sn(3)在各电流密度下的充、放电容量和平台曲线结果均不理想，可能是 Sn 元素掺杂过多，使 $Li_4Ti_5O_{12}$ 晶相中的锂离子脱嵌受到影响，可见控制合适的掺杂量非常重要。

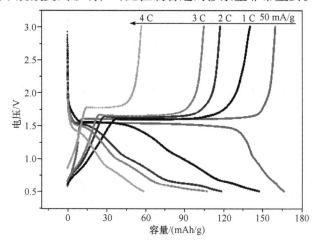

图 3-32 LTO 在不同倍率下的第二次充、放电曲线

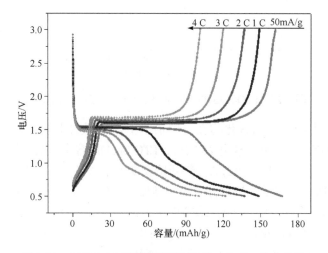

图 3-33 LTO/Sn(1)在不同倍率下的第二次充、放电曲线

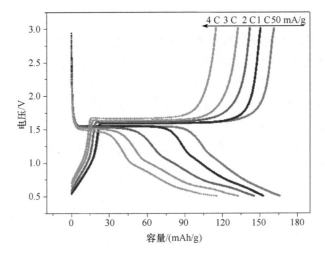

图 3-34　LTO/Sn(2)在不同倍率下的第二次充、放电曲线

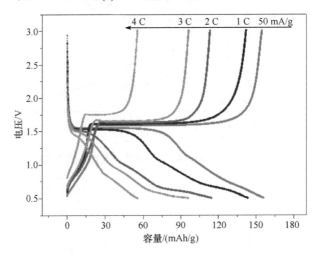

图 3-35　LTO/Sn(3)在不同倍率下的第二次充、放电曲线

图 3-36 为四种锂钛氧化物在不同倍率下循环时放电容量的衰减曲线。在 50 mA/g 的电流密度下充、放电 25 次后，LTO/Sn(1)的容量略高，为 159.5 mAh/g。但在大电流密度下，LTO/Sn(2)的优势开始表现出来，以 1 C、2 C、3 C、4 C 倍率充、放电 20 次后，容量保持率分别为 99.8%、98.0%、96.7%、95.3%。不同倍率充、放电 105 圈后，LTO/Sn(2)的容量为 109.8 mAh/g，明显优于其他三个样品[LTO 为 55.0 mAh/g，LTO/Sn(1)为 95.4 mAh/g，LTO/Sn(3)为 46.2 mAh/g]。可见，选择适当的锡掺杂量对改善该材料的电化学性能较为重要。

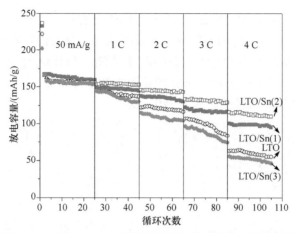

图 3-36　四种 $Li_4Ti_5O_{12}$ 样品在不同倍率下的循环性能曲线

3. 尖晶石 $LiTi_2O_4$ 的合成

将反应物 LiOH、TiO_2、Ti_2O_3 在瓷研钵中按 1.15∶1∶0.5(物质的量比)混合，考虑反应过程中有少量的 Li 挥发，适当过量加入 Li 源。均匀混合研磨后，加入适量乙醇以研磨调成流变相，再将该流变相混合物转入石英容器内压实，在氩气环境中 3 h 后升温到 890 ℃，然后在 890 ℃条件下保温 20 h，自然冷却到室温，得到黑色固体目标产物。

图 3-37 是不同合成温度(750 ℃、810 ℃、850 ℃、890 ℃)下得到的目标产物的 XRD 图谱。可知控制合适的温度是得到纯相目标产物的关键。当合成温度

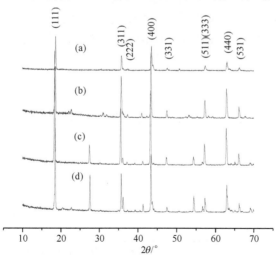

图 3-37　不同温度条件下合成的 $LiTi_2O_4$ 的 XRD 图谱

(a) 890 ℃；(b) 850 ℃；(c) 810 ℃；(d) 750 ℃

控制在 750 ℃、810 ℃时，XRD 图谱中 $2\theta \approx 27°$ 处存在 $Li_2Ti_2O_5$ 的杂峰。当加热温度达到 890 ℃时，产物的衍射峰与文献报道的尖晶石衍射峰吻合。当温度超过 900 ℃时，尖晶石相转变成斜方锰矿相，表明纯的 $LiTi_2O_4$ 在 890 ℃已经形成。

在 890 ℃合成的 $LiTi_2O_4$ 的 SEM 图如图 3-38 所示。可以看出，所有样品都有很好的晶形。$LiTi_2O_4$ 粒径分布为 1~20 μm。

(a)　　　　　　　　　　　　　　　(b)

图 3-38　在 890 ℃合成的目标产物 $LiTi_2O_4$ 的 SEM 图

图 3-39 为在 890 ℃合成的材料 $LiTi_2O_4$ 的充、放电曲线。$LiTi_2O_4$ 的开路电压约为 3.0 V。在首次放电过程中，电压从 3.0 V 迅速降为 1.5 V，放电曲线的第一个平台约为 1.5 V，第二个和第三个平台分别为 0.75 V 和 0.25 V。在锂离子嵌入 $LiTi_2O_4$ 尖晶石结构中时对应放电过程。在接下来的充电过程中，电压为 0.01~3.00 V 时，充电曲线与放电曲线存在一定差别。在充电过程中，分别存在 0.3 V 和 1.5 V 两个平台，0.75 V 的充电平台几乎消失。可以推测锂离子在对应的 0.3 V 和 1.5 V 时容易从 $LiTi_2O_4$ 尖晶石结构中脱嵌。对比图 3-39(a)和图 3-39(b)，发现在电流密度为 20 mA/g 时，$LiTi_2O_4$ 尖晶石初始放电容量为 205 mAh/g，当电流密

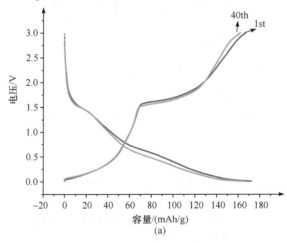

(a)

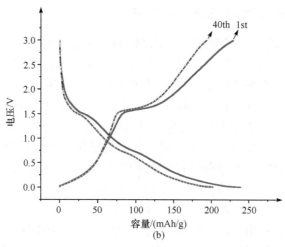

图 3-39 不同电流密度下 LiTi₂O₄ 的充、放电曲线

(a) 40 mA/g；(b) 20 mA/g

度增加为 40 mA/g 时，其初始放电容量降为 165 mA/g。锂离子脱嵌的总反应如下：

$$LiTi_2O_4 + xLi^+ + xe^- \Longrightarrow Li_{1+x}Ti_2O_4 \qquad (x = 0 \sim 1.45) \qquad E = \sim 1.30\ V$$

在放电过程中，Ti 的化学价从 3.5 变到 2.8 左右，充电过程与之相反。

图 3-40 为合成的 LiTi₂O₄ 在不同电流密度（40 mA/g、20 mA/g)下的循环性能曲线，容量均随着循环次数增加而缓慢增加。LiTi₂O₄ 具有优异的电化学性能，可以作为锂离子电池负极材料，这有可能是由于该材料具有低温超导特性，常温下电导率较大，锂离子在充、放电过程中非常容易发生脱嵌反应。具体的机理有待进一步研究。

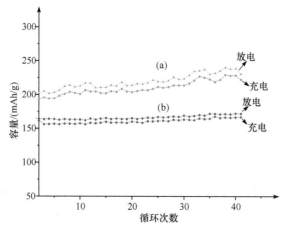

图 3-40 在 890 ℃合成的 LiTi₂O₄ 的循环性能曲线

(a) 20 mA/g；(b) 40 mA/g

3.3.3 流变相法和混合溶剂热法合成 ZnMn₂O₄

以流变相法和混合溶剂热法合成 $ZnMn_2O_4$ 为例进行论述。

球磨流变相法：按物质的量之比 1.0：2.0：3.6 称取一定量的乙酸锌 $(ZnAc_2 \cdot 2H_2O)$、乙酸锰 $(MnAc_2 \cdot 4H_2O)$ 和柠檬酸，充分混合后放入球磨罐中，然后按质量比 m(药品)：m(氧化锆球)=1：20 放入一定的氧化锆球，并加入少量去离子水作为溶剂。将球磨罐在球磨机上密封好，开始进行球磨处理，球磨转速为 500 r/min，球磨时间为 4 h。将球磨得到的流变相混合物置于 80 ℃烘箱中恒温干燥，得到固体前驱体。用玛瑙研钵将此前驱体研细，前驱体粉末用马弗炉在 500 ℃下煅烧 3 h，自然冷却后收集产物，记作 R-ZMO。

混合溶剂热法：按物质的量之比 1：2 称取一定量的硝酸锌$[Zn(NO_3)_2 \cdot 6H_2O]$和硝酸锰$[Mn(NO_3)_2 \cdot 4H_2O]$溶于 50 mL 乙二醇。称取硝酸锌和硝酸锰总物质的量的 1.2 倍的碳酸氢铵，溶于 25 mL 去离子水。在快速搅拌下，将碳酸氢铵溶液缓慢加入硝酸锌和硝酸锰的乙二醇溶液中。混合均匀后，将混合溶液转入 100 mL 聚四氟乙烯高压反应釜中，在 180 ℃下反应 12 h。自然冷却后，产物用去离子水和无水乙醇洗涤数次，并置于 80 ℃烘箱中恒温干燥，得到固体前驱体。前驱体粉末用马弗炉在 500 ℃下煅烧 3 h，自然冷却后收集产物，记作 M-ZMO。

图 3-41 为 R-ZMO 和 M-ZMO 的 XRD 图谱。R-ZMO 和 M-ZMO 均为纯相的尖晶石型 $ZnMn_2O_4$，说明这两种方法均能成功合成 $ZnMn_2O_4$。R-ZMO 的衍射峰相对强度大于 M-ZMO，这可能与两种方法合成 $ZnMn_2O_4$ 的机理不同有关，在球磨流变相法中生成了柠檬酸的配合物，而混合溶剂热法中生成的是碳酸盐沉淀，煅烧后 R-ZMO 的结晶度高于 M-ZMO。

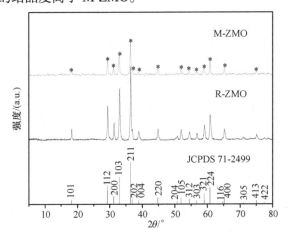

图 3-41　$ZnMn_2O_4$ 样品的 XRD 图谱

材料的颗粒尺寸和微观形貌对 Li$^+$扩散有较大影响,进而影响材料的电性能。图 3-42(a)、(c)为 R-ZMO 的 SEM 图,可以看出 R-ZMO 材料是由球形小颗粒团聚而成。图 3-42(b)、(d)为 M-ZMO 的 SEM 图,M-ZMO 材料是由尺寸较为均一、直径为 1 μm 左右的微球构成的。

图 3-42　R-ZMO(a)、(c)和 M-ZMO(b)、(b)在不同放大倍数下的 SEM 图

图 3-43(a)和(b)分别是 R-ZMO 和 M-ZMO 在电压范围为 0.01～3 V、电流密度为 200 mA/g 下的循环性能曲线和放电倍率性能曲线。R-ZMO 从第 41 次循环开始出现放电容量递增的现象,第 41 次循环的放电容量为 482 mAh/g,到第 134 次为 642 mAh/g。随后放电容量再次下降,到第 160 次循环时为 569 mAh/g。M-ZMO 的循环性能更好。R-ZMO 也是从第 41 次循环开始出现放电容量递增的现象,第 41 次循环的放电容量为 551 mAh/g,此后容量逐步上升,后上升趋势逐步平缓,第 160 次循环的放电容量为 745 mAh/g。这种容量递增的现象类似一些含 Co 化合物在充、放电循环中出现的现象,其原因有以下两点:一是放电产生的 Mn 金属纳米颗粒与 Co 一样,能够可逆地催化电解液分解形成聚合物膜,提供了额外的容量,从而导致这种容量递增的现象出现;二是 ZnO 这种能与 Li 发生合金化的物质与其他氧化物复合时,能起到相互促进活化的作用,也会导致容量递增的现象出现。

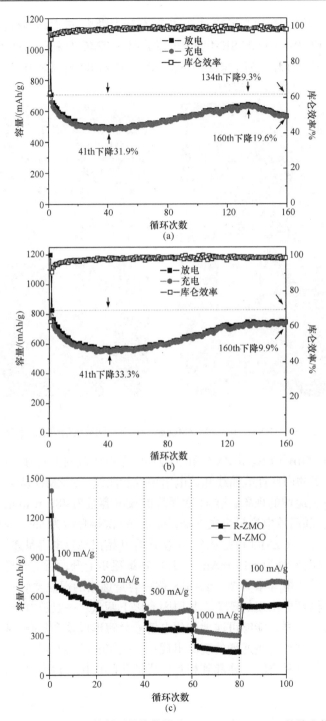

图 3-43 R-ZMO(a)和 M-ZMO(b)的循环性能曲线及 R-ZMO 和 M-ZMO 的放电倍率性能曲线(c)

图 3-43(c)是 R-ZMO 和 M-ZMO 的放电倍率性能曲线。对于新型锂离子电池负极材料，需要考察其在大电流充、放电下的电化学性能。从图中可以看出，在电流密度分别为 100 mA/g、200 mA/g、500 mA/g 和 1000 mA/g 时，R-ZMO 的容量分别保持在 529 mAh/g、449 mAh/g、340 mAh/g 和 173 mAh/g，而当电流还原到 100 mA/g 时，容量会回到 534 mAh/g。而 M-ZMO 的容量分别保持在 662 mAh/g、582 mAh/g、480 mAh/g 和 296 mAh/g，而当电流还原到 100 mA/g 时，容量会回到 696 mAh/g。可以看到两种材料的倍率性能并不太理想，但当电流还原到 100 mA/g 时，两者的容量均比原来 100 mA/g 时的容量大，说明这种容量递增对于 $ZnMn_2O_4$ 是一种普遍现象。

3.3.4　结语

用流变相法合成了锂离子电池复合负极材料 $Li_4Ti_5O_{12}/C$。该合成方法简单、实用，可用于 $Li_4Ti_5O_{12}$ 新型负极材料的工业生产与其他应用。

用流变相法合成了锂离子电池负极材料 Sn 掺杂的 $Li_4Ti_5O_{12}$，得到非整比 $Li_{4-x}Ti_5Sn_yO_{12}$。掺杂后不会改变晶体结构，适当量的 Sn 掺杂可以使 $Li_4Ti_5O_{12}$ 材料在大倍率充、放电的循环性能变好，这一非整比掺杂材料有望应用于锂离子电池工业中的负极材料。

用流变相法和高温烧结法相结合，合成了产物 $LiTi_2O_4$，其具有尖晶石结构，容量为 165~205 mAh/g，并且具有较低的充电平台。在电化学性能测试中其作为负极材料显示了优异的循环性能，并且随着循环次数的增加，其容量慢慢上升。该方法简单，易于制备 $LiTi_2O_4$ 负极材料。今后将对该材料进行改性，降低充、放电平台，使其能应用于锂离子电池工业中的负极材料。

采用流变相法和混合溶剂热法分别成功合成了 $ZnMn_2O_4$ 材料，其中流变相法合成 $ZnMn_2O_4$ 材料的报道不多。与 $ZnCo_2O_4$ 材料相比，$ZnMn_2O_4$ 更加环保和廉价，其可逆容量和循环性能也相当优异，也是很有应用潜力的新型锂离子电池负极材料。

采用以上类似的方法成功合成了 $ZnCo_2O_4$ 材料，该材料有较高的可逆容量和优良的循环性能，也是极有应用潜力的新型锂离子电池负极材料。

通过以上举例说明，流变相法是一种适用于尖晶石氧化物、三元复合金属氧化物合成的方法，也是一种较利于实现工业化生产的方法。改变合成方法，调控合成具有特殊形貌的尖晶石材料，使其具有更好的电化学性能，是我们今后研究的方向。

3.4　氧　化　物

3.4.1　简介

常用的锂离子电池负极材料是碳基负极材料，主要为石墨负极材料，但石墨负极材料的理论容量为 372 mAh/g，较低的容量限制了电池能量密度的进一步提升。氧化物可能是能够代替石墨负极材料的选择。氧化物主要分为锡氧化物和过渡金属氧化物。

锡氧化物不仅具有低插锂电势和高容量的优点，而且具有资源丰富、安全环保、价格便宜等特点，被认为是锂离子电池碳负极材料最佳的代替物。锡氧化物 (SnO_x) 有两种，理论容量分别为 875 mAh/g(SnO) 和 783 mAh/g(SnO$_2$)。与金属单质锡直接和锂发生合金化反应不同，锡氧化物的反应分为两步。首先 SnO_x 与 Li$^+$ 发生氧化还原反应，SnO_x 被还原成 Sn 单质，同时 Li$^+$ 获得氧生成电化学惰性的 Li$_2$O 基质。氧化锂本身可以作为一种缓冲基质，对接下来锡与锂之间合金化及逆过程中产生的巨大体积膨胀起到缓冲作用，相比单质锡，锡氧化物在整个脱嵌锂过程中稳定很多。然而，尽管这样会使锡氧化物的循环稳定性比锡好很多，但是反应第一步在通常状态下是不可逆的，因此材料的不可逆容量往往较高，库仑效率低，也使实际得到的容量受到很大限制。通过计算可知，若第一步反应完全可逆，SnO_2 的理论容量可以高达 1491 mAh/g。因此，想方设法让第一步反应变得可逆是增大锡氧化物材料容量的一大途径。另外，尽管氧化锂基质有一定的体积缓冲作用，但是也不足以完全缓冲锡基材料嵌脱锂过程所引起的巨大体积膨胀，所以锡氧化物在循环稳定性方面仍然不好。同时，锡氧化物本身是半导体材料，自身导电性并不是很好，在大电流充、放电时材料电化学性能受到很大限制，不符合现代社会日益增加的需求。因此，对锡基材料的改性成为研究的热点，并且取得了一定成就。

碳材料因为具有良好的应力消除能力以及不易与锡的低反应活性而被广泛用作合适的第二相。尽管大多数金属都容易与碳形成碳化物，但是锡一般不与碳发生反应。这种结构使得研究者方便设计一些锡碳的复合物，而不用考虑因为碳化物的形成而带来的容量衰减。Lee 等用一种相对简单的方法制备了碳包覆锡纳米棒电极材料，认为这种材料可以用作可充、放电的锂离子电池负极材料，但没有研究其电化学性能。Li 等用简单的热处理方法制备了一种二氧化锡纳米棒交织在压缩的碳纳米管中的负极材料，形成了一种网状结构，在 0.1 A/g 的电流密度下拥有 856 mAh/g 的容量。楼雄文等用一步法合成了碳包覆二氧化锡纳米胶体，用葡萄糖介导进行热处理，获得了几乎单分散的二氧化锡纳米颗粒，葡萄糖既起到快速促进多晶二氧化锡胶体沉淀的作用，也创造了一个均一、富含碳的多糖包覆在二氧化锡表面，多糖层的厚度可以在合成中通过改变葡萄糖的浓度来控制。陈军课题组将锡颗粒直径控制在 5 nm，用氮掺杂多孔碳包覆，兼顾了极小的颗粒、均匀分布和多孔的网状结构三大结构优势，在 0.2 A/g 的电流密度下循环 200 次后，仍然能得到 722 mAh/g 的容量。Zou 等制备了多孔碳纳米纤维包覆 Sn/SnO$_x$ 复合物，Sn/SnO$_x$ 颗粒直径比孔的直径小，嵌入碳纳米纤维的孔中，纤维中的孔和纤维间充足的空间不仅为锂离子提供了更多的位点，也抑制了 Sn/SnO 在循环过程中的体积膨胀，使材料的循环性能得到了改善。Yu 等将多孔多通道的碳微管包覆在金属锡颗粒外面，碳壳为电子传递和锂离子通过提供了场所。

Zhong 等用一种超快且环境友好型的方法制备了 SnO$_2$/石墨烯复合物，大大改善了 SnO$_2$ 的循环稳定性。Ding 等将二氧化锡纳米片植在石墨烯纳米片上，获得了很高的可逆容量和良好的循环性能。

廖立勇等用溶胶-凝胶法合成 SnO$_2$/高岭土复合材料，提高了 SnO$_2$ 的电化学性能，同时也阻止了充、放电过程中形成的团簇现象，可逆性能和循环性能都有提高。研究锡氧化物更多的纳米等复合结构是推动其作为负极材料的主要策略。

过渡金属氧化物负极材料主要有钛基、铁基、钼基氧化物等。

Poizot 等以过渡金属氧化物(如 FeO、CoO、NiO、Cu$_2$O 等)作为锂离子电池负极材料，研究了它们的电化学性能，实验结果表明这些材料表现出较高的容量(一般大于 600 mAh/g)，此值大约是碳材料理论容量的两倍。自此过渡金属氧化物 M$_x$O$_y$(M=Fe、Co、Ni、Cu 等)作为锂离子电池负极材料受到人们的广泛关注。

过渡金属(Fe、Co、Cu、Ni、Mn 等)氧化物的储锂机理不同于石墨类的插层机理和合金类的合金机理，它的充、放电机理称为转换反应机理。反应方程式为 M$_x$O$_y$ + 2yLi $\longrightarrow$ xM + yLi$_2$O。嵌锂时，M$_x$O$_y$ 与 Li 反应，生成 Li$_2$O 和过渡金属 M；脱锂时，过渡金属 M 与 Li$_2$O 发生可逆反应，生成 M$_x$O$_y$ 与 Li。由电化学反应式可知，过渡金属氧化物在脱嵌锂过程中，伴随着 Li$_2$O 的生成和分解；另外还有过渡金属氧化物的还原和氧化。

与石墨负极材料相比，过渡金属氧化物作为锂离子电池电极材料具有许多优点，但也有一些不足之处。例如，SEI 膜的生成会导致首次库仑效率低，与电解液发生副反应等。同时，还存在体积膨胀和导电性差等问题。为了改善过渡金属氧化物颗粒的缺陷，在制备过程中，研究者通过设计各种过渡金属氧化物纳米材料(如纳米棒、纳米线、纳米球、纳米颗粒等)来缓冲体积变化，对目标产物的形貌、晶体结构和结晶度等进行可控合成。因此，具有特殊形貌结构的过渡金属氧化物负极材料不仅能发挥该材料的独特优势，还能弱化和改善该材料的缺陷，达到提高电化学性能的目的。但是，金属氧化物作为锂离子电池负极材料具有严重的电压滞后现象，导致了锂离子电池能量效率的降低，而且金属氧化物一般没有平稳的电压平台，导致电池最终的输出电压不稳，因此不是理想的锂离子电池负极材料。

钛基材料由于其具有脱嵌锂离子的可逆性高、结构变化小、工作电压高(1.3 V的充、放电范围，vs. Li/Li$^+$)、无锂枝晶的形成等优点，被认为是可替代传统锂离子电池负极材料的理想材料。钛基材料具有高安全性和循环稳定性，包括金属氧化物 TiO_2 和一系列锂钛氧化物，如 $Li_4Ti_5O_{12}(2Li_2O \cdot 5TiO_2)$、$Li_2Ti_3O_7(Li_2O \cdot 3TiO_2)$、$Li_2Ti_6O_{13}(Li_2O \cdot 6TiO_2)$。二氧化钛具有廉价、来源广和生态友好的优点，其晶形比较丰富，包括锐钛矿型(A)、金红石型(R)、板钛矿型、B 型等。充、放电的化学反应式如下：

$$TiO_2 + xLi^+ + xe^- \longleftrightarrow Li_xTiO_2$$

其中，用于负极材料的主要是锐钛矿型和 B 型的 TiO_2。此二者由于结构的特殊性，表现出很好的循环稳定性和良好的倍率特性。

TiO_2 的导电性和容量均不高，但是通过对 TiO_2 进行改性和形貌控制所得的钛氧化物，作为锂离子电池负极材料具有充、放电性能好，循环性能优良，充、放电电压平台稳定等优点。此外，钛氧化物的安全性能高，具有很好的发展前景以及巨大的研究价值和商业价值。魏书杰采用溶胶-凝胶法，通过添加表面活性剂和掺杂金属氧化物(铷、铜、镍、锡、铁)得到 TiO_2 基复合物。该法所得掺杂金属氧化物的纳米 TiO_2 为无定形态，导电性和容量提高不显著，但充、放电性能较为稳定，可逆容量有所提高。

近年来，钴氧化物作为锂离子电池负极材料表现出较高的容量而备受研究者青睐，成为取代碳负极材料的首选，Co_3O_4 的理论容量为 890 mAh/g，CoO 的理论容量为 715 mAh/g。由于过渡金属氧化物具有导电性不理想、循环寿命短等缺点，通常采用改性而减少首次不可逆容量损失和提高循环性能。Yuan 等通过水热法和煅烧法制备出新颖的多孔 Co_3O_4 多面体，首次放电容量高达 1546 mAh/g，循环性能也相对提高。以 Co_3O_4 为前驱体进一步得到包裹型 CoO/C 复合物，首次放电容量为 1025 mAh/g，其循环性能较 Co_3O_4 优越。由于孔状结构材料可以增大电解液和电极的接触面积，使锂离子的传输路径缩短，并且钴氧化物本身的理论电容量高，因此多孔结构材料表现出较高的可逆容量、优良的循环性能和好的储锂性能。

铁氧化物作为负极材料具有较高的储锂性能和较低的电压平台、原料丰富且价廉、理论容量高(800~1000 mAh/g)等优点，有潜在应用前景。Lin 等通过水热法制备纳米棒状 α-Fe$_2$O$_3$，作为负极材料容量高、循环性能好。Xu 等制备纺锤状的 Fe$_3$O$_4$/C 复合材料，作为锂离子电池负极材料表现出优良的电化学性能，首次库仑效率高达 80.6%。楼雄文课题组在过渡金属氧化物改性方面做了大量工作。用草酸作腐蚀剂，制备了多孔且形貌可控的 α-Fe$_2$O$_3$，提高了其电化学性能。用软模板法制备的花状空心球 Fe$_2$O$_3$ 在 100 次循环后仍然能保持 710 mAh/g 的容量，是纳米颗粒容量的 2 倍多。陈军等用水热法合成了不同形貌的 Fe$_2$O$_3$，并用碳包覆等手段改进其性能。

钼具有多变的化学价和多样的物相结构，因而可存在多种钼氧化物。其中，MoO$_2$ 和 MoO$_3$ 作为主要钼氧化物具有高导电性、高密度、高熔点、高化学稳定性以及独特的类金属性和高理论容量，引起了广大研究者的关注，钼氧化物有望成为下一代高性能锂离子电池负极材料。Zhao 等用溶剂热法制备具有核壳结构的 MoO$_2$ 微胶囊和中空微球结构的 MoO$_3$。核壳结构的 MoO$_2$ 微胶囊在循环 50 次后依然保留较高的容量，MoO$_2$ 本身导电性好。中空微球结构的 MoO$_3$ 具有较大的比表面积，放电容量高达 1337.1 mAh/g，经过 100 次循环后其可逆容量依然有 780 mAh/g。但钼氧化物也存在成本高、倍率性能差、循环性能较差等缺点，有待进一步深入研究。

铌氧化物具有优异的循环性能和良好的倍率性能，同时理论容量高、脱嵌锂电位高而且安全，有望成为新一代的负极材料。目前作为锂离子电池负极材料研究较多的是 Nb$_2$O$_5$。Viet 等用静电纺丝法制备了四种直径不等的 Nb$_2$O$_5$ 纳米纤维作为负极材料。其中 M-Nb$_2$O$_5$(1100 ℃)的循环稳定性和可逆容量最好，经过放电和 25 次循环，容量保持率仍高达 90%，表现出了优异的循环性能。此法提高了循环性能，但容量有所降低，循环稳定性不好，有待进一步通过材料的改善和电极结构的改良来优化。

3.4.2　静电纺丝法合成

1. 静电纺丝法合成 SnO$_2$ 纳米纤维

以静电纺丝法合成 SnO$_2$ 纳米纤维为例进行论述。

合成方法与前 Ge 的合成类似，采用 DMF 和无水乙醇混合溶剂，原料为辛酸亚锡。SnO$_2$ 纳米纤维的合成流程和作为电极的充、放电过程如图 3-44 所示。

从图 3-45 可以看出，制得的 Sn 复合物/PAN 纳米纤维长几十微米，直径 100~150 nm。在空气中 500 ℃退火后，得到了 SnO$_2$ 纳米纤维，保持了前驱体的形貌，直径变短到 50~80 nm，由许多的规律的 SnO$_2$ 纳米颗粒组成，粒子之间有许多小孔或空洞，可能是聚丙烯腈(PAN)的热解所致。

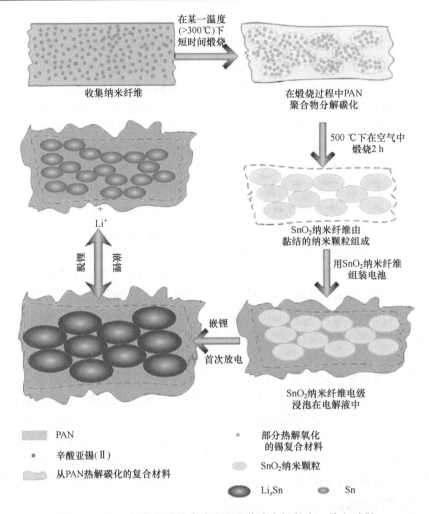

在某一温度(>300℃)下短时间煅烧

收集纳米纤维

在煅烧过程中PAN聚合物分解碳化

500 ℃下在空气中煅烧2 h

SnO₂纳米纤维由黏结的纳米颗粒组成

用SnO₂纳米纤维组装电池

Li⁺

脱锂　嵌锂

嵌锂

首次放电

SnO₂纳米纤维电级浸泡在电解液中

PAN

辛酸亚锡(Ⅱ)

从PAN热解碳化的复合材料

部分热解氧化的锡复合材料

SnO₂纳米颗粒

Li$_x$Sn

Sn

图 3-44　SnO₂纳米纤维的合成流程和作为电极的充、放电过程

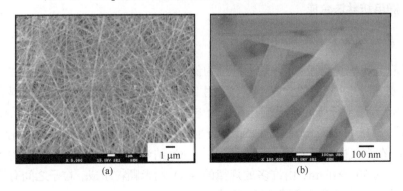

1 μm

100 nm

(a)　　　　　　(b)

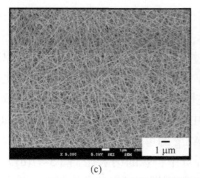
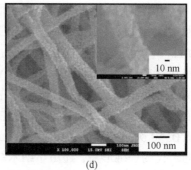

(c)　　　　　　　　　　　　　(d)

图 3-45　纳米纤维的 SEM 图

(a) 收集到的 Sn 复合物/PAN 纳米纤维；(b) 更高倍数的 Sn 复合物/PAN 纳米纤维；(c) 在空气中 500 ℃热解 2 h 后的 SnO_2 纳米纤维；(d) SnO_2 纳米纤维和单根的 SnO_2 纳米纤维(插图)

图 3-46 为制得的 SnO_2 纳米纤维和 SnO_2 四角相标准卡片(JCPDS 41-1445)相比的 XRD 图谱。可以看出制得的纳米纤维为 SnO_2 四方相金红石型，晶胞参数 $a = b = 4.7386$ Å，$c = 3.1872$ Å，没有检测到 Sn 或 SnO。

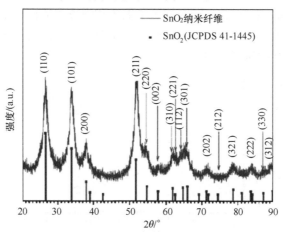

图 3-46　制得的 SnO_2 纳米纤维的 XRD 图谱

图 3-47 为制得的 SnO_2 纳米纤维的电化学性能图。图 3-47(a)是在 0.1 C 下第 1 次循环的充、放电曲线(与文献中的 SnO_2 纳米粒子相比)。纳米粒子的放电容量为 1491 mAh/g，可逆容量为 781 mAh/g。而制得的 SnO_2 纳米纤维放电容量为 1650 mAh/g，可逆容量为 824 mAh/g。主要原因是 SnO_2 纳米纤维的粒子更小，一维形貌，具有更大的比表面积且 SnO_2 纳米纤维的规则的多孔形貌。理论上，SnO_2 完整的放电过程如以下方程式所示：

$$SnO_2 + 4Li^+ + 4e^- \Longrightarrow Sn + 2Li_2O$$

$$Sn + xLi^+ + xe^- \Longleftrightarrow Li_xSn \quad (0 < x \leqslant 4.4)$$

图 3-47(b)是制得的 SnO₂ 纳米纤维的循环伏安曲线。两个明显的还原峰在 0.78 V 和 0.11 V 左右。0.78 V 对应于 Li₂O 的生成,这个峰在以后的循环中不会出现。0.11 V 归因于 Sn 和 Li 的合金化过程。在随后的循环中,三对还原氧化峰 0.58 V 和 0.65 V、0.29 V 和 0.54 V、0.11 V 和 0.12 V 归因于 LiₓSn 的合金化过程。图 3-47(c)是制得的 SnO₂ 纳米纤维电极在同样的 100 mA/g 电流密度下循环 40 或 50 次后的循环性能和库仑效率(与文献中的 SnO₂ 纳米线相比)。制得的 SnO₂ 纳米纤维电极在 50 次循环后仍然具有 446 mAh/g 的可逆容量。原因不仅仅是 SnO₂ 纳米纤维的多孔的一维形貌,还由于纳米纤维中特殊的纳米孔。图 3-47(d)为制得的 SnO₂ 纳米纤维电极的倍率性能曲线。对于新型锂离子电池负极材料,需要考察其在大电流充、放电下的电化学性能。从图中可以看出在前 4 次循环中,倍率为 0.1 C 时充电容量为 747 mAh/g。当倍率提高到 0.5 C 时,容量降低到 688.7 mAh/g;倍率为 1.0 C 时容量为 651.4 mAh/g;倍率为 2.0 C 时容量为 609.8 mAh/g;倍率为 5.0 C 时容量为 564.1 mAh/g;倍率为 10.0 C 时容量为 477.7 mAh/g。这种 SnO₂ 纳米纤维的电化学性能显著提高的主要原因归功于它的一维纳米纤维多孔的结构。另外,紧密结合的 SnO₂ 纳米颗粒缩短了电子和锂离子的传输路径。纳米纤维的特殊的纳米孔极大地增加了电极和电解液的接触面积,能够减轻充、放电过程中由于体积变化产生的机械应力。

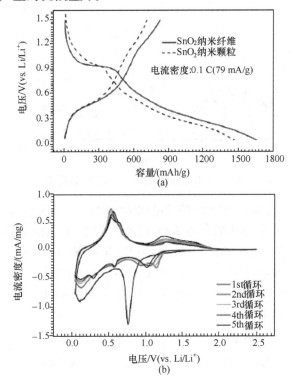

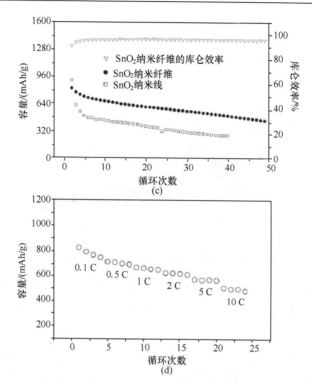

图 3-47 (a) SnO₂ 纳米纤维电极和文献中 SnO₂ 纳米粒子电极在电压 0.05～1.5 V、电流密度为 0.1 C 下的充、放电曲线；(b) SnO₂ 纳米纤维的循环伏安曲线(扫描速率为 0.05 mV/s，电压范围为 0.05～2.5 V)；(c) SnO₂ 纳米纤维电极的循环性能和库仑效率(与文献中的 SnO₂ 纳米线相比)；(d) SnO₂ 纳米纤维电极的倍率性能曲线(倍率分别为 0.1 C、0.5 C、1 C、2 C、5 C 和 10 C)

用类似的方法合成了 Sn-SnO₂/C 复合物，作为锂离子负极材料电化学性能也良好。

2. 静电纺丝法制备 TiO₂/C 纳米复合物

制备方法与上述 SnO₂ 纳米纤维的制备类似。溶剂为 DMF，原料为乙酰丙酮氧钛[TiO(CH₃COCH=COCH₃)₂]、聚丙烯腈(PAN，相对分子质量为 1.5×10^6)。

图 3-48 为制得的 TiO₂/C 纳米复合物的 XRD 图谱。从图中可以看到，有机物钛盐已经完全分解为 TiO₂/C 复合物。虽然 TiO₂ 金红石相的(110)面和非晶碳的(2θ=25°)的峰可以看到，但宽化厉害，证明得到的为准无定形的 TiO₂/C 复合物，表明乙酰丙酮氧钛和聚丙烯腈在氩气下分解形成 TiO₂/C 复合物，放出 CO₂、水和一些小相对分子质量的碳氢有机物。

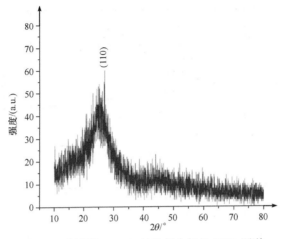

图 3-48　制得的 TiO$_2$/C 纳米复合物的 XRD 图谱

图 3-49 为制备的 TiO$_2$/C 复合物的 SEM 图。TiO$_2$/C 复合物呈现出纳米纤维形貌，纳米纤维的直径为 50～300 nm。纳米纤维研细后也是纳米纤维形貌，如图 3-50 所示。

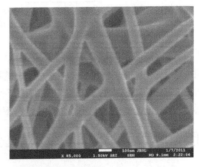

图 3-49　制备的 TiO$_2$/C 复合物的 SEM 图

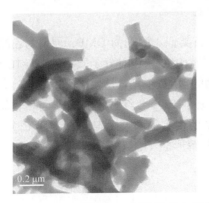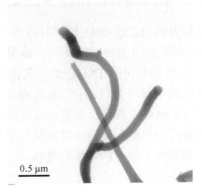

图 3-50　制备的 TiO$_2$/C 复合物研细后的 TEM 图

TiO$_2$/C 复合物在 30 mA/g 电流密度下，初始放电容量为 900 mAh/g，第 2 次循环为 420 mAh/g。后面几乎不变，稳定在 400 mAh/g 左右，如图 3-51 所示。与以前文献报道的 TiO$_2$ 相比，用这种方法制备出的 TiO$_2$/C 复合物具有更高的容量和更好的循环稳定性。我们认为有几种影响因素：活性材料的电导率、结构、形貌、碳复合等。碳复合既增加了 TiO$_2$ 材料的导电性，减慢了电极的极化，又能作为缓冲基质抑制 TiO$_2$ 粒子在充、放电过程中的团聚，进而增加了它的循环稳定性。

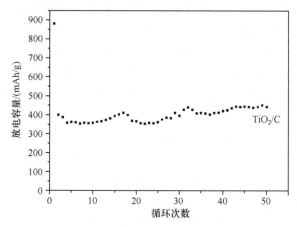

图 3-51 TiO$_2$/C 复合物的循环性能曲线(在 30 mA/g 电流密度下)

3.4.3 结语

很多氧化物都能作为锂离子电池负极材料，但性能不理想。制备具有特殊形貌结构和纳米结构的过渡金属氧化物对于提升材料的电化学容量和倍率性能有积极的作用，因而发展特殊形貌结构的锂离子电池电极材料是提升材料电化学性能的重要手段，也是一个重要的发展方向。用静电纺丝法可合成具有特殊形貌的电极材料，也可合成氧化物与碳的复合物，其电化学性能优良，可望在实际中得到应用。另外是制备薄膜材料，省去了使用炭黑、黏结剂和活性物质混合制备电极片的过程；金属基底可直接作为集流体，可以减少电极与集流体基底间的接触电阻；具有特殊纳米结构的薄膜，其活性物质与电解液的接触面积大，有利于更多的活性物质参与电化学反应。因此，在金属基底上制备具有特殊纳米结构的过渡金属氧化物薄膜更加值得我们研究，同时这种薄膜电极也是一种有希望的锂离子电池电极材料。

3.5　金属硫化物

3.5.1　简介

过渡金属硫化物 MS_2(SnS_2、TiS_2、MoS_2、WS_2 等)是材料领域中一个十分庞大的分支，在锂离子电池中的应用也研究得比较多。其中 MoS_2、WS_2 等二元金属硫化物是研究得最多的一批锂离子电池负极材料。这类硫化物有较好的导电性、很高的能量密度以及理论放电容量，此外含量丰富、价格低廉也是它们的显著优势。近几十年来，过渡金属硫化物由于其独特的物理及化学特性，已在催化、储氢、超级电容器、锂离子电池等领域引起了广泛的关注。

MoS_2、WS_2 都是典型的过渡金属硫化物，具有特殊的层状结构，如图 3-52 所示，MoS_2 有 1T 型、2H 型和 3R 型三种晶体结构。相对于 1T 型和 3R 型，2H 型 MoS_2 较为稳定。一般来说，WS_2 晶体结构中 W 原子最常见的有三棱柱配位以及八面体配位两种配位形式。通常情况下 W 原子采取三棱柱配位环境，形成两种构型——2H 型或 3R 型，其中 2H 型 WS_2 是最稳定相。如图 3-53 和图 3-54 所示，2H 型 MoS_2 和 WS_2 都具有类似于三明治的结构：在 MS_2(M=Mo、W)晶体结构中，每个金属原子 M 和六个硫原子成键，形成三棱镜配位模型。它们按照 S 层-M 层-S 层的顺序交替排列，形成特殊的 S-M-S "三明治"。在这个 "三明治" 中，每一层内每个金属原子 M 和两个 S 原子通过共价键绑定在一起，S 与之间有较强的结合力。与此不同的是，这个 "三明治" 的每一个 S-M-S 层之间没有直接相连，它们只靠微弱的范德华力维系。众所周知，这种作用力是相当小的。这种独特的

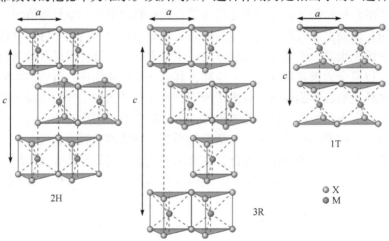

图 3-52　MoS_2 三种晶形结构示意图

晶体结构有利于锂离子在电极材料中的快速扩散，并且在锂离子脱嵌过程中没有明显的体积变化。因此，MoS_2、WS_2 都是具有高容量锂离子电池负极材料的最佳选择。正是这些优点使得它们被广泛应用于催化、超级电容器、锂离子电池负极材料等众多领域，在锂离子电池电极材料方面的应用研究最为广泛。

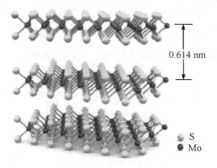

图 3-53 2H 型 MoS_2 结构示意图

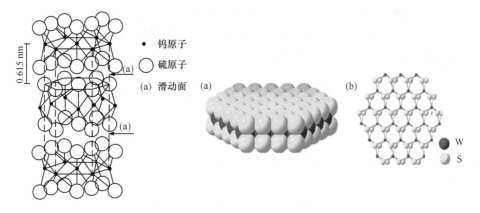

图 3-54 2H 型 WS_2 结构示意图

目前，制备二维过渡金属 MoS_2、WS_2 的方法通常可以分为两大类，一类是"自上而下"，另一类是"自下而上"。其中"自上而下"是指通过某些特定手段，如机械剥离、液相剥离、电化学嵌锂再剥离和研(球)磨再超声等，从单晶样品中获得其二维纳米样品；"自下而上"换句话说就是让原子或分子级别的粒子通过化学反应自组装形成目标物，平时接触较多的主要有气相沉积法、水热溶剂热法，还有直接热解等。

纳米 MoS_2 的比表面积大、表面活性高，广泛地应用于电子探针、固体润滑剂、工业加氢脱硫多相催化剂、半导体材料、插层材料、无水锂电池、电化学储氢、储锂及储钠材料、主客体化合物以及扫描隧道显微镜(STM)针尖等方面。目前人们采取溶剂热法、液相还原法、气相沉积法、前驱体分解法等，制备出了纳米粒、纳米线、纳米管、亚微米球、无机类富勒烯、空心球壳、纳米花状等结构的 MoS_2 晶体。

高宾等以 MoO_3 和 S 粉为原料，采取化学气相反应法，在 810～905 ℃下制备出了 MoS_2 纳米管，管是开口的，直径分布均匀，有的纳米管上粘有纳米粒子。李亚栋等以 $MoCl_5$ 和 S 粉为原料，采用化学气相沉积法，在氩气的氛围下 850 ℃得到了片层结构卷曲形成的笼状没有完全闭合的富勒烯结构 MoS_2。

Peng 等采用溶剂热法，以吡啶为溶剂，$(NH_4)_6Mo_7O_{24} \cdot 4H_2O$、单质 S、水合肼为原料，在聚四氟乙烯内衬的反应釜中 190 ℃下反应 24 h，制备出了空心球状的 MoS_2。Huang 等采用水热法，以 Na_2MoO_4 为钼源、$CS(NH_2)_2$ 为硫源、WO_3 为添加剂，180 ℃下反应 24 h，得到了直径为 800 nm 的纳米花状 MoS_2。田野等采用水热法，以 MoO_3 为钼源、KSCN 为还原剂和硫源，180 ℃下反应 24 h，得到了直径为 100 nm、长度为几微米的 MoS_2 纳米棒，这些纳米棒是由纳米片卷曲而成，边缘粗糙。

Li 等采用电化学-化学两步合成法，首先将 MoO_2 纳米线电沉积在石墨电极上，然后在 H_2S 气氛中 800～900 ℃下反应 14～84 h，制备出了长约 1 μm、直径为 94～350 nm 的纳米线。研究发现，在 H_2S 气氛中反应的时间越长，MoS_2 纳米线直径越大。

MS_2(M=Mo、W)这种典型的层状结构与石墨烯的结构十分类似。这种特殊的层状结构，以及每个 S-M-S 层之间微弱的维系力，有利于锂离子在层间顺畅地反复嵌入和脱出，与此同时金属 M 原子与 S 原子之间较强的共价键作用力又起到了良好的保护作用。在充、放电过程中，MS_2(M=Mo、W)的储锂机理可概括如下：

$$MS_2 + xLi^+ + xe^- \longrightarrow Li_xMS_2$$

$$Li_xMS_2 + (4-x)Li^+ + (4-x)e^- \longrightarrow M + 2Li_2S$$

$$Li_2S - 2e^- \longrightarrow 2Li^+ + S$$

在现有的制备方法中，液相法存在粒径尺寸与形貌不易控制、易发生聚合、结晶性差等缺点；固相法存在反应温度高、产物或反应物中常含有污染环境的含硫气体等缺点，未能解决 MoS_2 粒径小、表面能大引起的团聚问题。根据之前的一些文献报道可知，纯相的 MoS_2 和 WS_2 的电化学性能还不是很稳定。尤其是在大电流放电过程中，它们会有严重的体积膨胀。为了解决体积膨胀造成的结构坍塌问题，有人提出了很多有效的解决方案，一种方法是制备均匀的纳米材料，如纳米片、纳米丝、纳米棒等。

Wang 等以 Na_2MoO_4、盐酸羟胺、硫脲为起始物，用水热法合成了两种 MoS_2

纳米纤维，作为锂离子电池负极材料时，制备的两种 MoS_2 纳米纤维具有较高的容量，可逆容量分别为 994.6 mAh/g 和 930.1 mAh/g，循环 40 次后，容量仍可达 705.8 mAh/g 和 483.2 mAh/g。

随着剥层-重新堆积法的提出，人们开始利用单层二硫化钼悬浮液作为前驱体制备各种二硫化钼夹层化合物。李国华等采用剥离-重新堆垛-结构控制的方法制备出了纳米管状三元金属二硫化物 $[Mn_x(MoW)_{1-x}S_2]$，又利用剥离-掺杂-水热处理的方法制备出了纳米管状三元金属二硫化物 $[Ni_x(W_yMo_{1-y})_{1-x}S_2]$。Du 等通过简单的水热反应对剥离的 MoS_2 进行处理，得到重堆的 MoS_2。XRD 测试表明，重堆的 MoS_2 的 c 轴参数的增加有利于外来原子、离子或分子的插入反应。作为锂离子电池负极材料时，材料的放电容量高，前 3 次循环的可逆容量大于 800 mAh/g，50 次循环后，可逆容量仍大于 750 mAh/g，循环稳定性好。

另一种常见的方法是将纯相 MS$_2$(M=Mo、W)材料与碳或石墨烯材料复合进行改性来提高电极材料的电化学性能。夏军保等采用水热法，以 Na_2MoO_4 为钼源、$CS(NH_2)_2$ 为硫源，加入经酸处理后的碳纳米管，在含有聚四氟乙烯内衬的高压反应釜中，240 ℃下反应 24 h，得到了结构完好的 MoS_2/CNT 同轴纳米管，CNT 的表面包覆了 3～4 层 MoS_2 管，并初步分析了 MoS_2/CNT 同轴纳米管的形成机理，但没有探究其作为锂离子电池负极材料的电化学性能。Song 等采用水热法，以 Na_2MoO_4 为钼源、KSCN 为硫源，加入经酸处理后的碳纳米管，在含有聚四氟乙烯内衬的高压反应釜中，220 ℃下反应 24 h，制备了 CNTs@MoS$_2$ 同轴纳米管，MoS_2 层包覆在纳米碳管的表面。

Li 等制备出了 MoS_2/碳纳米管复合物，MoS_2 包覆在碳纳米管表面，形成同轴碳纳米管，材料具有高的可逆容量和好的循环稳定性(充、放电容量稳定在 400 mAh/g)，并且探讨了嵌锂/脱锂与这种特殊结构的关系。李辉等以钼酸钠为钼源、硫脲为硫源以及葡萄糖为碳源，采用简单的一步水热法，制备了无定形的 MoS_2/C 纳米复合材料。与碳复合后形成的特殊结构保证了 MoS_2 在锂离子嵌入/脱嵌过程中的结构稳定性，此外还扩大了层间距，有利于更多 Li^+ 的嵌入。该 MoS_2/C 复合物首次放电容量达到 1065 mAh/g，循环稳定性也很好，120 次循环后仍能保持 1011 mAh/g。

Chen 等采用水热法，以 Na_2MoO_4 为钼源、$CS(NH_2)_2$ 为硫源，通过 NaOH 调节 pH，加入石墨烯，在 240 ℃下反应 24 h，制备出了二维纳米片状结构的 MoS_2/石墨烯复合物，并作为锂离子电池负极材料进行充、放电测试，结果表明该材料具有充、放电容量高和循环性能稳定的特点(充、放电容量稳定在 1200 mAh/g)。Chen 等以 MoS_2、石墨烯和 L-半胱氨酸为原料，在氢气保护的氛围下，800 ℃下反应 2 h，制得了三维花状和管状结构的 MoS_2/石墨烯复合物，经测试分析得知，当 Mo：C=1：2(物质的量比)时，材料的电化学性能最好。此外，Chang 等合成了 MoS_2/石墨烯复合物，其具有稳定的三维结构，因此有良好的电化学性能。

3.5.2　流变相合成 MoS_2

以流变相法合成 MoS_2 为例进行论述。

以钼酸钠、硫脲、草酸为原料，Mo：S：$H_2C_2O_4$ 物质的量比为 1：2：1。混合研磨后加几滴水得到的流变相混合物置于 50 mL 高压反应釜中，放置在烘箱中保温 200 ℃反应 24 h，得到灰黑色固体前驱体。将此前驱体研细，放置在石英舟中，在管式炉中 500 ℃下煅烧 2 h(氩气气氛中)，自然冷却后收集产物。

图 3-55 为退火前(前驱体)和退火后产物的 XRD 图谱。前驱体有很多杂峰，表明有很多不纯物(草酸、硫脲等)。500 ℃下退火后为纯六角相 MoS_2(JCPDS 170744)，强而尖锐的衍射峰说明结晶良好。通过计算，晶胞参数为 a=0.3125 nm，c=1.2302 nm。

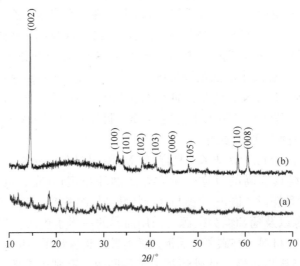

图 3-55　退火前(前驱体)(a)和退火后(b)产物的 XRD 图谱

图 3-56 为制备的 MoS_2 的 SEM 图。主要是片状形貌，由于片较薄，很容易卷曲成管状，所以 MoS_2 的形貌大多为片状和少量的管状。结合本实验的实验条件和以前的文献报道，MoS_2 的形成机理可能如下：①硫脲的水解；②Mo(Ⅵ)还原为 Mo(Ⅳ)和 MoO_2 的生成；③MoS_2 的生成。有关化学反应方程式如下：

$$CS(NH_2)_2 + 2H_2O \longrightarrow 2NH_3 + H_2S + CO_2$$

$$(NH_4)_6Mo_7O_{24} + 7H_2C_2O_4 \longrightarrow 6NH_3 + 7MoO_2 + 14CO_2 + 10H_2O$$

$$MoO_2 + 2H_2S \longrightarrow MoS_2 + 2H_2O$$

图 3-56　制备的 MoS_2 的 SEM 图

总的化学方程式可以表达如下：

$$(NH_4)_6Mo_7O_{24} + 7H_2C_2O_4 + 14CS(NH_2)_2 + 4H_2O \longrightarrow 34NH_3 + 7MoS_2 + 28CO_2$$

图 3-57 为 MoS_2 在 40 mA/g 电流密度下，不同电压范围(0.3～3.0 V，0.01～3.0 V)的循环性能曲线。制备的 MoS_2 具有较高的容量，首次放电容量约为 1200 mAh/g，可逆容量约为 1000 mAh/g，20 次循环后，可逆容量仍高达 840 mAh/g，循环稳定性良好。在电压为 0.3～3.0 V 时，MoS_2 具有更高的容量，比 0.01～3.0 V 下约高 200 mAh/g。

用类似的方法还制备了电化学性能良好的 WS_2 纳米片和纳米管。

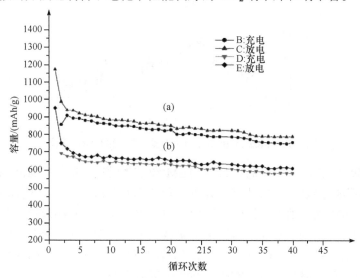

图 3-57　MoS_2 在 40 mA/g 电流密度下、不同电压范围的循环性能曲线

(a) 0.3～3.0 V；(b) 0.01～3.0 V

3.5.3　溶剂热法合成 MoS₂/CNT 复合物

以溶剂热法合成 MoS₂/CNT 复合物为例进行论述。

称取 0.2 g Na₂MoO₄·2H₂O 和 0.5 g KSCN 于 20 mL 乙二醇溶液中，然后分别加入 0 g 和 0.1 g 已经纯化的碳纳米管(CNT)，磁力搅拌下使反应物充分溶解，然后将溶解后的反应物转移到 50 mL 聚四氟乙烯高压反应釜中，在 220 ℃下反应 24 h，使体系充分反应生成黑色粉末。洗涤干燥后得到 MoS₂/CNT 复合物。

图 3-58 为制备的 MoS₂ 和 MoS₂/CNT 样品的 XRD 图谱。确定 MoS₂/CNT 样品为 MoS₂ 和 CNT 两相共存。两个样品中 2θ=14.2°处为 MoS₂(002)衍射峰，均比其他衍射峰较强，说明两个样品中的 MoS₂ 均有很好的层状堆积结构，且衍射峰有一定程度的宽化，说明制备的两个样品中的 MoS₂ 粒径都很小。与 MoS₂ 的衍射峰相比，MoS₂/CNT 衍射峰的峰形变得尖锐，说明加入碳纳米管 MoS₂(002)的衍射峰得到了生长。这可能是因为碳纳米管具有典型的管状和层状结构，可以作为层状结构 MoS₂ 成核时的模板剂，促进了 MoS₂ 晶核的生长，所以 MoS₂(002)衍射峰变得强而尖。

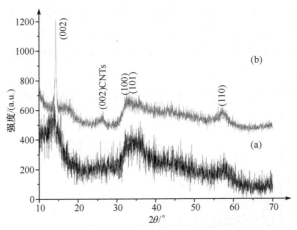

图 3-58　MoS₂(a)和 MoS₂/CNT 复合物(b)的 XRD 图谱

图 3-59 为 MoS₂ 和 MoS₂/CNT 的 TEM 和 SEM 图。如图 3-59(a)、(b)所示，MoS₂ 为团聚成球状的不规则颗粒，球的直径约为 0.4 μm。如图 3-59(c)、(d)所示，MoS₂/CNT 由规则的纳米片组成，片厚为 20～30 nm，这些纳米片又自组装成纳米球，球的直径约为 500 nm，球的表面被碳纳米管包覆。实验表明：由于加入了碳纳米管，合成的 MoS₂/CNT 复合物的形貌与不加碳纳米管的 MoS₂ 的形貌有很大不同，这可能是碳纳米管具有模板剂的作用造成的。

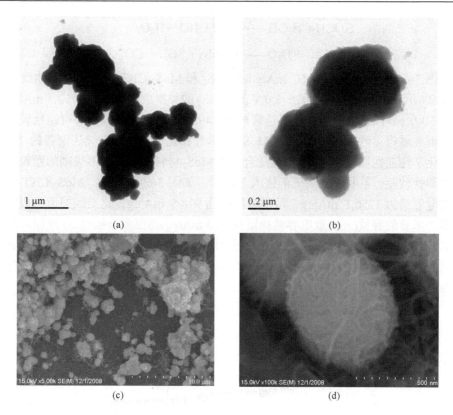

图 3-59　MoS_2 的 TEM 图(a)、(b)和 MoS_2/CNT 的 SEM 图(c)、(d)

　　Song 等以 Na_2MoO_4 和 KSCN 为原料，采用水热法制备出了 CNTs@MoS_2 纳米管，而且 MoS_2 层包覆在纳米碳管的表面，形成同轴纳米管。本实验中采取溶剂热法制备出的 MoS_2/CNTs 的形貌和水热法制备的形貌有很大不同，根据前期文献对水热/溶剂热条件下的反应机理的报道，可推测出以下几个因素：①纳米碳管作为模板，使生成的 MoS_2 易聚集成片状，片状团聚形成球形；②乙二醇为高沸点的溶剂(沸点为 198 ℃)，在 220 ℃的反应温度中，它变为气态的量较少，也影响生成的 MoS_2 粒子的快速运动，使 MoS_2 粒子的生长或成核过程中，易聚集在一起形成片状或球形；③乙二醇的黏度较高，也限制或影响 MoS_2 粒子的运动。

　　在过渡金属硫化物水热或溶剂热合成中，硫脲被广泛用作硫源。另外，KSCN 也可以作为硫源，根据 Song 的文献报道，KSCN 不仅作为还原剂，而且作为硫化剂。KSCN 把 Mo(Ⅵ)还原为 Mo(Ⅳ)，本身被氧化为 SO_4^{2-}，SCN^- 中部分 S(Ⅱ)和 Mo(Ⅳ)形成 MoS_2。同时，乙二醇在较高的温度和压力下，会与其他醇类物质一样脱水生成乙醛和水。生成的水作为溶剂，溶解 Na_2MoO_4 和 KSCN，利于离子间氧化还原反应的顺利进行。总的反应如下：

$$HOCH_2CH_2OH \longrightarrow CH_3CHO + H_2O$$

$$MoO_4^{2-} + SCN^- + H_2O \longrightarrow MoS_2 + SO_4^{2-} + CO_3^{2-} + NH_3\uparrow$$

图 3-60 为电流密度为 50 mA/g 时 MoS_2 和 MoS_2/CNT 的循环性能曲线。由图 3-60(a)可知,当电压为 0.01~3.0 V 时,MoS_2 的首次放电容量为 1172.1 mAh/g,经过 50 次循环后,其放电容量迅速衰减到 149.8 mAh/g,说明其循环可逆性较差。与以前文献报道的水热法制备的 MoS_2 纳米片相比,采用溶剂热法制备的 MoS_2 其电化学性能性质较差,原因可能是合成的 MoS_2 材料的形貌为不规则的颗粒状,其电导性较差,不利于锂离子的嵌入与脱出。如图 3-60(b)所示,MoS_2/CNT 的首次放电容量为 1256.1 mAh/g,可逆容量高达 978.5 mAh/g,比文献报道合成的同轴碳纳米管的容量(充、放电容量稳定在 400 mAh/g)高很多,经过 50 次循环后,充电容量还高达 757.5 mAh/g。由第 2 次到第 50 次的放电容量可知,其放电容量平均每次循环仅减少 4.4 mAh/g,说明 MoS_2/CNT 复合材料作为锂离子电池的电极材料具有优良的循环性能。

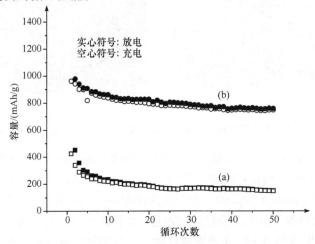

图 3-60　电流密度为 50 mA/g 时 MoS_2(a)和 MoS_2/CNT(b)的循环性能曲线

3.5.4　模板法合成 MoS_2/C 复合物

制备过程如下。

碳微米球的合成:以蔗糖为碳源通过简单的水热合成法制备。将蔗糖(13.86 g)加入 80 mL 去离子水中,超声使其分散均匀。将完全溶解的澄清溶液转移至反应釜,180 ℃下保温 10 h。通过离心分离得到沉淀物,并用水和乙醇洗涤,在干燥箱中 60 ℃烘干。

MoS_2 的合成:以钼酸钠($Na_2MoO_4 \cdot 2H_2O$)、硫代乙酰胺(NH_2CSNH_2)为原料

进行合成。合成过程如下：称取一定量的 $Na_2MoO_4 \cdot 2H_2O$(45 mg)和 NH_2CSNH_2 (90 mg)，完全溶解在 20 mL 去离子水中，超声搅拌 10 min 得到澄清透明的前驱体溶液。将该溶液转移至反应釜，200 ℃反应 24 h。通过离心分离得到沉淀物，洗涤并烘干。将烘干的产物在管式炉氩气氛围中低温退火。最终产物标记为 MoS_2。

　　MoS_2/C 的合成：称取 0.1 g 制备好的碳微米球分散到 20 mL 去离子水中，得到均一的悬浮液。后面制备过程与 MoS_2 的制备类似。最终产物标记为 MoS_2/C。

　　图 3-61 为纯 MoS_2 和 MoS_2/C 复合物的 XRD 图谱。从图中可以看出，纯 MoS_2 样品与 MoS_2/C 复合物具有相同位置的衍射峰，两个样品的主相均与六方相 MoS_2(JCPDS 37-1492)的衍射数据吻合，与文献报道的纯相 MoS_2($a = b = 3.16$ Å，$c = 12.30$ Å，$\beta = 90.00°$)的相关数据完全一致，并且没有杂相。

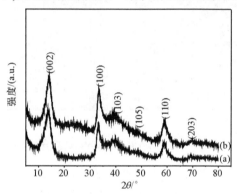

图 3-61　MoS_2(a)和 MoS_2/C 复合物(b)的 XRD 图谱

　　图 3-62 分别是纯 MoS_2、碳球和 MoS_2/C 复合物在不同扫描倍数下的 SEM 图。合成的 MoS_2 具有层级花状形貌[图 3-62(a)]，可以进一步看出花状结构是由纳米片组装而成的[图 3-62(b)]。从图 3-62(c)可以看到合成的碳球为表面光滑、直径大约 7 μm 的微米球。图 3-62(d)是 MoS_2/C 复合物的 SEM 图，碳球的表面覆盖着大量 MoS_2 纳米颗粒。从 MoS_2/C 复合物的 TG 图，可计算出 MoS_2/C 复合物的含碳量为 13.7%。

　　碳微米球和 MoS_2/C 复合物的反应机理可概括如下：随着反应的进行，硫代乙酰胺(TAA)首先与溶剂中的水分以及金属无机盐原料中的结晶水发生水解反应，生成 H_2S，并释放出大量的 S^{2-} 和 H^+。当体系温度达到 200 ℃，水解出的 S^{2-} 与溶液中的 MoO_4^{2-} 反应，形成 MoS_2 纳米结构，并覆盖在碳微米球的表面。在这个过程中，硫代乙酰胺水解得到的 S^{2-} 还起到还原剂的作用，将 Mo(Ⅵ)还原成 Mo(Ⅳ)。

图 3-62　MoS$_2$(a)、(b)，碳球(c)和 MoS$_2$/C 复合物(d)的 SEM 图

图 3-63(a)是纯 MoS$_2$ 和 MoS$_2$/C 复合物的循环性能曲线。MoS$_2$/C 复合物样品的循环性能明显优于纯 MoS$_2$ 样品。纯 MoS$_2$ 的循环稳定性极差，循环 150 次后，放电容量仅剩 184 mAh/g，保持率仅为 16%。MoS$_2$/C 复合物循环性能很好，其放电容量在轻微的衰减后又开始增长，循环 165 次后容量依然高达 705 mAh/g，保持率为 95%。值得注意的是，MoS$_2$/C 复合物在放电过程中也出现了容量增长现象，而这一现象在含有过渡金属的负极材料中尤为常见，其原因可能与放电反应生成的金属单质催化电解液分解、产生可逆的聚合物膜有关。同时，这也可能与晶体在充、放电过程中的破碎、粉化相关。

图 3-63(b)是纯 MoS$_2$ 和 MoS$_2$/C 复合物的倍率性能曲线。MoS$_2$/C 复合物的倍率性能比纯 MoS$_2$ 好得多。尽管在电流密度分别为 100 mA/g 时，纯 MoS$_2$ 的放电容量比 MoS$_2$/C 复合物高，但随着电流密度的增加，纯 MoS$_2$ 有明显的衰减趋势。其在 300 mA/g 和 500 mA/g 电流密度下的容量分别保持在 578mAh/g 和 406 mAh/g。当电流密度还原为 100 mA/g 时，其容量只能回到 591 mAh/g。MoS$_2$/C 复合物在各电流密度下的容量分别保持在 726 mAh/g 和 652 mAh/g。并且当电流密度还原为 100 mA/g 时，其容量会回到 765 mAh/g，说明 MoS$_2$/C 复合物的倍率性能更佳，进一步说明了相对于纯 MoS$_2$ 而言，MoS$_2$/C 复合物在作为新型锂离子电池负极材

料时具有更优越的储锂性能。

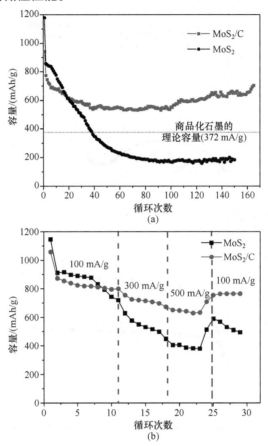

图 3-63　MoS$_2$ 和 MoS$_2$/C 复合物的循环性能曲线(a)和倍率性能曲线(b)

　　图 3-64(a)为纯 MoS$_2$ 和 MoS$_2$/C 复合物未进行循环的交流阻抗谱。根据模拟电路的拟合得到，MoS$_2$/C 复合物的 R_{ct}(36.8 Ω)远小于纯 MoS$_2$ 的 R_{ct}(111 Ω)，说明 MoS$_2$/C 复合物材料中的电荷传输电阻较小，也就是说 MoS$_2$/C 复合物材料具有更好的导电性。图 3-64(b)是纯 MoS$_2$ 和 MoS$_2$/C 复合物的线性 Warburg 阻抗图。根据公式 $Z' = R_s + R_{ct} + A_W\omega^{-1/2}$，Warburg 阻抗图在平台区域的斜率就是 Warburg 系数 A_W。纯 MoS$_2$ 和 MoS$_2$/C 复合物在锂离子电池中的 Warburg 系数 A_W 分别为 44.6 Ω/s$^{1/2}$ 和 27.3 Ω/s$^{1/2}$。根据公式 $D_{Li^+} = \left[\dfrac{V_m}{FSA_W}\left(-\dfrac{dE}{dx}\right)\right]^2$ 可知，由于 V_m、F、S 和 dE/dx 都是定值，所以锂离子扩散系数与 A_W 的二次方成反比，A_W 越大则锂离子扩散系数越小。因此，锂离子在 MoS$_2$/C 复合物的晶格中扩散系数更大，MoS$_2$/C

复合物的电化学性能更好，这与前面的结论是一致的。

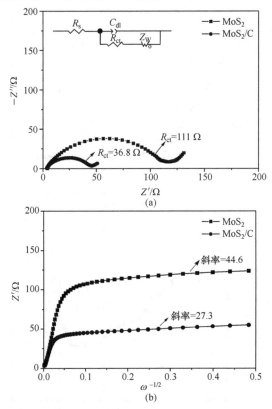

图 3-64　MoS$_2$ 和 MoS$_2$/C 复合物的交流阻抗谱(a)和线性 Warburg 阻抗图(b)

3.5.5　水热法合成钴离子掺杂的 WS$_2$

以剥离-水热法合成钴离子掺杂的 WS$_2$ 纳米棒为例进行论述。

称取 8.2 g WS$_2$ 粉末于具塞的玻璃瓶中，加入 15 mL 2.9 mol/L 正丁基锂正己烷溶液，密封瓶口，充分振荡后，于室温下静置 1 周，使体系充分反应生成黑色 LiMoS$_2$ 粉末。然后移去上层清液，用正己烷冲洗数遍，真空干燥后，得到黑色 Li$_x$MoS$_2$ 粉末，并置于真空干燥器中备用。

称取 0.6 g Li$_x$MoS$_2$ 粉末于 50 mL 聚四氟乙烯内衬的高压反应釜中，加入 30 mL 0.2 mol/L CoCl$_2$ 溶液，在 180 ℃反应 48 h，使体系充分反应生成黑色 WS$_2$ 粉末。过滤后，用去离子水冲洗数遍，在 80 ℃的烘箱中烘干后，进行表征和测试。

反应方程式如下：

$$MoS_2 + n\text{-BuLi} \longrightarrow LiMoS_2 + 1/2C_8H_{18}$$

$$LiMoS_2 + H_2O \longrightarrow (MoS_2)_{剥离层} + LiOH + 1/2H_2$$

图 3-65 为原料 WS$_2$ 和钴离子掺杂的 WS$_2$ 的 XRD 图谱。所有特征峰均与 2H-WS$_2$ (JCPDS No.06-0097)吻合。原料 WS$_2$ 的衍射峰强度较高，峰形尖而窄，说明其结晶良好。重新堆积的钴离子掺杂的 WS$_2$ 的衍射峰强度变弱，峰形变宽，说明其粒径的尺寸比原料的小。

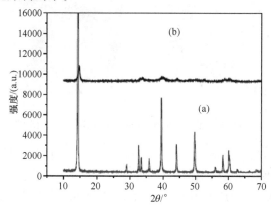

图 3-65　原料 WS$_2$(a)和钴离子掺杂的 WS$_2$(b)的 XRD 图谱

图 3-66 为两个样品的 TEM 图。由图 3-66(a)可知，原料 WS$_2$ 大部分为片状，其粒径分布范围为 1～2 μm，结晶良好。由图 3-66(b)可知，钴离子掺杂的 WS$_2$ 由纳米棒组成，且棒粗仅为 20 nm 左右，棒长 200 nm，棒的尖端部分变小。由电子衍射结果可知，钴离子掺杂的 WS$_2$ 为多晶。因此可知，通过剥离-水热过程，WS$_2$ 的形貌有了较大的改变。其形成机理与以前的报道类似，经过剥离后的 WS$_2$，在过渡金属离子存在下，水热处理后重新堆积为纳米棒形貌。

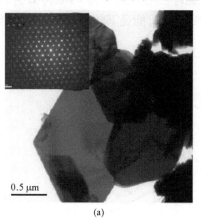

(a)　　　　　　　　　　　　　　　　　(b)

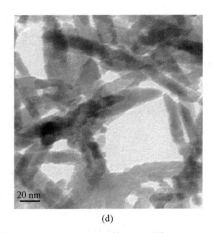

(c)　　　　　　　　　　　　　　(d)

图 3-66　原料 WS₂(a)和钴离子掺杂的 WS₂(b)、(c)、(d)的 TEM 图

图 3-67(a)为钴离子掺杂的 WS_2 纳米棒的充、放电曲线，原料 WS_2 和钴离子掺杂的 WS_2 纳米棒前 60 次的循环性能曲线及库仑效率曲线。在第 1 次循环中，在电流密度 50 mA/g、电压 0.01～3.0 V 下，两个样品均有两个放电平台～0.75 V 和～1.0 V，相应的充电平台为～2.2 V，这与循环伏安法的结果一致。第一次放电容量为 668 mAh/g。在充、放电曲线上，有一个明显的两段 0～2.0 V(～300 mAh/g)、2～3 V(～250 mAh/g)，因此这个材料在电压 0～2.0 V 下可以作为潜在的锂离子电池负极材料和正极材料。由图 3-67(b)可知，原料 WS_2 电极容量衰减比较明显，从第 1 次循环的 520 mAh/g 下降到第 40 次循环的 287 mAh/g。钴离子掺杂的 WS_2 的循环性能较好，第 2 次循环的放电容量为 568 mAh/g，第 20 次循环后为 446 mAh/g，第 40 次循环后为 380 mAh/g。由图 3-67(c)可知，钴离子掺杂的 WS_2 的第 1 次循环的库仑效率为 84.7%，第 4 次循环后上升到 98%。与原料 WS_2 相比，钴离子掺杂的 WS_2 具有较好的循环稳定性，原因可能是其较小的粒子和一维纳米棒结构。

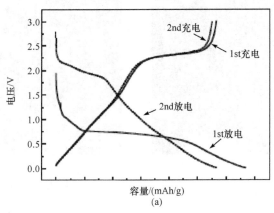

(a)

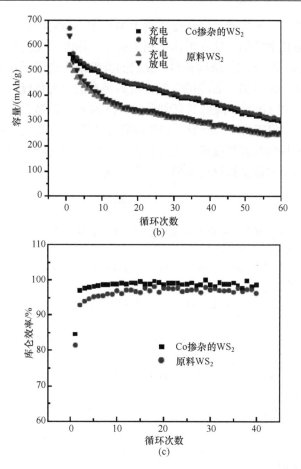

图 3-67　钴离子掺杂的 WS$_2$ 纳米棒的充、放电曲线(a)，原料 WS$_2$ 和钴离子掺杂的 WS$_2$ 纳米棒
　　　　前 60 次的循环性能曲线(b)和库仑效率曲线(c)

3.5.6　结语

　　以碳微米球为模板制备了 MoS$_2$/C 微米结构，获得了结构稳定、性能优异的
MoS$_2$/C 复合物。MoS$_2$/C 复合物作为锂离子电池负极材料表现出了优异的电化学
性能，使其成为可替代商业化石墨类负极材料的新型锂电负极材料；合成方法对
制备其他无机-碳复合材料也有借鉴意义。该材料有望在锂离子电池、超级电容器
等设备上得到应用。

　　以上述类似的模板结合水热法制备了无定形 WS$_2$/C 微米结构，大大改善了
WS$_2$ 的电化学性能。在作为新型锂离子电池负极材料时，WS$_2$/C 复合物有很高的
放电容量(1080 mAh/g)和良好的循环性能(循环 170 次后还能保持在 782 mAh/g)，
尤其是充电平台降低，使 WS$_2$/C 复合物更适合作为锂离子电池负极材料。

　　除以上方法外，流变相反应法也适用于 WS_2 和 MoS_2 的合成，而且合成的材料具有优良的电化学性能。这一工作受到了科学工作者的关注和重视。

　　MS_2(M=Mo、W)是层状结构材料，它们的特殊结构决定了其独特的性质和用途。MS_2(M=Mo、W)和碳、石墨烯等复合材料是有潜力的负极材料，如何通过掺杂、复合等方法进行改性，降低其充电平台，使 MS_2 复合物更适合锂离子电池负极材料的应用，这值得进一步研究。初步的研究表明 MS_2 的复合物可成为替代商业化石墨类负极材料的新型锂离子负极材料，同时为研究新的具有高容量和循环性能稳定的锂离子电池负极材料提供了一个方向。

参 考 文 献

常焜. 2012. 类石墨烯过渡金属硫化物/石墨烯复合纳米材料的合成及其电化学储锂性能的研究 [D]. 杭州: 浙江大学博士学位论文

陈方, 梁海潮, 李仁贵, 等. 2005. 负极活性材料 $Li_4Ti_5O_{12}$ 的研究进展[J]. 无机材料学报, 20(3): 537-544

陈杰, 李秋红, 陈立宝, 等. 2011. $Li_4Ti_5O_{12}$ 及其在锂离子动力电池中的应用前景[J]. 电源技术, 35(3): 330-333

段连生, 江雪娅, 王石泉, 等. 2013. $CuWO_4$ 的合成及其电化学性能研究[J]. 电源技术, 37(12): 2118-2119

冯传启, 李琳, 汤晶, 等. 2015. 新型负极材料 $LiTi_2(PO_4)_3$ 的合成及电化学性能研究[J]. 电源技术, 39(2): 242-244

高宾, 许启明, 赵鹏, 等. 2006. 化学气相反应合成 MoS_2 纳米管的研究[J]. 功能材料与器件学报, 12(2): 143-146

高玲, 仇卫华, 赵海雷. 2005. $Li_4Ti_5O_{12}$ 作为锂离子电池负极材料的电化学性能[J]. 北京科技大学学报, 27(1): 82-85

胡献国, 沃恒洲, 胡坤宏, 等. 2004. 用硫化钠制备二硫化钼纳米颗粒[J]. 机械工程材料, 28(1): 32-34

江雪娅. 2012. 锂离子电池电极材料的合成、改性及电化学性质研究[D]. 武汉: 湖北大学硕士学位论文

江雪娅, 郑浩, 冯传启, 等. 2011. 重新堆积和钴离子掺杂的 MoS_2 负极材料的合成与性能研究 [J]. 湖北大学学报(自然科学版), 3: 288-292

姜强. 2015. 锂离子电池负极材料(硫化物、生物碳)的制备及电化学性能研究[D]. 武汉: 湖北大学硕士学位论文

蒋志军, 刘开宇, 陈云扬, 等. 2011. $Li_4Ti_5O_{12}/(Cu+C)$复合材料的制备及电化学性能[J]. 无机化学学报, 27(2): 239-244

雷永泉, 万群, 石永康. 2000. 新能源材料[M]. 天津: 天津大学出版社, 123-124

李国华, 马淳安, 郑遗凡, 等. 2006. 水热合成 $Mi_x(W_yMo_{1-y})_{1-x}S_2$ 纳米管[J]. 无机材料学报, 1, 21(1): 70-74

李国华, 徐铸德, 陈卫祥, 等. 2003. 三元金属二硫化物纳米管的制备[J]. 高等学校化学学报,

24(12): 2155-2157

李军, 朱建新, 李庆彪, 等. 2015. 高能量密度锂离子电池电极材料研究进展[J]. 化工新型材料, 41(1): 15-16

李晴, 姜强, 李琳, 等. 2015. 三元正极材料前驱体 $Mn_xNi_yCo_2CO_3$ 的合成及条件探究[J]. 无机盐工业, 47(1): 75-78

刘涛. 2016. 锗基和 MoO_2 电极材料的合成及电化学性能研究[D]. 武汉: 湖北大学硕士学位论文

刘铁钢, 聂秋林, 李国华. 2004. 无机类富勒烯(MS_2)纳米化合物的研究[J]. 化工技术与开发, 33: 18-22

穆雪梅, 唐致远. 2009. 负极材料 $Li_4Ti_5O_{12}$ 合成中优化原料组成的研究[J]. 化学工业与工程, 26(2): 99-102

施思齐, 欧阳楚英, 王兆翔. 2004. 锂离子电池中的物理问题及其研究进展[J]. 物理, 33(3): 182-185

苏岳锋, 吴锋, 陈朝峰. 2004. 纳米微晶 TiO_2 合成 $Li_4Ti_5O_{12}$ 及嵌锂行为[J]. 物理化学学报, 20(7): 707-711

汤晶, 段连生, 但美玉, 等. 2013. $Li_4Ti_5O_{12}$/C 复合材料的合成及性能研究[J]. 电源技术, 27(2): 195-197

汤晶, 冯传启, 江雪娅, 等. 2012. 非整比 $Li_{4x}Ti_5Sn_yO_{12}$ 的合成与电化学性能研究[J]. 无机化学学报, 28(10): 2193-2197

王澈. 2015. 尖晶石型过渡金属氧化物负极材料的合成与电化学性能研究[D]. 武汉: 湖北大学硕士学位论文

夏军保, 徐铸德, 陈卫祥. 2004. 水热合成 MoS_2/CNT 同轴纳米管[J]. 化学学报, 62(20): 2109-2112

杨绍斌, 蒋娜. 2009. 反应气氛对 $Li_4Ti_5O_{12}$/C 复合材料性能的影响[J]. 应用化学, 26(7): 835-839

曾晖, 王强, 王康平, 等. 2014. 转化型过渡金属氧化物负极材料的研究进展[J]. 电池工业, 19(2): 92-96

张文钲. 2000. 纳米级二硫化钼的研发现状[J]. 中国钼业, 24(5): 23-28

赵海雷, 林久, 仇卫华, 等. 2006. 钒掺杂对 $Li_4Ti_5O_{12}$ 性能的影响[J]. 电池, 36: 124-126

赵廷凯, 王振旭, 柳永宁, 等. 2007. MoS_2 的嵌锂性能研究[J]. 第六届中国纳米科技西安研讨会论文集. 209-213

郑浩, 李琳, 高虹, 等. 2014. 三维花状 $Fe_2(MoO_4)_3$ 微米球的水热制备及电化学性能[J]. 无机化学学报, 30(12), 2761-2766

郑威. 2010. 锂离子电极材料 $LiFePO_4$ 和 $LiTi_2(PO_4)_3$ 的固相合成及表面改性[D]. 杭州: 浙江大学硕士学位论文

Aatiq A, Menetrier M, Croguennec L, et al. 2002. On the structure of $Li_3Ti_2(PO_4)_3$[J]. Materials Chemistry, 14: 5057-5068

Bridel J S, Azais T, Morcrette M, et al. 2010. Key parameters governing the reversibility of Si/carbon/CMC electrodes for Li-ion batteries[J]. Chem Mater, 22: 1229-1241

Chen J, Kuriyama N, Yuan H T, et al. 2001. Electrochemical hydrogen storage in MoS_2 nanotubes[J]. J Am Chem Soc, 123: 11813-11814

Chen X, Li L, Wang S Q, et al. 2016. Synthesis and electrochemical performances of MoS_2/C fibers as anode material for lithium-ion battery[J]. Materials Letters,164: 595-598

Chen X Y, Wang X, Wang Z H, et al. 2004. Direct sulfidization synthesis of high-quality binary sulfides (WS$_2$, MoS$_2$, and V$_5$S$_8$) from the respective oxides[J]. Mater Chem and Phys, 87: 327-331

Cheng L, Liu H J, Zhang J J, et al. 2006. Nanosized Li$_4$Ti$_5$O$_{12}$ prepared by molten salt method as an electrode material for hybrid electrochemical super-capacitors[J]. Electrochemical Society, 153(8): A1472- A1477

DamLe S S, Pal S, Kumta P N, et al. 2016. Effect of silicon configurations on the mechanical integrity of silicon-carbon nanotube heterostructured anode for lithium ion battery: A computational study[J]. J Power Sources, 304: 373-383

Dan M Y, Cheng M Q, Gao H, et al. 2014. Synthesis and electrochemical properties of SnWO$_4$[J]. Journal of Nanoscience and Nanotechnology, 14: 2395-2399

Dang W, Wang F, Ding Y, et al. 2017. Synthesis and electrochemical properties of ZnMn$_2$O$_4$ microspheres for lithium-ion battery application[J]. Journal of Alloys and Compounds, 690: 72-79

Delmas C, Nadiri A, Soubeyroux J L. 1988. The nano-type titanium phosphates ATi$_2$(PO$_4$)$_3$(A=Li, Na) as electrode materials[J]. Solid State Ionics, 28-30: 419-423

Dominko R, Arcon D, Mrzel A, et al. 2002. Dichalcogenide nanotube electrodes for Li-ion batteries[J]. Adv Mater, 14: 1591-1594

Du G D, Guo Z P, Wang S Q, et al. 2010. Superior stability and high capacity of restacked molybdenum disulfide as anode material for lithium ion batteries[J]. Chemical Communication, 46,1106-1108

Feldman Y, Wasserman E, Srolovitz D J, et al. 1995. High-rate, gas-phase growth of MoS$_2$ nested inorganic fullerenes and nanotubes[J]. Science, 267: 222-225

Feng C Q, Dan M Y, Zhang C F, et al. 2012. Synthesis and electrochemical properties of Sn-SnO$_2$/C nanocomposite[J]. Journal of Nanoscience and Nanotechnology, 12(10): 7747-7751

Feng C Q, Gao H, Zhang C F, et al. 2013. Synthesis and electrochemical properties of MoO$_3$/C nanocomposite[J]. Electrochim Acta, 93: 101-106

Feng C Q, Huang L F, Guo Z P, et al. 2009. Synthesis of molybdenum disulfide (MoS$_2$) for lithium ion battery applications[J]. Materials Research Bulletin, 44(9): 1811-1815

Feng C Q, Li L, Guo Z P, et al. 2014. Synthesis and electrochemical properties of VO$_x$/C nanofiber composite for lithium ion battery application[J]. Materials Letters,117: 134-137

Feng C Q, Ma J, Li H, et al. 2007. Synthesis of tungsten disulfide (WS$_2$) nanoflakes for lithium ion battery applications[J]. Electrochemistry Communications, 9: 119-122

Feng C Q, Tang J, Zhang C F, et al. 2012. Synthesis and electrochemical properties of TiO$_2$/C nano-fiber composite[J]. Nanoscience and Nanotechnology Letters, 4: 430-434

Feng C Q, Wang W, Chen X, et al. 2015. Synthesis and electrochemical properties of ZnMn$_2$O$_4$ anode for lithium-ion batteries[J]. Electrochim Acta, 178: 847-855

Ferg E, Gummow R J, Kock A D. 1994. Spinel anodes for lithium ion batteries[J]. J Electrochemical Society, 141: L147-L150

Gao H, Yang S J, Feng C Q, et al. 2014. Synthesis and electrochemical properties of WO$_3$/C for lithium ion batteries[J]. The Electrochemical Society (ECS) Transactions, 62(1): 9-18

Gao J, Ying J R, Jiang C Y, et al. 2006. Preparation and characterization of high-density spherical Li$_4$Ti$_5$O$_{12}$ anode material for lithium secondary batteries[J]. J Power Sources, 155: 364-367

Gao J, Ying J R, Jiang C Y, et al. 2007. High-density spherical Li$_4$Ti$_5$O$_{12}$/C anode material with good rate capability for lithium ion batteries[J]. J Power Sources, 166: 255-259

Golub A S, Zubavichus Y V, Slovokhotov Y L, et al. 2000. Layered compounds assembled from molybdenum disulfide single-layers and alkylammonium cations[J]. Solid State Ionics, 128(1-4): 151-160

Guerfi A, Se'Vigny S, Lagace M, et al. 2003. Nano-particle Li$_4$Ti$_5$O$_{12}$ spinel as electrode for electrochemical generators[J]. J Power Sources, 119/121: 88-94

Hao Y J, Lai Q Y, Lu J Z, et al. 2005. Synthesis by citric acid sol-gel method and electrochemical properties of Li$_4$Ti$_5$O$_{12}$ anode material for lithium-ion battery[J]. Material Chemistry and Physics, 94: 382-387

Hao Y J, Lai Q Y, Lu J Z, et al. 2005. Synthesis by TEA sol-gel method and electrochemical properties of Li$_4$Ti$_5$O$_{12}$ anode material for lithium-ion battery[J]. Solid State Ionics, 176: 1201-1206

Hao Y J, Lai Q Y, Lu J Z, et al. 2006. Synthesis and characterization of spinel Li$_4$Ti$_5$O$_{12}$ anode material by oxalic acid-assisted sol-gel method[J]. J Power Sources, 158: 1358-1364

Hao Y J, Lai Q Y, Lu J Z, et al. 2007. Influence of various complex agents on electrochemical property of Li$_4$Ti$_5$O$_{12}$ anode material[J]. Alloys and Compounds, 439(1-2): 330-336

Harrison M R, Edwards P P, Goodenough J B. 1984. Localized moments in the superconductivity Li$_{1-x}$Ti$_{2-x}$O$_4$ spinel system[J]. Solid State Chem, 54: 136-140

Hou J, Shao Y, Ellis M W, et al. 2011. Graphene-based electrochemical energy conversion and storage: fuel cells, supercapacitors and lithium ion batteries[J]. Phys Chem & Chem Phys, 13: 15384-15402

Hsu W K, Chang B H, Zhu Y Q, et al. 2000. Alternative route to molybdenum disulfide nanotubes[J]. J Am Chem Soc, 122(41): 10155-10158

Huang G, Zhang F F, Du X C, et al. 2015. Metal organic frameworks route to in situ insertion of multiwalled carbon nanotubes in Co$_3$O$_4$ polyhedra as anode materials for lithium-ion batteries[J]. ACS Nano, 9(2): 1592-1599

Huang S H, Wen Z Y, Zhang J C, et al. 2004. Preparation and electrochemical performance of Ag doped Li$_4$Ti$_5$O$_{12}$ [J]. Electrochemical Community, 6: 1093-1097

Huang S H, Wen Z Y, Zhang J C, et al. 2005. Research on Li$_4$Ti$_5$O$_{12}$/Cu$_x$O composite anode materials for lithium-ion batteries[J]. Electrochemical Society, 152(7): A1301-A1305

Huang S H, Wen Z Y, Zhang J C, et al. 2006. Li$_4$Ti$_5$O$_{12}$/Ag composite electrode materials for lithium-ion batteries[J]. Solid State Ionics, 177(9-10): 851-855

Huang S H, Wen Z Y, Zhang J C, et al. 2007. Improving the electrochemical performance of Li$_4$Ti$_5$O$_{12}$/Ag composite by an electroless deposition method[J]. Electrochim Acta, 52: 3704-3708

Huang S H, Wen Z Y, Zhu X J, et al. 2005. Preparation and electrochemical performance of spinel-type compounds Li$_4$Al$_y$Ti$_{5-y}$FO$_{12}$ (y=0, 0. 10, 0. 15, 0. 25)[J]. Electrochemical Society, 152(1): A186-A190

Huang S H, Wen Z Y, Zhu X J. 2005. Preparation and cycling performance of Al^{3+} and

F⁻ co-substituted compounds $Li_4Al_xTi_{5-x}F_yO_{12-y}$ [J]. Electrochim Acta, 50: 4057-4062

Hwang H, Kim H, Cho J. 2011. MoS_2 nanoplates consisting of disordered graphene-like layers for high rate lithium battery anode materials[J]. Nano Lett, 11: 4826-4830

Jiang C H, Ichihara M, Honma I, et al. 2007. Effect of particle dispersion on high rate performance of nano-sized $Li_4Ti_5O_{12}$ anode[J]. Electrochimica Acta, 52: 6470-6475

Jiang Q, Chen X, Gao H, et al. 2016. Synthesis of Cu_2ZnSnS_4 as novel anode material for lithium ion battery[J]. Electrochim Acta, 190: 703-712

Jiang Q, Yin S Y, Feng C Q, et al. 2015. Hydrothermal synthesis of $Mn_xCo_yNi_{1-x-y}(OH)_2$ as a novel anode material for the lithium-ion battery[J]. Journal of Electronic Materials, 44(8): 2877-2882

Jiang Q, Zhang Z H, Yin S Y, et al. 2016. Biomass carbon micro/nano-structures derived from ramie fibers and corncobs as anode materials for sodium-ion and lithium-ion batteries[J]. Appl Surf Sci, 379: 73-82

Johnston D C, Prakash H, Zachariasen W H, et al. 1973. High temperature superconductivity in the Li-Ti-O ternary system[J]. Master Res Bull, 8: 777-784

Ju S H, Zhang X F, Jalbout A F, et al. 2009. Characteristics of spherical-shaped $Li_4Ti_5O_{12}$ anode powders prepared by spray pyrolysis[J]. Physics and Chemistry of Solids, 70: 40-44

Kavan L, Prochazka J. 2003. Li insertion into $Li_4Ti_5O_{12}$ (spinel) charge capability vs. particle size in thin-film electrodes[J]. Electrochemical Society, 150(7): A 1000-1007

Lahiri I, Oh S W, Hwang J Y, et al. 2010. High capacity and excellent stability of lithium ion battery anode using interface-controlled binder-free multiwall carbon nanotubes grown on copper[J]. ACS Nano, 4: 3440-3446

Lee K J, Yu S H, Kim J J, et al. 2014. $Si_7Ti_4Ni_4$ as a buffer material for Si and its electrochemical study for lithium ion batteries[J]. J Power Sources, 246: 729-735

Li D, Feng C Q, Liu H K, et al. 2015. Hollow carbon spheres with encapsulated germanium as an anode material for lithium ion batteries[J]. J Mater Chem A, 3: 978-981

Li L, Seng K H, Feng C Q, et al. 2013. Synthesis of hollow GeO_2 nanostructures, transformation into Ge@C and lithium storage properties[J]. J Mater Chem A, 1: 7666-7672

Li Q, Hu Y L, Li L, et al. 2016. Synthesis and electrochemical performances of $Mn_xCo_yNi_zCO_3$[J]. J Mater Sci: Mater Electron, 27: 1700-1707

Li Q, Li L, Feng C Q. 2016. Synthesis and electrochemical performance of PbO@C for lithium-ion batteries[J]. Journal of Nanoscience and Nanotechnology, 16(9): 9820-9825

Li Q, Newberg J T, Walter E C, et al. 2004. Polycrystalline molybdenum disulfide ($2H-MoS_2$) nano-and microribbons by electrochemical/chemical synthesis[J]. Nano Letters, 4: 277-281

Li X L, Ge J P, Li Y D. 2004. Atmospheric pressure chemical vapor deposition: an alternative route to large-scale MoS_2 and WS_2 inorganic fullerene-like nanostructure and nanoflowers[J]. Chem Eur J, 10: 61-63

Li X N, Liang J W, Hou Z G, et al. 2015. A synchronous approach for facile production of Ge-carbon hybrid nanoparticles for high-performance lithium batteries[J]. Chem Commun, 51: 3882-3885

Liu D T, Ouyang C Y, Shu J, et al. 2006. Theoretical study of cation doping effect on the electronic conductivity of $Li_4Ti_5O_{12}$[J]. Physica Status Solidi(b), 243(8): 1835-1841

Liu X L, Cao Y C, Zheng H, et al. 2017. Synthesis and modification of FeVO$_4$ as novel anode for lithium-ion batteries[J]. Applied Surface Science, 394: 183-189

Liu Y, Wang C, Yang H, et al. 2015. Uniform-loaded SnS$_2$/single-walled carbon nanotubes hybrid with improved electrochemical performance for lithium ion battery[J]. Materials Letters, 159: 329-332

Lu L, Xu S, Luo Z H, et al. 2016. Synthesis of ZnCo$_2$O$_4$ microspheres with Zn$_{0.33}$Co$_{0.67}$CO$_3$ precursor and their electrochemical performance[J]. J Nanopart Res, 18: 183

Massida S, Yu J, Freeman A J. 1988. Electronic and properties of superconductivity LiTi$_2$O$_4$[J]. Phys Rev B, 38: 11352-11355

Mdleleni M M, Hyeon T, Suslick K S. 1998. Sonochemical synthesis of nanostructured molybdenum sulfide[J]. J Am Chem Soc, 120(24): 6189-6190

Miki Y, Nakazato D, Ikuta H, et al. 1995. Amorphous MoS$_2$ as the cathode of lithium secondary batteries[J]. J Power Sources, 54: 508-510

Nakahara K, Nakajima R, Matsushima R, et al. 2003. Preparation of particulate Li$_4$Ti$_5$O$_{12}$ having excellent characteristics as an electrode active material for power storage cells[J]. J Power Sources, 117(1/2): 131-136

Nath M, Govindaraj A, Rao C N R. 2001. Simple synthesis of MoS$_2$ and WS$_2$ nanotubes[J]. Adv Mater, 13(4): 283-286

Nithyadharseni P, Reddy M V, Nalini B, et al. 2015. Sn-based intermetallic alloy anode materials for the application of lithium ion batteries[J]. Electrochim Acta, 161: 261-268

Nuspl G, Takeuchi A, Wei H, et al. 1999. Lithium ion migration pathways in LiTi$_2$(PO$_4$)$_3$ and related materials[J]. Applied Physics, 10: 5484-5491

Ohzuku T, Ueda A, Ymamoto N. 1995. Zero-strain insertion material of Li[Li$_{1/3}$Ti$_{5/3}$]O$_4$ for rechargeable lithium cells[J]. J Electrochemical Society, 142: 1431-1436

Pao P, Prepsini O, Nancini R, et al. 2001. Li$_4$Ti$_5$O$_{12}$ as anode in all-solid-state, plastic, lithium-ion batteries for low-power application[J]. Solid State Ionics, 144: 185-192

Peng Y Y, Meng Z Y, Zhong C, et al. 2002. Tube- and ball-like amorphous MoS$_2$ prepared by a solvothermal method[J]. Mater Chem and Phys, 73: 327-329

Rapport L, Bilik Y, Homyonfer M, et al. 1997. Hollow nanoparticles of WS$_2$ as potential solid-state lubricants[J]. Nature, 387: 791-793

Remskar M, Mrzel A, Skraba Z, et al. 2001. Self-assembly of sub nanometer-diameter single-wall MoS$_2$ nanotubes[J]. Science, 292: 479-481

Ronci F, Reale P, Scrosati B, et al. 2002. High resolution in-situ structure measurements of the Li$_{4/3}$Ti$_{5/3}$O$_4$ "Zero-Strain" insertion material[J]. Physical Chemistry, 106: 3082-3086

Ruizhitzky E, Jimenez R, Casal B, et al. 1993. PEO intercalation in layered chalcogenides[J]. Adv Mater, 5(10): 738-741

Sapathy S, Martin R M. 1987. Electronic structure of superconductivity LiTi$_2$O$_4$[J]. Phys Rev B, 36: 7269-7272

Silbernagel B G. 1975. Lithium intercalation complexes of layered transition metal dichalcogenides: an NMR survey of physical properties[J]. Solid State Communications, 17(3): 361-365

Song X C, Zheng Y F, Zhao Y, et al. 2006. Hydrothermal synthesis and characterization of CNT@MoS$_2$ nanotubes[J]. Mater Lett, 60: 2346-2348

Soon J M, Loh K P. 2007. Electrochemical double-layer capacitance of MoS$_2$ nanowall films[J]. Electrochemical and Solid-State Letters, 10(11): A250-A254

Subrahmanyam G, Ermanno M, De A F, et al. 2014. Review on recent progress of nanostructured anode materials for Li-ion batteries[J] J Power Sources, 257: 421-443

Tang Y F, Yang L, Qiu Z, et al. 2008. Preparation and electrochemical lithium storage of flower-like spinel Li$_4$Ti$_5$O$_{12}$ consisting of nanosheets[J]. Electrochemical Community, 10: 1513-1516

Tenne R. 2002. Fullerene-like materials and nanotubes from inorganic compounds with a layered (2-D) structure[J]. Colloids and Surfaces A, 208: 83-92

Tenne R. 2002. Inorganic nanotubes and fullerene-like materials[J]. Chem Eur, 8: 5297-5304

Tenne R, Margulis L, Genut M, et al. 1992. Inorganic fullerenelike nanostructures and inorganic nanotubes[J]. Nature, 360: 444-446

Tian Y, He Y, Zhu Y F. 2004. Low temperature synthesis and characterization of molybdenum disulfide nanotubes and nanorods[J]. Materials Chemistry and Physics, 87(1): 87-90

Wang J Z, Lu L, Lotya M, et al. 2013. Development of MoS$_2$-CNT composite thin film from layered MoS$_2$ for lithium batteries[J]. Advanced Energy Materials, 3: 798-805

Wang L, Gao B, Peng C J, et al. 2015. Bamboo leaf derived ultrafine Si nanoparticles and Si/C nanocomposites for high-performance Li-ion battery anodes[J]. Nanoscale, 7: 13840-13847

Wang S Q, Jiang X Y, Zheng H, et al. 2012. Solvothermal synthesis of MoS$_2$/carbon nanotube composites with improved electrochemical performance for lithium ion batteries[J]. Nanoscience and Nanotechnology Letters, 4: 378-383

Wang S Q, Li G H, Du G D, et al. 2010. Synthesis and characterization of cobalt-doped WS$_2$ nanorods for lithium battery applications [J]. Nanoscale Res Lett, 5: 1301-1306

Wang S Q, Li G H, He Y P, et al. 2006. Cobalt-doped disulfide nanotubes prepared by exfoliation-intercalation-hydrothermal adulteration[J]. Materials Letters , 60: 815-819

Wang W, Yang Y, Yang S J, et al. 2015. Synthesis and electrochemical performance of ZnCo$_2$O$_4$ for lithium-ion battery application[J]. Electrochim, 155: 297-304

Wu M H, Chen J, Wang C, et al. 2014. Facile synthesis of Fe$_2$O$_3$ nanobelts/CNTs composites as high-performance anode for lithium-ion battery[J]. Electrochim Acta, 132: 533-537

Xu S, Lu L, Zhang Q, et al. 2015. A facile synthesis of flower-like CuO as anode materials for lithium (sodium) ion battery applications[J]. Journal of Nanoscience and Nanotechnology, 15: 1-7

Xu S, Lu L, Zhang Q, et al. 2015. Morphology-controlled synthesis and electrochemical performance of NiCo$_2$O$_4$ as anode material in lithium-ion battery application[J]. J Nanopart Res, 17: 381

Xu X Y, Li X G. 2003. Preparation of nanocrystaline MoS$_2$ hollow spheres[J]. Chinese Chemical Letters, 14(7): 759-762

Yang Y, Lu Y, Wang W, et al. 2016. Synthesis and electrochemical properties of Nano-VO$_2$ (B)[J]. J Nanosci Nanotechnol, 16(3): 2534-2540

Yin S Y, Feng C Q, Wu S J, et al. 2015. Molten salt synthesis of sodium lithium titanium oxide anode material for lithium ion batteries[J]. Journal of Alloys and Compounds, 642: 1-6

Zelenski C M, Dorhout P K. 1998. Template synthesis of near-monodisperse microscale nanofibers and nanotubes of MoS_2[J]. J Am Chem Soc, 120: 734-742

Zhang Q, Jiang X Y, Liu K, et al. 2015. Synthesis and electrochemical properties of $NiO-MoO_2/C$ nanocomposites for lithium ion battery Applications[J]. Journal of Nanoscience and Nanotechnology, 15: 1-7

Zheng H, Li L, Zhang Q, et al. 2016. Facile Synthesis of porous Mn_2O_3 microspheres as anode materials for lithium ion batteries[J]. Journal of Nanoscience and Nanotechnology, 16: 698-703

Zheng H, Wang S Q, Wang J Z, et al. 2015. 3D $Fe_2(MoO_4)_3$ microspheres with nanosheet constituents as high-capacity anode materials for lithium-ion batteries[J]. J Nanopart Res, 17: 449

Zheng H, Xu S, Li L, et al. 2016. Synthesis of $NiCo_2O_4$ microellipsoids as anode material for lithium-ion batteries[J]. Journal of Electronic Materials, 45(10): 4966-4972

Zhong Y, Li X F, Zhang Y, et al. 2015. Nanostructured core-shell Sn nanowires@CNTs with controllable thickness of CNT shells for lithium ion battery[J]. Applied Surface Science, 332: 192-197

Zhou J B, Lan Y, Zhang K L, et al. 2016. In situ growth of carbon nanotube wrapped Si composites as anodes for high performance lithium ion batteries[J]. Nanoscale, 8: 4903-4907

第4章 锂离子电池电解液

电解液是电池的重要组成部分，电解液的作用是在电池内部正、负极之间形成良好的离子导电通道，它通过电极的界面反应和锂离子扩散特征直接影响电池的电化学性能，同时也制约电池的安全性能。凡是能够成为离子导体的材料，如水溶液、有机溶液、聚合物、熔融盐或固体材料，均可作电解液或电解质。但是，水的理论分解电压只有 1.23 V，即使考虑到氢或氧的过电位，以水为溶剂的电解液体系的电池电压最高也只有 2 V 左右(如铅酸蓄电池)。锂离子电池电压高达 3～4 V，传统的水溶液体系显然已不再适应电池的需要，而必须采用非水电解液体系作为锂离子电池的电解液。因此，高电压下不分解的有机溶剂和电解质的研究是开发新型锂离子电池产品的关键。表 4-1 列出了部分有机溶剂的分解电压。

表 4-1 部分有机溶剂的分解电压(55 ℃)

溶剂	EC/DEC(1∶1，体积比)	EC/DMC(1∶1，体积比)	PC/DEC(1∶1，体积比)
分解电压/V	4.25	4.10	4.35

锂离子电池电解液分为液体、固体和熔融盐电解质三类：

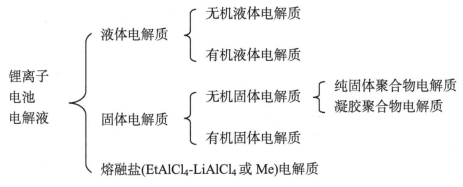

电解液的多项物理性能参数和电化学性能对锂离子电池起着至关重要的作用。

4.1　液体电解质

4.1.1　有机电解液

电解液由溶剂、电解质和添加剂组成。表 4-2 为常见的锂二次电池电解液。

表 4-2　常见的锂二次电池电解液

负极/正极	电解液	使用公司
Li/MoS$_2$	LiAsF$_6$/PC+共溶剂	Moli Energy(加拿大)
Li-Al/TiS$_2$	LiPF$_6$/MeDOL+DME+添加剂	Hitachi Maxell(加拿大)
Li 合金/C	LiClO$_4$/PC	Matsushita(日本)
Li-Al/聚苯胺	LiClO$_4$/PC	Bridgestone-Seiko(日本)
Li-C/LiCoO$_2$	LiPF$_6$/PC+DEC	Sony Energytec(日本)
Li-C/LiCoO$_2$	LiBF$_4$/PC+EC+BL	A&T battery(日本)
Li-C/LiCoO$_2$	LiPF$_6$/EC+DEC+共溶剂	Matsushita(日本)
Li-C/LiCoO$_2$	LiPF$_6$/EC+共溶剂	Sanyo(日本)
Li-C/Li$_{1+x}$Mn$_2$O$_4$	LiPF$_6$/EC+DMC	Bellcore(美国)
Li-C/LiNiO$_2$	LiPF$_6$ 或 LiN(CF$_3$SO$_2$)$_2$/EC+共溶剂	Rayovac(美国)
Li/Li$_x$MnO$_2$	有机电解液	Tadiran(以色列)
Li/TiS$_2$	Li-Li$_3$PO$_4$-P$_2$S$_2$	Everready(美国)
Li/V$_6$O$_{13}$	Li$_x$/PEO 基聚合物	Valence(美国)

注：PC 表示碳酸丙烯酯(propylene carbonate)；MeDOL 表示 4-甲基 1,3-二氧戊环(4-methyl-1,3-dioxolane)；DME 表示 1,2-二甲氧基乙烷(1,2-dimethoxyethane)；DEC 表示碳酸二乙酯(diethyl carbonate)；EC 表示碳酸乙烯酯(ethylene carbonate)；BL 表示 γ-丁内酯(γ-butyrolactone)；DMC 表示碳酸二甲酯(dimethyl carbonate)。

锂离子电池采用的电解液一般是在有机溶剂中溶有电解质盐的离子型导体。虽然有机溶剂和锂盐的种类很多，但真正能用于锂离子电池的很有限。一般用于锂离子电池的有机电解液应该具备以下性能：

(1) 离子电导率高，一般应达到 10^{-3}～2×10^{-3} S/cm，锂离子迁移数应接近于 1。

(2) 电化学稳定的电位范围宽，必须有 0～5 V 的电化学稳定窗口。

(3) 热稳定性好，使用温度范围宽。

(4) 化学性能稳定，与电池内集流体和活性物质不发生化学反应。

(5) 安全低毒，最好能够生物降解。

4.1.2　有机溶剂

溶剂是锂离子电池非水有机电解液的主体成分。溶剂的各种物理化学参数对电解液性能有着至关重要的影响。作为电解液的重要组成部分，有机溶剂的熔沸点、黏度、闪燃点、介电常数以及分解电位直接影响了锂盐的溶解度、电池的工作温限及其安全性能。因此，选择合适的有机溶剂是获得良好电解液的基础先决条件(图4-1)。

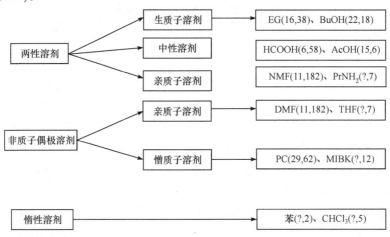

图 4-1　有机溶剂的分类
括号内前一个数是电离常数，后一个数是介电常数

好的溶剂体系应同时具备以下几个特性：①适当的极性与黏度，极性与黏度是影响电导率的两个主要因素，介电常数大的极性溶剂有利于锂盐阴、阳离子解离，提高锂盐溶解度，但同时会带来黏度上升的不利影响，这是目前采用混合溶剂体系的主要原因；②低熔点、高沸点，熔点与沸点直接影响电池的高低温性能；③高闪点、低蒸气压，这有利于提高电池的安全性；④优良的成膜性能，采用低嵌锂电位负极时，能否形成优良的固体电介质膜(SEI膜)是溶剂选择需要考虑的重要方面；⑤化学稳定性和电化学稳定性好，氧化还原电位差最好大于 4.5 V；⑥无毒环保。

目前还没有一种溶剂能够同时满足电解液对性能的要求，商业化锂离子电池采用的溶剂组成一般为环状碳酸酯[主要有碳酸乙烯酯(EC)、碳酸丙烯酯(PC)]和链状碳酸酯[主要有碳酸二甲酯(DMC)、碳酸二乙酯(DEC)、碳酸甲乙酯(EMC)]的混合物。由于 EC 具有非常好的负极成膜性能，因此一般作为溶剂的固定组成。与EC 相比，PC 溶剂成本低，且具有较高的化学、电化学和光稳定性，能够在更恶劣的条件下使用。PC 的凝固点(−42 ℃)远低于 EC(+36.4 ℃)，基于 PC 电解液的使用能显著拓宽电解液的温度范围。唯一的致命缺点是 PC 会随 Li$^+$共嵌入石墨层，使石墨层间剥落，影响 SEI 膜的形成。随着具有抑制 PC 共嵌入功能的成膜添加剂的研究工作取得较好成果，PC 的应用更加普遍。研究认为，高温下 EMC 不稳定，对电池安全不利，应当尽量减少 EMC 的用量。总之，为了获得最佳特性，目前已发展到采用三元或四元甚至五元溶剂体系。

除上述提及的最常用的碳酸酯外，其他碳酸酯类溶剂也有研究报道。例如，碳酸甲丙酯(MPC)、碳酸甲异丙酯(MiPC)、碳酸甲丁酯(BMC)等非对称链状碳酸酯具有很低的介电常数($\varepsilon \approx 3 \sim 4$)，因此一般需要与 EC 溶剂配合以加强锂盐的解离，但同时具备很低的熔点、较高的沸点、低黏度和高电化学窗口，有利于提高电池的低温性能。研究显示，-20 ℃的低温下，LiMn$_2$O$_4$半电池在 1 mol/L LiPF$_6$(EC：MPC=1：3，体积比，下同)电解液中的放电容量可达 111.6 mAh/g，约为室温下放电容量的 93%。MPC 也开始应用于有特殊性能要求的商业锂离子电池电解液，如耐高温、防气胀高温电解液 JN9502 系列的基本组成中就有 MPC。

其他有机溶剂用作锂离子电池电解液溶剂的研究也有较多报道，可大致分为以下几类：

(1) 链状羧酸酯，如乙酸甲酯(MA)、甲酸甲酯(MF)、丁酸甲酯(MB)等。这类溶剂具有很低的熔点、较低的黏度，作为共溶剂加入 EC 基电解液中是开发应用于宇宙空间器等特殊场合的超低温电解液的重要技术思路。

(2) 亚硫酸酯，如亚硫酸乙烯酯(ES)、亚硫酸丙烯酯(PS)、亚硫酸二甲酯(DMS)等，该类溶剂具有与碳酸酯相似的分子结构、更低的熔点，而且 S 原子上的孤对电子可以与 Li$^+$螯合，有利于锂盐解离，这些特性是引起研究者兴趣的主要原因。溶有锂盐的有机溶剂的电导率和黏度列于表 4-3。诸多研究表明，环状亚硫酸酯(如 ES、PS 等)更适合用作 PC 基电解液的成膜添加剂，而链状亚硫酸酯(如 DMS、DES 等)成膜特性差，但有一定潜力用作 EC 基电解液的低黏度共溶剂，提高电解液的低温性能和安全性。对比研究了 1 mol/L LiPF$_6$(EC：DMS=1：1)与 1 mol/L LiPF$_6$(EC：DMC=1：1)电解液在室温(25 ℃)下的特性，发现前者电导率比后者高 6.5 mS/cm。在 Li$^+$/石墨半电池中，虽然前者的首次充、放电效率更低，但充电容量和后续循环效率更高。这些结果值得关注，也说明有进一步研究的意义。

表 4-3 溶有锂盐的有机溶剂的电导率和黏度

体系	溶剂电导率γ(mS/cm)	黏度η/cP*
(1) 环状碳酸酯及其混合溶剂。电解质：1 mol/L LiClO$_4$		
EC	7.8	6.9
PC	5.2	8.5
BC	2.8	14.1

续表

体系	溶剂电导率 γ/(mS/cm)	黏度 η/cP*
EC+DME(50%，体积分数，下同)	16.5	2.2
PC+DME(50%)	13.5	2.7
BC+DME(50%)	10.6	3.0
PC+DMN(50%)	7.9	3.3
PC+DMP(50%)	10.3	2.9
(2) 环状与链状醚。电解质：1.5 mol/L LiAsF₆		
THF	16	
2MeTHF	4	
DOL	12	
4MeDOL	7	
MF	35	
MA	22	
MP	16	
(3) 环状碳酸酯与链状碳酸酯混合溶剂。电解质：1 mol/L LiPF₆		
EC+DMC(50%)	11.6	
EC+EMC(50%)	9.4	
EC+DEC(50%)	8.2	
PC+DMC(50%)	11.0	
PC+EMC(50%)	8.8	
PC+DEC(50%)	7.4	

* cP 为非法定单位，1 cP=10^{-3} Pa·s。

(3) 氟代有机溶剂，包括氟代碳酸酯、氟代羧酸酯、氟代醚等，如三氟代碳酸丙烯酯(TFPC)、二氟代乙酸甲酯(MFA)。热稳定性高是该类有机溶剂的最大特点，这对提高电池的安全性十分有利，是不燃有机溶剂开发的重要方面。关于 EC、PC 成膜特性差异很大的机理，学术界存在甲基的"电子效应"(PC 上多余甲基的给电子作用)和"空间效应"的争议。研究结果显示，一氟代碳酸丙烯酯(MFPC)、TFPC、EC、PC 的成膜能力顺序为 TFPC > EC > MFPC ≫ PC。含大取代基团的 EC-CH₂CH₂Si(CH₃)₂OSi(CH₃)₃ 和 EC-CH₂CH₂Si(CH)₃ 具有与 EC 一样好的成膜特性，证明"电子效应"是影响成膜的最主要原因。该结果对基于 EC 结构的有机溶剂开发工作具有很好的启示作用，也表明该项工作具有很好的前景，具有进一步研究的价值。此外，当采用高嵌锂电位负极(如 Li₄Ti₅O₁₂)时，由于负极表面不形成 SEI 膜，因此电解液溶剂的成膜特性可以不作考虑，使溶剂的选择范围更广。

例如，以成膜特性不是很好但热稳定性优良的四甲基亚砜(TMS)和 EMC 混合，用作 $Li_4Ti_5O_{12}/LiNi_{0.5}Mn_{1.5}O_4$ 电池电解液溶剂，电池可以很好地以 2 C 倍率循环 1000 次。因此，在这种负极材料体系电池中，那些主要因成膜特性不佳而不被使用的溶剂具有很好的应用前景，应当引起研究者的更多关注。

4.1.3　电解质

对于锂离子电池电解液，理想的电解质锂盐应至少满足以下要求：①完全溶解并解离于非水溶剂中，解离的离子能够在介质中自由迁移；②阴离子在正极不发生氧化分解；③阴离子不与电解液溶剂发生反应；④阴离子和阳离子不与电池其他组分发生反应；⑤阴离子无毒并具有较高的热力学稳定性。

1. 无机电解质锂盐

由于锂离子的半径较小，大多数结构简单的锂盐，如卤化锂 LiX(X=Cl、F) 和 Li_2O 在非水有机溶剂中很难满足最小溶解度的要求，当阴离子被路易斯软碱 (Br^-、I^-、S^{2-}、RCO_2^-) 取代时，锂盐的溶解度增加，但氧化稳定性降低(<4 V vs. Li)，同样不能达到锂电池电解液的使用要求。满足最小溶解度要求的锂盐大多具备复杂的阴离子基团，这些阴离子基团由被路易斯酸稳定的简单阴离子组成，包括 $LiPF_6$、$LiClO_4$、$LiBF_4$、$LiAsF_6$。

1) 六氟磷酸锂($LiPF_6$)

与其他无机锂盐相比，$LiPF_6$ 的单一性质并不是最好的。例如，在一般的碳酸酯类溶剂中，$LiPF_6$ 的离子电导率低于 $LiAsF_6$，解离常数低于 LiIm[二(三氟甲基磺酰基)亚胺锂]，离子迁移率低于 $LiBF_4$，热力学稳定性较其他大多数锂盐差，氧化稳定性低于 $LiAsF_6$，与 $LiClO_4$、LiIm、LiTf(三氟甲基磺酸锂)相比更易与水发生反应。但除了 $LiPF_6$ 之外，任何一种锂盐都不能同时满足非水电解液电解质的各种要求：较高的溶解度和解离度，较大的离子电导率，较好的热力学和化学稳定性，较高的电化学稳定性。$LiPF_6$ 的缺点是对水分、温度和溶剂非常敏感，当微量水分存在时，$LiPF_6$ 会发生下列反应：

$$LiPF_6 \rightleftharpoons LiF + PF_5$$

$$LiPF_6 + H_2O \rightleftharpoons LiF + POF_3 + 2HF$$

$$PF_5 + H_2O \rightleftharpoons POF_3 + 2HF$$

尽管 $LiPF_6$ 的化学敏感性限制了其应用范围，但它仍是商业锂离子电池锂盐的首选。自 1990 年 Sony 生产第一代商业锂离子电池起，如 EC 是不可或缺的溶剂组分一样，$LiPF_6$ 是锂离子电池电解液溶质不可缺少的组分。

2) 四氟硼酸锂(LiBF$_4$)

与其他锂盐相比，LiBF$_4$作为锂盐具有毒性低、安全性高等优点，且BF$_4^-$具有较高的迁移率，但LiBF$_4$的解离常数较低，导致LiBF$_4$基电解液的离子电导率较低，阻碍了其工业化应用。同时，LiBF$_4$的抗氧化电位在5.0 V左右，略低于LiPF$_6$。如将锂离子电池中的LiPF$_6$替换为LiBF$_4$，制备的锂离子电池不仅能够承受50 ℃的高温，而且低温性能得到改善。

3) 高氯酸锂(LiClO$_4$)

LiClO$_4$的溶解度和电导率较高，它的EC/DMC溶液的电导率约为9.0 mS/cm(20 ℃)，并且在尖晶石结构的正极表面上可以承受5.1 V的高电压。研究发现，在LiClO$_4$基电解液中，石墨负极或锂负极表面均可形成SEI膜，其阻抗小于LiPF$_6$或LiBF$_4$电解液的SEI膜。与其他锂盐相比，LiClO$_4$对水的敏感性较低。然而，高氯酸盐中氯的化合价为+7价，属于强氧化剂，在高温或大电流充电时易与有机溶剂发生剧烈反应，阻碍了其实际应用，但由于容易处理且价格便宜，LiClO$_4$仍用于各种实验室测试。

4) 六氟砷酸锂(LiAsF$_6$)

在碳酸酯类溶剂中，LiAsF$_6$具有较高的离子电导率，且LiAsF$_6$基电解液也会在锂或石墨负极上生成SEI膜，其组成主要包括烷基碳酸盐或Li$_2$CO$_3$，与LiAsF$_6$结构相似的LiPF$_6$或LiBF$_4$的SEI膜成分中则含有LiF，这是因为较强的As—F键阻止了LiAsF$_6$的水解反应。研究表明，阴离子AsF$_6^-$的氧化稳定性较高，在合适的酯溶剂中，含有LiAsF$_6$的电解液在不同的正极表面可以承受4.5 V的高压而保持稳定。对于锂离子电池来说，LiAsF$_6$较高的还原和氧化稳定性使其成为非常具有前景的锂盐，但LiAsF$_6$的毒性阻碍了其在商业电池中的应用。目前，LiAsF$_6$主要应用于实验室的电池测试。

2. 有机电解质锂盐

这类锂盐通常包括全氟代烷基磺酸锂和氟代烷基磺酰基锂。与无机电解质锂盐相比，有机电解质锂盐在介电常数较低的溶剂中仍具有较高的解离常数，且强吸电子基能够促进该类锂盐在非水溶剂中的溶解。

1) 全氟代烷基磺酸锂

与LiPF$_6$相比，全氟代烷基磺酸锂具有抗氧化性较高、热力学稳定性好、无毒且对溶剂中的微量水分不敏感等优点。三氟甲基磺酸锂(LiTf)作为电解质锂盐的一个主要缺点是其在非水溶剂中的离子电导率较其他锂盐低。这是LiTf较低的解离常数与溶剂较低的介电常数，以及LiTf等中的离子迁移数共同导致的。利用碳纤维作负极、含有LiTf的不同溶剂体系作电解液，制备的锂离子电池表现出优异的库仑效率和放电容量。然而，当 LiTf 用作电解质锂盐时，铝箔集流体在约 2.7 V 时就会发生氧化反应，其电流密度约为 20 mA/cm²，导致严重的腐蚀，阻碍了 LiTf 在锂离子电池电解液中的应用。

2) 二(三氟甲基磺酰基)亚胺锂(LiIm)及其衍生物

LiIm 具有安全、离子电导率较高等优点，且热力学稳定性非常好，该盐的分解温度为 360 ℃。对 LiIm 的离子进行了研究，结果发现即使在低介电常数溶剂中，LiIm 也能够很好地解离，但由于阴离子空间结构较大，导致在给定的溶剂体系中，含有 LiIm 电解液的黏度高于含有其他锂盐的电解液，因此 LiIm 的离子电导率处于中等水平。在 GC 电极上对 LiIm 的电化学稳定性进行了测试。结果表明，其可承受的氧化电压为 5.0 V(vs. Li)，低于 LiBF₄ 和 LiPF₆ 的氧化电压上限。阻碍 LiIm 应用的是含有该锂盐的电解液会严重腐蚀铝箔。通过添加能够钝化铝箔的盐作为 LiIm 的添加剂，或者延长全氟代烷基链的长度对亚胺阴离子进行结构修饰等，改善了 LiIm 对铝箔的腐蚀。虽然 LiIm 还没有在锂离子电池中得到应用，但它仍受到研究人员的广泛关注，尤其是在聚合物电解质领域。

3) 三(三氟甲烷磺酰基)甲基化锂(LiMe)

该锂盐含有三个全氟代的甲磺酰基，因此阴离子的负电荷高度离域，LiMe 可以在多种非水介质中溶解，其溶液的离子电导率高于 LiIm 溶液。LiMe 的热重分析(TGA)研究表明，其在 340 ℃ 以下不会分解，相应地，含有该锂盐的电解液在 100 ℃ 可以保持稳定。在 THF 溶液中，GC 电极的循环伏安结果显示，LiMe 主要的氧化分解发生在 4.0 V 左右，这种分解反应可能是由溶剂 THF 而非锂盐阴离子引起。但在各种 LiMe 基电解液中，当电位在 4.5 V 以上时，铝箔发生了腐蚀，但腐蚀的程度不如在 LiIm 电解液中严重。

4) 携带芳环配体的硼酸锂

20 世纪 90 年代中期，研发了一类新型锂盐，这种锂盐含有与各种芳环配体螯合的硼酸阴离子。这类锂盐热力学性质稳定，但对水分敏感，它们在非水介质中的溶解度与芳环配体的取代基有关，而离子电导率为 0.6~11.1 mS/cm。研究发现，未取代的硼酸盐氧化分解电位在 3.6 V，而含有氟代或磺酰基芳环配体硼酸盐的氧化分解电位在 4.6 V，表明硼酸盐阴离子的吸电子取代基越多，氧化电位越高，稳定性越好。同时，锂盐的分解产物能够有效地钝化电极表面。因此，虽然这些锂盐阴离子本来的氧化电位不高(~4.0 V)，但在随后的扫描中，它们的稳定性可以保持到 4.5 V。

5) 携带非芳环配体的硼酸锂

与含芳环配体的硼酸锂相比，非芳环配体的取代基体积较小，具有较高的离子电导率和氧化稳定性，而热力学稳定性与不含芳环的硼酸锂相当。这些锂盐易溶于具有中等介电常数的介质中，其离子电导率略低于目前应用的电解液。这类锂盐离子电导率与锂盐浓度的关系也和人们所熟悉的 $LiPF_6$ 或 $LiBF_4$ 溶液中的抛物线关系不同：当锂盐浓度为 0.5~1.0 mol/L 时，硼酸锂溶液的离子电导率几乎保持不变，这种离子电导率与浓度无关的现象有利于该类物质的实际应用。这类锂盐的代表是二草酸硼酸锂(LiBOB)。LiBOB 与碳酸酯混合溶剂组成的电解液能够完全满足锂离子电池的一系列严格要求：①在复合正极材料表面的氧化稳定性高达 4.3 V；②在石墨负极材料表面上能够形成 SEI 保护膜，支持锂离子的可逆嵌入/脱嵌；③使铝箔集流体的稳定电位高达 6.0 V。同时，LiBOB 还具有热力学稳定、制造成本低、环境友好等优点。锂离子电池的长期循环测试表明，LiBOB 基电解液的稳定性良好：在约 200 周的循环中，锂电池的容量没有衰减。

此外，LiBOB 具有独特的化学还原特性。在 LiBOB 之前，单独的电解液溶质不能使 PC 和石墨负极联用，然而 LiBOB 与纯 PC 组成的溶液成功实现了锂离子在多种石墨负极材料上可逆地嵌入/脱嵌，且电池容量利用率和库仑效率与目前使用的电解液相当，这是因为 BOB 阴离子通过单电子还原机理参与了 SEI 膜的形成。

6) 螯合磷酸锂

如果将各种硼酸锂盐看作是对全氟代硼酸锂($LiBF_4$)的结构改性，那么 $LiPF_6$ 也可以进行类似的结构修饰。螯合磷酸锂的合成是六价磷(Ⅵ)被三个具有双配位基的配体螯合。这种磷酸盐的热力学稳定性与相应的硼酸锂类似，且在非水介质中的离子电导率处于中等。该锂盐的氧化电位在 3.7 V 以下，适用于 V_2O_5 等低电位正极材料，电池的实际容量接近理论值。同时，芳环配体的氟化有助于离子电导率和氧化稳定性的提升，如含有全氟代芳环配体的磷酸盐与 EC/DEC 制备的电解液在 Pt 电极上的氧化分解电位为 4.3 V。

7) 氟代烷基磷酸锂(LiFAP)

氟代烷基磷酸锂通过氟代烷基部分取代氟原子对 PF_6^- 进行结构改性，以惰性的 P—C 键替换活性较高的 P—F 键，提升锂盐的化学稳定性和热力学稳定性，同时具有良好的溶解性和离子电导率。研究发现，带有三个五氟乙基的氟代烷基磷酸锂，其阴离子对水分的敏感性极大降低。LiFAP 在碳酸酯混合溶剂中的离子电导率略低于 $LiPF_6$，但其在 Pt 电极上的氧化稳定性与 $LiPF_6$ 相当，主要的氧化反应发生在~5.0 V。对比 LiFAP、$LiPF_6$ 和 LiBETI 基电解液在负极和正极材料上的界面特性，在石墨负极和尖晶石正极材料上，LiFAP 基电解液具有较高的容量利用率和较好的容量保持能力，但倍率性能较差，其原因是 FAP 阴离子参与了负极 SEI 膜和正极表面膜的形成，表面层的阻抗较大。

8) 基于杂环阴离子的锂盐

这类锂盐包括 4,5-二氰基-1,2,3-三唑酸锂(LiID)和 2-(三氟化硼)咪唑啉锂。前者用作聚合物电解液(如 PEO)的锂盐，后者可看作是路易斯酸碱(LiBF$_4$ 和弱有机碱)的加合物。这类锂盐极易溶于较低或中等介电常数的介质中，离子电导率与 LiPF$_6$ 基电解液相当。与 LiPF$_6$ 相比，LiID 的氧化稳定性高，与正极材料 LiN$_{0.8}$Co$_{0.2}$O$_2$ 的兼容性更好。

4.1.4　添加剂

在锂离子电池有机电解液中添加少量物质就能显著改善体系的性能，如电导率、电池的循环效率、可逆容量、阻燃性能等。添加剂具有用量少、见效快的特点，能在基本不提高生产成本、不改变生产工艺的情况下，明显改善锂离子电池的循环性能。新型添加剂的研究和开发一直是锂离子电池技术中最为活跃的领域，是研究与开发锂离子电池电解液的研究热点，也是它将来的发展方向。添加剂主要有以下要求：①对电池性能没有副作用，不与电池其他材料发生副反应；②与有机电解液具有良好的相容性，能溶于有机溶剂中；③价格相对较低，没有毒性，对环境友好。

目前，锂离子电池添加剂的研究主要集中在以下几个方面：①SEI 成膜添加剂；②过充保护添加剂；③电解液阻燃添加剂。

1. SEI 成膜添加剂

锂离子电池首次充、放电过程中，电极负极材料与电解液在固-液相界面上发生反应，形成一层覆盖于电极材料表面的钝化层。这种钝化层是一种界面层，具有固体电解质的特征，是电子绝缘体，同时也是 Li$^+$ 的优良导体，Li$^+$ 可以经过该钝化层嵌入和脱出，而电子不能。这层钝化膜称为固体-电解质相界面(solid electrolyte interphase)膜，简称 SEI 膜。在锂离子电池首次充、放电循环中，SEI 膜的形成消耗了部分锂离子，使得首次充、放电不可逆容量增加，降低了电极材料的充、放电效率；同时，SEI 膜不溶于有机溶剂，可以阻止溶剂分子与电极的直接接触，避免了溶剂分子的共插入对电极的破坏，从而提高电极的循环性能和使用寿命。SEI 膜主要由一些简单的锂盐(如 Li$_2$CO$_3$、LiF)、Li$_2$O、烷基碳酸锂、烷基氧锂以及聚合物组分等组成。它的稳定性一方面取决于膜分子与负极材料之间是否可以形成有效的化学键合作用，另一方面取决于构成 SEI 膜的分子是否具有热力学稳定性。而 SEI 膜的 Li$^+$ 传导性能也与 SEI 膜的结构以及组成 SEI 膜的分子的 Li$^+$ 传导性能有关。Li$_2$O 和小分子锂盐(如 LiF)具有较好的热稳定性能，对稳定 SEI 膜中的 Li$_2$CO$_3$ 及其他组分有重要作用，而烷基碳酸锂的热稳定性能较差。对于导电性，Li_2CO_3 的导电性能好于烷基碳酸锂，而 LiF 的含量过多将导致 SEI 膜的导电性能变差，因此 SEI 膜的组成及结构决定了其性能。SEI 膜的形成是电极材料、电解液溶剂以及电解质在电化学条件下共同参与的结果，因而它的组成、结构和性能受上述因素以及合成条件(温度、电流)、溶剂中微量杂质等的影响。

添加剂在负极表面优先还原，形成 SEI 膜，从而改善碳负极的性能，这种添加剂称为成膜添加剂(film formation additives)。成膜添加剂按照其物理状态的不同可分为气体成膜添加剂、液体成膜添加剂和固体成膜添加剂。SO_2 添加剂有利于在石墨表面形成一层良好的 SEI 膜，SO_2 还原电位约在 2.7 V(vs. Li/Li$^+$)，低于电解质溶剂或锂离子的还原电位，高于电解质溶剂或锂离子的还原电位。许多锂离子电池的 SEI 膜含有 Li_2CO_3，而 Li_2CO_3 具有较好的离子电导率，因此在溶剂中加入 CO_2 能促使在负极表面形成 Li_2CO_3，这也被认为是提高 SEI 膜性能的有效方法。以 DEC+5%(体积分数)CS_2 为溶剂，加入 1 mol/L LiPF$_6$ 后，进行循环伏安测试，结果表明：CS_2 优先于溶剂还原，起到了保护溶剂的作用，提高了电池的循环性能。用电化学方法和谱学方法研究添加剂亚乙烯碳酸酯(VC)，发现 VC 能够提高电池的循环性能，尤其是提高电池在高温时的循环性能，降低不可逆容量。其主要原因是 VC 可以在石墨表面发生聚合，生成聚烷基碳酸锂膜，从而抑制溶剂和盐阴离子的还原。在 1 mol/L LiClO$_4$/PC 中添加 5%(体积分数)亚硫酸乙烯酯(ES)或亚硫酸丙烯酯(PS)，可以有效地防止 PC 分子嵌入石墨电极，同时还可提高电解液的低温性能。其原因可能是 ES 的还原电位约为 2 V(vs. Li/Li$^+$)，优先于溶剂还原，在石墨负极表面形成 SEI 膜。

在 PC 基电解液中加入添加剂是抑制 PC 分子共插入的另一种重要方法，这些添加剂的分解电位一般在 1.0 V 以上，能够在 PC 分解之前预先在负极材料表面形成致密有效的钝化膜，防止 PC 进一步分解。有效的添加剂有 VC、丙烯腈、碳酸甲丁酯、六氟磷酸银、三氟甲基磺酸铜、芳香酯、四氯乙烯、LiBOB、原甲酸三乙酯、乙烯基三(2-甲氧基乙氧基)硅烷，2-氰基呋喃等。

2. 过充保护添加剂

安全问题一直是锂离子电池商业化的最大阻碍，许多起火、爆炸等危险就在锂离子电池的过充电过程中发生，这些都是电池电压失控导致大量放热引起的。传统的解决方法是在电池内安装 PTC 聚合物开关、防爆安全阀、电流中断装置，或通过外加专用的过充保护电路来防止电池的过充。而添加剂可以在不增加电池成本的情况下，通过实现电池过充内部保护解决这些问题。目前的过充添加剂主要包括电聚合添加剂和氧化还原对添加剂。根据实际需要，过充电添加剂应满足以下要求：①在电池使用温度范围内具有良好的稳定性；②在电解液中具有良好的溶解性和足够快的扩散速度，能在大电流范围内提供保护作用；③有合适的氧化电位，其电位值应在电池的充电截止电压和电解液的氧化电位值之间；④氧化产物在还原过程中没有其他副反应，以免添加剂在过充过程中被消耗；⑤添加剂对电池的性能没有副作用。

1) 氧化还原对过充添加剂

(1) 金属茂化合物。

许多金属茂化合物易溶于有机电解液，其氧化电位为 1.7～3.5 V。在 1.5 mol/L LiAsF$_6$-THF：2MeTHF：2MeF(体积比 48：48：4)的溶液中加入 0.5 mol/L 正丁基二茂铁，实验表明它对 Li/TiS 电池具有过充电保护作用。二茂铁及其衍生物作为电解质添加剂在 LiAsFb-PC：EC(体积比 1：1)体系中的过充电保护性能研究表明，它们能够为 AA 型 Li/Li$_x$MnO$_2$ 电池提供过充电保护。但金属茂化合物氧化还原电位较低，会导致锂离子电池充电过程未完成就停止，因此无法在高电压的锂离子电池中应用。此外，它在有机电解液中扩散速度较慢，这也制约了其应用。

(2) 聚吡啶配合物。

Fe、Ru、Ir、Ce 的菲咯啉、联吡啶及其衍生物的配合物氧化还原电位在 4 V 左右，而且还具有很好的氧化还原特性。2, 2-吡啶基和 1, 10-菲咯啉与铁的配合物，在 1 mol/L LiClO$_4$/PC-DME(体积比 1：1)作为过充保护添加剂时，循环伏安结果显示，两种添加剂的氧化还原电位都为 3.9～4.0 V，20 mg/mL 的 Fe(bpy)$_3$(ClO$_4$)$_2$ 可以将 Li/Li$_x$Mn$_2$O$_4$ 电池的过充电压限制在 3.85～3.95 V，但由于 Li$_x$Mn$_2$O$_4$ 的充电电压为 3.8～4.3 V，导致电池不能充满电，容量损失约为 20%。该类化合物在有机电解液中溶解度差，且在负极发生还原反应，限制了其应用。

(3) 噻蒽及其衍生物。

文献研究了噻蒽的循环伏安曲线，发现它的氧化还原电位为 4.06～4.12 V，但锂离子电池充电截止电压为 4.2 V，所以噻蒽的应用受到限制。2,7-二乙酸噻蒽的氧化电位为 4.4 V，研究表明其对锂离子电池有很好的过充保护作用。

(4) 二甲羟基苯衍生物。

二甲羟基苯衍生物的氧化还原电位都大于 3.5 V，而且有很好的循环寿命。但这类 1,2-二甲羟基苯衍生物在锂离子电池电解液中的溶解性低，可以通过优化溶剂组成提高溶解性。利用 1,2-二甲羟基苯作为氧化还原化合物，并用特丁基取代苯环上的氢得到 4-特丁基-1,2-二甲羟基苯(TDB)，并以 Pt 微电极作为工作电极对含有 0.1 mol/L TDB 的 1 mol/L LiPF$_6$/EC：DMC(体积比 1：1)电解液进行了循环伏安测试，扫描速度 100 mV/s。结果表明，初始氧化电位 4.10 V，1000 次连续扫描后，循环伏安曲线峰的位置和面积几乎不变，说明其具有极好的电化学可逆性。

同时，实验证明 TDB 具有很好的可溶性和化学稳定性，加入后不会影响电池的电化学性能。

(5) 茴香醚和联(二)茴香醚。

通过改变甲基或甲氧基的数量可以将电解液氧化还原电位提高到 4.3 V，对锂离子聚合物电池有很好的过充电保护作用。国内有研究者将咪唑钠和二甲基溴代苯加入 1 mol/L LiPF$_6$/EC∶DMC(体积比 1∶1)电解液中，其氧化还原电位分别可达到 4.29 V 和 4.31 V，且不影响电池的综合性能。在 Li/LiFePO$_4$ 电池电解液中加入聚三苯胺(PTPAn)进行过充实验，当充电至电池容量的 200%时，充电电压保持在 3.75 V，放电容量也稳定在 140 mAh/g 左右。当以 0.5 C 倍率充、放电，循环 40 次后容量保持在 130~116 mAh/g，而且 PTPAn 的可逆性很好，对电池的充、放电行为基本没有影响。

2) 电聚合添加剂

(1) 联苯。

联苯可作为锂离子电池的过充保护添加剂，但其主要缺点是电聚合反应速率太慢，不足以迅速地使电池的内阻增大，在电池热量失控之前关闭电池。增大联苯的浓度使电流中断时间提前，但体系的循环性能降低，膨胀程度增大。于是又加入叔戊基苯，300 次循环后容量保持在 82%以上。在加入 6%联苯的同时加入 2%的含氮化合物和少量萘-1,8-磺酸内酯，使电池膨胀得到抑制，耐过充作用也比较明显。

(2) 二甲苯。

在 1 mol/L 的 LiPF$_6$/EC+DMC+DEC(体积比 1∶1∶1)电解液中加入 5%(质量分数)甲苯，以 Pt 微电极进行首次循环伏安测试，扫描速度 20 mV/s。二甲苯在 4.66 V (vs. Li/Li$^+$)开始聚合反应，峰电位 4.73 V，氧化电位在 4.34 V 以上，回扫过程中无还原峰，以 1 C 倍率循环 50 次，容量保持率为 95.0%，循环 100 次后容量保持率为 91.2%。

(3) 环己苯。

在 1 mol/L 的 LiPF$_6$/EC+DMC+DEC(体积比 1∶1∶1)中添加 2.5%(质量分数，下同)和 5%环己苯，外加电压为 4.3~5.0 V 时可以发生电聚合反应生成导电聚合物膜，电池内部形成短路而发生自放电，使电池电压控制在 4.5~4.8 V，电池处于更安全的充电状态。在正常的充、放电过程中，添加 2.5%~5%的环己苯对电池容量无不良影响。加入 5%环己苯的电解液在 4.70 V 时环己苯开始发生聚合反应，峰电位约为 4.90 V，氧化电位在 4.30 V 以上，回扫过程无还原峰，表明此反应为不可逆过程。电池以 1 C 倍率循环 50 次后容量保持率为 94.4%，循环 100 次后为 89.2%。在电解液中添加 7∶1(体积比)的环己苯，先对电池以 0.5 C 倍率恒流恒压充放 3 个循环，然后以 0.5 C 倍率恒流恒压充放至 4.2 V，再以 1 C 倍率恒流恒压充放至 10 V 发现，电池电压在 62 min 时由 5.5 V 经 4 min 增加到 10 V，然后在 10 V 恒压充电。35 min 时温度升高到 37 ℃，然后基本保持恒定，60 min 时温度逐渐升高到 46 ℃后降低。电池无着火、爆炸现象，而且环己苯的加入对内阻、容量几乎没有影响。经过 50 次循环后容量保持率在 98.7%左右。7%的环己苯可耐 1 C/ 26 V 的过充，但 200 次循环后容量降低 28%，膨胀程度也增大，于是在体系中加入 2%的含氮化合物，结果情况有所改善。

芳香族羟基金刚烷及其衍生物在 −20～60 ℃的氧化电位在 4.6 V 以上，而且氧化电位随温度升高而降低的程度比联苯小，50 次循环后容量保持率很高。含有杂原子(N、O、F、Si、P、S)的有机化合物，特别是含氮化合物和 $PhXMe_n$ (X = C、N、O、Si、P、S)型化合物，如三甲基-3,5-二甲苯硅烷具有 4.7 V 的氧化电位和很高的电池循环效率。

3. 电解液阻燃添加剂

阻燃添加剂的加入可以使易燃有机电解液变成难燃或不可燃的电解液，降低电池放热量和电池自热率，增加电解液自身的热稳定性，从而避免电池在过热条件下发生燃烧或爆炸。因此，阻燃添加剂的研制成为锂离子电池添加剂研究的重要方向。

锂离子电池电解液阻燃添加剂的作用机理是自由基捕获机制。自由基捕获机制的基本过程是：阻燃添加剂受热释放出自由基，该自由基可以捕获气相中的氢自由基和氢氧自由基，从而阻止氢氧自由基的链式反应，使有机电解液的燃烧无法进行或难以进行，提高锂离子电池的安全性能。

目前，用作锂离子电池电解液阻燃添加剂的化合物大多为有机磷化物、有机卤化物和磷-卤、磷-氮复合有机化合物，分别称为磷系阻燃剂、卤系阻燃剂和复合阻燃剂。下面分别就各种阻燃添加剂的结构特征、阻燃效果以及对电池性能的影响进行讨论。

1) 卤系阻燃剂

用作锂离子电池电解液阻燃添加剂或共溶剂的卤代有机阻燃化合物主要是有机氟化物，包括氟代环状碳酸酯、氟代链状碳酸酯和烷基-全氟代烷基醚。氟代环状碳酸酯(如 CH_2F-EC、CHF_2-EC 和 CF_3-EC)具有较好的稳定性、较高的闪点和介电常数，能够很好地溶解锂盐并与其他有机溶剂互溶。在电解液中添加这类有机溶剂不仅具有一定的阻燃效果，氟元素的吸电子效应还有利于提高溶剂分子在碳负极界面的还原电位，优化负极界面 SEI 膜的性质，改善电解液与碳负极材料间的相容性，电极材料表现出良好的电化学性能。将 CF_3-EC+Cl-EC、CF_3-EC+EC

二元溶剂体系应用于锂离子电池中，碳负极在这两种电解液体系中有较高的充、放电容量和较小的不可逆容量，电解液自身也具有可观的电导率，特别是在 CF_3-EC+Cl-EC 电解液体系中还表现出优良的循环寿命。添加一氟代碳酸乙烯酯(fluoro ethyl carbanate，fluoro-EC)到 1 mol/L $LiPF_6$/PC+EC 电解液体系后，电池的循环寿命和安全性能同时得到提高。氟代链状碳酸酯如二氟乙酸甲酯(methyl difluoro acetate，MFA)、二氟乙酸乙酯(ethyl difluoro acetate，EFA)、甲基-2,2,2-三氟乙基碳酸酯(methyl-2,2,2-trifluoroethyl carborate，MTFEC)、乙基-2,2,2-三氟乙基碳酸酯(ethyl-2,2,2-trifluoroethyl carbonate，ETFEC)、丙基-2,2,2-三氟乙基碳酸酯(propyl-2,2,2-trifluoroethyl carbonate，PTFEC)、二(2,2,2-三氟乙基)碳酸酯(di-2,2,2-trifluoroethyl carbonate，DTFEC)等也在锂离子电池中应用。这些溶剂不仅具有高温稳定性，而且黏度小、熔点低、低温性能良好。$LiPF_6$/MFA 电解液体系应用于锂离子电池中，用示差扫描量热 (differential scanning calorimetry，DSC)技术测试该电解液体系的热稳定性，并与 $LiPF_6$/EC+DMC 电解液体系比较发现，$LiPF_6$/MFA 电解液体系的放热峰出现的温度范围高出 110 ℃左右(约为 400 ℃)，且碳电极在这两种电解液体系中的电化学性能(如放电容量等)相差无几，显示了氟代烷基碳酸酯用于锂离子电池的优良性能。另外，使用 MTFEC、ETFEC、PTFEC、DTFEC 等氟代烷基碳酸酯作共溶剂或添加剂时，锂离子电池表现出优良的低温性能，在–40～–20 ℃电极不产生明显的极化现象，电池仍能够保持较高的充、放电容量。烷基-全氟代烷基醚(alkylfluoroalkyl ethers，AFE)包括甲基-全氟代丁基醚(methylnonafluorobutyl ether，MFE)、乙基-全氟代丁基醚(ethylnonafluorobutyl ether，EFE)等，在 1 mol/L LiBETI/EMC 中添加微量的 MFE 即可消除电解液体系的闪点，在针刺实验和电池过充中没有出现热击穿(热逸溃)，大大提高了电池的安全性能。

2) 磷系阻燃剂

磷系阻燃剂主要包括一些烷基磷酸酯、氟化磷酸酯及磷腈类化合物，这些化合物常温下是液体，与非水介质有一定的互溶性，是锂离子电池电解液重要的阻燃添加剂。烷基磷酸酯如磷酸三甲酯(trimethylphosphate，TMP)、磷酸三乙酯(triethylphosphate，TEP)、磷酸三苯酯(triphenylphosphate，TPP)、磷酸三丁酯(tributylphosphate，TBP)；磷腈类化合物如六甲基磷腈(hexamethylp hosphazene，HMPN)；氟化磷酸酯如三(2,2,2-三氟乙基)磷酸酯[tris-(2,2,2-trifluoroethyl) phosphate，TFP)、二(2,2,2-三氟乙基)-甲基磷酸酯[bis-(2,2,2-trifluoroethyl)-methyl phosphate，BMP]、2,2,2-三氟乙基-二乙基磷酸酯(2,2,2-trifluoroethyl diethyl phosphate，TDP)都是理想的锂离子电池阻燃添加剂。

烷基磷酸酯类阻燃添加剂的不足之处是黏度较大，加入后会降低电解液的电导率；电化学稳定性差，如 TMP 易在碳负极表面发生类似于 PC 的还原分解，导致电池容量衰减，但是在电解液体系中添加成膜性强的 EC 后，可形成优良的 SEI 膜，能有效抑制 TMP 的还原分解。碳负极在 EC+PC+TMP(10%)或 EC+DEC+TMP(25%)电解液体系中的热稳定性大大提高，同时显示了优良的循环性能。HMPN 有较好的阴极和阳极稳定性，对电解液性能的影响不大，是比较理想的锂离子电池阻燃添加剂。在 1 mol/L LiPF$_6$/EC +DEC(1∶1)体系中添加 5%(质量分数，下同)TPP 后，可使体系放热峰出现的温度值从 160 ℃提高到 210 ℃，且对电池循环性能无影响。在 1 mol/L LiPF$_6$/EC+DEC+TMP(6∶2∶2)体系中添加 5%的乙烯基磷酸乙酯(ethylene ethyl phosphate, EEP)后可有效抑制 TMP 的还原分解，提高 SEI 膜的热稳定性和电池的充、放电性能，同时对电池的安全性能也有贡献。通过检验 TFP、BMP 和 TDP 对锂离子电池电解液的阻燃作用和电化学性能的影响，发现三者均能保证电解液的电导率和优良的电化学性能，其中氟化磷酸酯的阻燃效果明显优于相应的烷基磷酸酯，并以 TFP 的综合性能最佳。但磷元素和卤素会对环境造成污染，不是一种环境友好的添加剂，限制了其应用。

　　3) 复合阻燃剂

　　阻燃剂的复合技术已经成为现代阻燃剂发展的重要方向。复合阻燃剂兼有多种阻燃剂的特性，其阻燃元素间的协同作用可降低阻燃剂用量，提高阻燃剂的阻燃效果。目前用于锂离子电池电解液中的复合阻燃添加剂主要是磷-氮类化合物(P-N)和卤化磷酸酯(P-X)，阻燃机理则是两种阻燃元素协同作用机理。

　　卤化磷酸酯主要是氟代磷酸酯。与烷基磷酸酯相比，氟代磷酸酯具有以下优点：①F 和 P 都是具有阻燃作用的元素，阻燃剂中同时含有 F 元素和 P 元素，阻燃效果更加明显；②F 原子削弱了分子间的摩擦阻力，使分子、离子的移动阻力减小，所以氟代磷酸酯的沸点、黏度都比相应的烷基磷酸酯低；③电解液组分中 F 原子的存在有助于电极界面形成优良的 SEI 膜，改善电解液与负极材料间的相容性；④氟代磷酸酯的电化学稳定性和热力学稳定性较好，用于锂离子电池电解液表现出较佳的综合性能。前面提到的 TFP、BMP 和 TDP 本身就是复合阻燃添加剂。另外，氯代磷酸酯可以在基本不影响电池电性能的前提下使电池自发热率降低 70%。三(2,2,2-三氟乙基)亚磷酸酯[tris-(2,2,2-trifluoroethyl)phosphite, TTFP]也是具有优良阻燃性能的复合阻燃添加剂，TTFP 在 1.0 mol/L 的 LiPF$_6$/PC+EC+EMC 电解液体系中可大大提高电解液的热稳定性，当 TTFP 含量达到 15%(质量分数)时，电解液就变得不可燃。TTFP 的存在对电解液的电导率影响也不明显，同时还能有效抑制电解液中 PC 分子的还原分解，提高电极循环过程的库仑效率。在电解液中加入 5%的磷氮烯添加剂可以使电解液产生难燃性或不可燃性的效果，且不影响电池本身的电化学性能。这无疑开创了磷-氮复合阻燃剂用于锂离子电池电解液研究和开发的新局面。

4.2　固体电解质

锂离子电池因其具有容量高、循环寿命长的优势而被人们广泛使用于日常生活中。自 1991 年以来，越来越多的研究机构和能源公司把研究重点转移到如何将锂离子电池应用于便携式或大型设备。其中，对于手机、笔记本电脑、电动工具而言，所配置的锂离子电池正在朝薄型化、可弯曲方向发展；而对于大型设备如电动汽车而言，往往需要高容量、高倍率性能及高安全性能的锂离子电池。在对新型锂离子电池提出的这些要求中，安全性能显得尤为重要。传统锂离子电池因为使用易挥发、易燃液体电解液而存在安全隐患，如比亚迪 E6 和波音 787 都曾遇到过该类问题。为了解决这个问题，人们对全固态电池进行了进一步研究，其关键部分是固体电解质，它能从根本上提高锂离子电池的安全性能，此外它还具有机械性能优良、电化学窗口宽、质量轻等优点。

4.2.1　无机固体电解质

19 世纪，Warburg 发现一些无机固体化合物为离子导体。随着研究的深入，越来越多的离子导体被发现，产生了固态电化学这门学科。最近 30 年该领域更是取得了长足进展，制备了许多室温下电导率高、化学性质稳定的无机固体电解质。无机固体电解质的种类很多。按照晶体结构，无机固体锂离子电解质可分为晶体型、复合型及玻璃态非晶体型。其中，晶体型主要包括钙钛矿(perovskite)型、NASICON (nasuper ionic conductor)型、LISICON (lithium super ionic conductor)型、LiPON 型、Li_3PO_4-Li_4SiO_4 型、石榴石(garnet)型；复合型主要由锂离子导体和某些绝缘体复合而成，如 Al_2O_3-LiI；而非晶体型固态电解质主要包括氧化物玻璃和硫化物玻璃两大类。按照导电性能，无机固体锂离子电解质可分为一维离子导体、二维离子导体(β-Al_2O_3、Li_3N 等)、三维离子导体($Li_9Ni_2Cl_3$、LISICON、NASICON 等)。按照载流子种类，无机固体锂离子电解质又可分为单 Li^+导体、电子-Li^+混合导体、质子(H^+)-Li^+混合导体等。在全固态锂离子电池中多选用 Li^+迁移数接近于 1 的单一 Li^+导体，以避免电子导电和质子导电对电池性能的破坏。按照使用温度范围，无机固体锂离子电解质可分为高温离子导体(如 Li_2SO_4、Li_4SiO_4 和 LISICON)和低温离子导体(如 Li_3N、$Li_{0.5}La_{0.5}TiO_3$、$Li_{1.3}Al_{0.3}Ti_{1.7}Al_{0.3}P_3O_{12}$、$Li_{3.6}Ge_{0.6}V_{0.4}O_4$、$Li_{10}GeP_2S_{12}$ 等)。可用作锂离子电池无机固体电解质应满足以下几个方面的要求：①在工作温度下具有良好的锂离子电导率；②具有极低的电子电导率；③具有极小或几乎没有的晶界电阻；④具有化学稳定性，与电极材料不发生化学反应，尤其同金属锂或锂合金；⑤具有与电极材料相匹配的热膨胀系数；⑥有较高的电化学分解电压(>5.5 V vs. Li$^+$/Li)；⑦环境友好，不易潮解，易制备。开发全固态无机薄膜锂离子电池，其理论上具有比锂离子电池更高的能量，也更安全。这里就不同晶体结构的锂离子电池无机固体电解质进行简单的介绍。

1. 钙钛矿型无机固体电解质

钙钛矿属立方面心密堆积结构，可用通式 ABO$_3$ 表示，晶体中的阴离子骨架 BO$_3^-$由 BO$_6$ 八面体组成，立方顶点位置被阳离子 A 占满。实际晶体中的八面体会有不同程度的扭曲，从而在立方顶点位置产生大量的空位，有利于半径较小的离子跃迁而形成快离子导体，传输瓶颈为四个氧组成的四边形。通过 La^{3+}和一价阳离子(Li$^+$、Na$^+$、K$^+$)共同取代碱土离子最早合成了钙钛矿结构的 La$_{2/3-x}$Li$_{3x}$TiO$_3$ (0.04<x<0.17) (LLTO)，并指出离子半径较大的 La^{3+}稳定钙钛矿结构，而半径较小的 Li$^+$通过 La^{3+}周围的通道在空位间迁移。进一步研究发现当 x=0.11 时 LLTO 的室温电导率达 10^{-3} S/cm，活化能为 0.40 eV，是晶体型无机固体电解质中本体电导率最高的一类化合物。LLTO 随产物组成和合成条件不同可以有简单立方、四方和正交等多种结晶形式，其离子电导率与微观结构的空位有序度成反比，立方结构的无序度最高，最有利于离子导电，导电活化能低于四方结构。LLTO 并不适合作为锂离子固态电解质使用，因为它与金属锂直接接触时不稳定，Li$^+$会迅速地嵌入，把 Ti^{4+}氧化为 Ti^{3+}，从而产生较高的电子导电性。通过对结构元素的掺杂或部分元素的替代可以对该类型固体电解质材料进行改性。改性后 LLTO 化学(电化学)稳定性提高，LiCoO$_2$ 半电池评价循环性能超过百次。

2. NASICON 型无机固体电解质

NASICON 结构固体电解质的电导率在 30 ℃时可达 10^{-5}S/cm 以上，其母体为 NaZr$_2$P$_3$O$_{12}$，组成可用通式 M(A$_2$B$_3$O$_{12}$)表示，M、A 和 B 分别为单价(如 Ag、K、Na、Li 等)、四价(Ti、Ge、Zr、Hf、V、Sc)和五价(P、Si、Mo)阳离子，并且 A、B 位置的离子可被其他金属离子部分取代。因此，具有 NASICON 结构的化合物种类繁多，组成多变。

3. LISICON 型无机固体电解质

最早的 LISICON 型离子导体为 Li$_{14}$Zn(GeO$_4$)$_4$，300 ℃时的电导率为 0.125 S/cm，室温电导率仅为 10^{-7} S/cm。该化合物为 Li$_{2+2x}$Zn$_{1-x}$GeO$_4$(−0.36<x<0.87)固溶体中的一员。LISICON 可认为是 Li$_4$GeO$_4$ 和 Zn$_2$GeO$_4$ 的固溶体，结构与 y-Li$_3$PO$_4$ 相关，就算在其掺杂物中，室温离子电导率也较低(10^{-6} S/cm)，这是由于 O^{2-}与 Li$^+$具有较强的键合力，Li$^+$是骨架中的一部分，因此 Li$^+$很难迁移。可通过掺杂 Si 部分替

代 P，同时为了保持电荷平衡，必须引入同样多的 Li，形成 $Li_{3+x}Si_xP_{1-x}O_4$。新引入的 Li 填在间隙上，所受作用力小得多，以此提高电导率。使用极性和体积都较大的 S 代替 O 提高电导率，称为硫代 LISICON。但斜方体 γ-Li_3PO_4 型 $Li_{4-2x}Zn_xGeS_4$ 的室温电导率依然较低(3×10^{-7}S/cm)，而在获得的 $Li_{4-x}M_{1-x}P_xS_4$ (M=Ge、Si) 体系中，当 x=0.6、M=Si 时，$Li_{3.4}Si_{0.4}P_{0.6}S_4$ 体系的室温电导率可达 6.4×10^{-4}S/cm。$Li_{10}GeP_2S_{12}$ 体系的室温电导率可达 1.2×10^{-2} S/cm，且电子电导率很小，电化学稳定性和热稳定性好，500 ℃无相变，通过 $LiCoO_2$ 评价显示放电容量可达 120 mAh/g，并表现出极好的容量保持率。该类 LISICON 电解质在全固态锂二次电池中表现出较好的应用前景。

4. Li_3N 型无机固体电解质

Li_3N 是由德国 Max-dank 固体研究所发现的一种室温电导率较高且对金属锂稳定的锂快离子导体，其晶体结构属六方晶系，在垂直于 c 轴方向包含两层：一层是 Li_2N，另一层是纯 Li 层。层状的 Li_3N 是二维离子导体，垂直于 c 轴方向的室温电导率达 10^{-2} S/cm，而平行于 c 轴方向的离子电导率却很低。尽管 Li_3N 的室温离子电导率高，但其分解电压较低(<0.5 V)，并且具有高度的各向异性结构，合成时易产生杂相，对空气敏感，尤其是遇水易燃等，这些都限制了其在锂离子固态电池中的商业化应用。研究者通过掺杂提高 Li_3N 的分解电压，但距锂离子电池的应用要求还有很大差距。

5. LiPON 型无机固体电解质

LiPON 为缺陷型 γ-Li_3PO_4 结构，最早是在氮气气氛下采用射频磁控溅射的方法制备得到的，室温离子电导率为(2.3 ± 0.7)$\times10^{-6}$ S/cm，电子电导率<10^{-14} S/cm，电化学窗口为 5.5 V，但对空气中的水蒸气和氧气较敏感。溅射过程中，N 原子取代了 Li_3PO_4 结构中桥键(—O—)或非桥键(O)氧，形成氮的二共价键(—N=)或三个共价键(—N<)结构，N 含量越高，LiPON 薄膜离子电导率越大。用其他原子替代 LiPON 中的 P、O、N，结果显示 LiSON 和 LiPOS 的离子电导率较高(>10^{-5} S/cm)，LiBSO 和 LiSiPON 的离子电导率相对较低，但 LiSiPON 的稳定性较好，对空气中的水蒸气和氧气不是特别敏感，使用范围更广。

6. 锂化 BPO_4 型无机固体电解质

BPO_4 在低温下呈四方晶系的高方英石结构，其晶格中所有的 B^{3+} 和 P^{5+} 都与氧以四面体结构键合，并且每个 O^{2-} 被两个四面体共用；BPO_4 掺锂后形成的无机锂离子固体电解质晶胞参数无明显变化，掺锂过程中由于 B^{3+} 的减少造成大量的硼空位，电荷补偿作用使新引入的 Li^+ 随机分布在可占据的晶格中，其离子电导率完全来自间隙 Li^+ 的迁移。经动力压实后具有较高的离子电导率，室温下可达 2×10^{-4} S/cm，并且高温性能好、生产成本低、对金属锂稳定，是一种新型的有应用前景的无机锂离子导体。

7. 石榴石型无机固体电解质

石榴石结构的锂离子固态电解质电子导电性很小，电化学稳定性好，并呈现出很小的晶界电阻，此性质优于电导率最高的钙钛矿型固体电解质。石榴石型无机固体电解质的通式为 $Li_5La_3M_2O_{12}$(M=Ta、Nb)和 $Li_6ALa_2M_2O_{12}$(A=Ca、Sr、Ba；M=Ta、Nb)。$Li_5La_3M_2O_{12}$(M=Ta、Nb)呈现出较高的锂离子电导率和较宽的电化学窗口，当用 In^{3+} 替代 Ta^{3+} 或 Nb^{5+} 时，如 $Li_5La_3Nb_{1.75}In_{0.25}O_{12}$ 的室温离子电导率 $>10^{-4}$ S/cm。

8. 氧化物和硫化物玻璃态无机固体电解质

晶态固体电解质的电导率低，导电性各向异性，对金属锂的稳定性差，制备难度大，造价高。相比之下，玻璃态固体电解质无晶界，离子电导率高，导电性各向同性，可实现单一阳离子移动，易于加工，价格便宜。玻璃态固体电解质主要有氧化物和硫化物两大类，氧化物由网络形成氧化物(SiO_2、B_2O_3、P_2O_5 等)和网络改性氧化物(如 Li_2O)组成，在低温下为动力学稳定体系，且长程无序，结构中只有 Li^+ 移动，对金属锂和空气稳定，化学、电化学稳定性好。但氧化物玻璃态电解质的离子电导率较低，一般为 10^{-6} S/cm，可通过增加网络改性物的含量、添加锂盐、使用混合网络形成物、掺杂氮或形成玻璃-陶瓷复合电解质等方法提高电导率。而对于硫化物，S 比 O 电负性小，对离子束缚力小，半径较大，离子通道较大，有利于离子的迁移。因此，当 S 取代 O 时玻璃态固溶体具有更高的室温锂离子电导率($>10^{-6}$ S/cm)，基本接近锂离子电池有机液体电解质水平。但其电化学稳定性一般,易与锂发生反应,热稳定性差,易吸潮。其中以 Li_2S-SiS_2、Li_2S-P_2S_5、Li_2S-B_2S_3 等体系最有可能应用于商业锂离子电池中。

4.2.2　有机固体电解质

聚合物电解质实际上是一种高表面积的薄膜，使用的温度范围宽，易加工，方便设计出各种形状的电池，替代了普通的多孔隔膜，避免了枝晶产生的可能性，不仅具有普通隔膜的隔离作用，同时能够促进离子传输。使用聚合物电解质的电池具有耐压、耐冲击的优点，还可以避免使用不当造成的电解液泄漏的状况，提高了电池的安全性能。聚合物电解质主要包括固体聚合物电解质(SPE)和凝胶聚合物电解质(GPE)两大类。

　　1. 纯固体聚合物电解质

　　锂离子电池具有可薄形化、可任意面积化与可任意形状化的特点。更重要的是，由于采用聚合物材料作电解质，不会产生漏液与燃烧爆炸等安全问题，因而聚合物电解质代替液体电解质是锂离子电池研究的重大进步。

　　但聚合物电解质还面临一些问题，如室温电导率较低、机械强度较差。一般认为聚合物电解质由有机聚合物基体和无机盐组成。聚合物电解质的导电机理是迁移离子首先与聚合物链上的基团配位，在电场作用下，随着聚合物的热运动，迁移离子与配位基团发生配位和解配位过程，实现离子的迁移。由此可见，聚合物电解质的电导率与金属离子的浓度及其运动有关，大多数离子的移动与聚合物电解质中基体聚合物局部链段的松弛运动是决定其导电能力的重要因素。

　　纯固态聚合物电解质是指完全不含液体增塑剂的一类聚合物电解质，仅由聚合物和锂盐构成，是锂盐与聚合物之间通过配位作用而形成的一类复合物。相比有机液体电解质，采用纯固态聚合物电解质的锂离子电池具有十分明显的优点：①安全性能得到改善，可以排除内部短路、燃烧爆炸、腐蚀电池金属外壳而导致的电解液泄漏等安全隐患，这主要是可燃性有机溶剂缺失的结果，并在一定程度上降低了电解质与电极的反应活性；②循环性能得到提高，聚合物材料的高弹性能够应变电极材料在充、放电过程中的体积变化，保持与电极界面良好的接触，提高了电解质材料的空间稳定性；③可加工性和可塑性更强，这使形状多变的超薄锂电池的制作成为可能，从而满足对于高能量密度、大功率密度及形状要求方面的各种应用；④电池构造简化及包装效率提高，因为不需要外加隔膜，同时降低了电池的制造成本。

　　目前，纯固态聚合物电解质采用的聚合物基体主要是聚合物链上有强配位能力而空间位置适当的给电子极性基团(如醚、酯、硅氧等)的聚合物，这些基团能帮助聚合物基体与锂盐形成配合物，其中以聚氧乙烯(PEO)为代表。

　　1) 锂离子电池聚氧乙烯基电解质

　　PEO 作为导锂基体是因为它对于锂盐具有良好的溶解能力，而且聚氧乙烯的化学稳定性、电化学稳定性都比较好，此外，其工业技术也较为成熟，使得应用成本降低。聚氧乙烯主要有两种导锂机理。一种是"晶化"PEO 导锂，锂离子可以在晶化 PEO 中通过"跳跃"传导，即结晶 PEO 中存在一系列可以与锂离子进行配位的节点，锂离子通过在这些节点间跃迁来实现传输。而晶化 PEO 的电导率非常低，主要原因是已有 PEO 基电解质晶粒往往很小，最大的也只有几百纳米，并且晶粒的取向是随机的，而锂离子只能在每个晶粒内部沿着一维方向运动，导致锂离子在晶粒与晶粒之间界面上的迁移十分困难。另一种是 PEO 非晶区导锂，锂离子在无定形 PEO 中依靠链段热运动传递，不断与 PEO 上的氧位点进行反复的配位-解离过程。对比这两种锂离子传递方式，前者似乎要将 PEO 做成很大的单晶才有可能应用于锂离子电池中，而就目前的工艺水平来看，制作大的单晶 PEO 是不现实的。主要针对后者加以改进，具体来说，纯 PEO 往往有自发结晶的趋势，而这些结晶区的链段难以移动，这就导致这类电解质的锂离子电导率(评价锂离子在电解质中传导的难易程度指标)在室温下低于 10^{-6} S/cm，通常认为离子电导率要高于 10^{-4} S/cm 才能将其投入应用。因此，针对 PEO 基电解质的研究主要集中在如何提高聚合物链段的运动能力(增加 PEO 无定形区)和如何提高锂盐本身在 PEO 中的解离度这两方面。

PEO 的分子结构和空间结构决定了它既能提供足够高的给电子基团密度，又具有柔性聚醚链段，从而能以阴笼效应有效地溶解阳离子，被认为是最好的聚合物类型的盐溶剂。当锂盐 LiX "溶于" PEO 中，可发生电离，形成阴离子 X^- 及离子对(LiX)，离子对可与 Li^+ 或 X^- 进一步结合形成离子簇 $(Li_2X)^+$ 或 $(LiX_2)^-$。另外，PEO 链段上的醚氧原子有孤对电子，而 Li^+ 存在 2s 空轨道，Li^+ 通过与醚氧原子的配位与解离实现在纯固态聚合物电解质中的迁移。在电场作用下，高弹态中分子链段的热运动提供了类似液体的活动度，Li^+ 不断与醚氧原子发生配位-解离，通过局部松弛和 PEO 的链段运动实现了 Li^+ 的定向快速迁移。但是，聚合物为二元体系，包括结晶相和无定形相。聚合物电解质的有效离子传输仅发生在聚合物的无定形相，结晶相仅为锂盐的储存体。

聚合物按力学性质随温度变化的特征，可以划为三种不同的力学状态：玻璃态、高弹态和黏流态。其中，玻璃态和高弹态之间的转变温度称为玻璃化转变温度(T_g)。在玻璃态，聚合物的整链和链段运动被冻结，而在高弹态，分子热运动的能量已足以克服内旋转的能垒，链段运动被激发。因此，T_g 被认为是一个可以反映聚合物结晶性质的重要参数。一般来说，T_g 越低，其在室温条件下链段运动的能力越高。

对于锂盐，当盐浓度较低时，离子的迁移性基本不受盐浓度的影响，电导率主要由载流子数目决定；当盐浓度较高时，形成的离子对及离子簇数目多，但移动性更差。对于聚合物基体 PEO，一方面，PEO 具有较高的结晶度，能有效传输 Li^+ 的无定形相比例不高，降低了 Li^+ 的迁移速率；另一方面，PEO 的介电常数较低，部分锂盐以离子对形式存在，降低了体系的载流子数目和浓度，因此纯固态 PEO 体系的聚合物电解质室温离子电导率非常低。以 PEO-LiClO$_4$ 体系为例，在室温下的离子电导率仅在 10^{-7} S/cm 数量级，远远达不到实际应用要求，需要对该体系进行改性，改性的出发点主要基于降低聚合物的结晶度、增加聚合物链段的柔顺性以提高链段的运动能力促进 Li^+ 的迁移、引入介电常数较大的物质抑制离子对和其他离子聚集体的形成等，方法包括共混、共聚、加入无机填料等。

　　共混是将两种或多种聚合物混合形成共混聚合物。一般来说，共混聚合物的 T_g 介于两种聚合物组分的 T_g 之间，从而可以利用引入 T_g 更低的聚合物组分降低整个聚合物电解质体系的 T_g。另外，两种聚合物分子链之间的相互作用也可以破坏 PEO 分子链的规整性，抑制 PEO 结晶的形成。常用的共混聚合物包括聚乙二醇(polyethyleneglycol，PEG)、聚乙醇胺(polyethylenimine，PEI)、聚氧化丙烯(polypropyleneoxide，PPO)、聚丙烯酸酯类等。例如，当 PEO 与 PEI 共混物质的量比为 8：2 时，采用 $LiClO_4$ 作为锂盐，该体系在 30 ℃的离子电导率可以提高到 $2.5×10^{-6}$ S/cm。而当链段中含硼的氟代烷烃酯与 PEO 共混时，不仅可以提高体系的离子电导率，由于含硼官能团与锂盐中阴离子的作用，还大大提高了体系的锂离子迁移数。共混改性的优点是制备简单，但是大多数共混聚合物形成的非均相体系从热力学上并不是稳定状态。另外，如果共混的第二相是非晶聚合物，往往会造成整个体系机械性能的劣化。

　　共聚的目的也是降低 PEO 的结晶性。聚合物的主链结构、取代基团的的空间位阻和侧链的柔性都是影响其 T_g 的主要因素。如果在 PEO 主链上引入柔性较高的如含有孤立双键的高分子链或者增加侧链的柔性都可以降低体系的 T_g，提高 PEO 链段的运动能力，从而提升其室温离子电导率。共聚体系还需满足以下条件：①与锂盐的相容性好；②为防止捕获 Li^+，与 Li^+ 的相互作用不能太强；③优选含有极性官能团以促进锂盐解离，但同时需具有较高的电化学稳定性。常用的共聚体系包括聚氧化丙烯、聚乙烯、聚苯乙烯(polystyrene)、聚硅氧烷体系、聚膦嗪体系等。形成的共聚物则包括无规共聚物、嵌段共聚物、接枝共聚物(如梳形、星形)等。例如，PEO 与二甲基硅氧烷(dimethylsiloxane，DMS)无规共聚体系，室温离子电导率可以接近 10^{-4}S/cm，且具有较宽的电化学窗口。而通过改性 PEO 再与聚苯乙烯自由基聚合形成 B-A-B 型嵌段共聚物，氧化乙烯的聚合度值直接决定了与 Li^+ 迁移相关的链段的运动能力，氧化丙烯的聚合度和苯乙烯的聚合度值分别决定了体系的离子电导率和机械强度，通过优化设计各参数，该体系的室温离子电导率可以达到 $2×10^{-4}$ S/cm，且具有非常好的力学性能。

　　如果在共聚的过程中将阴离子固定在大分子主链上，则获得只有 Li^+ 迁移的单离子导电体系，称为单离子导体聚合物电解质。单离子导体由于阴离子被固定，抑制了阴离子迁移快导致的浓差极化，且电导率的贡献全部来源于 Li^+，Li^+ 迁移数基本为 1。单离子导体聚合物电解质的骨架结构形式多样，如采用链段柔性较高的硅氧烷，固定阴离子的一般为羧酸、磺酸或含硼的官能团。

在纯固态聚合物电解质中，最常采用的锂盐为 LiClO$_4$ 和 LiCF$_3$SO$_3$。而对锂盐的结构及浓度进行优化也可以起到提高离子电导率的作用，如采用具有增塑作用官能团制备的含硼或含铝盐，其室温电导率可以达到 10^{-5} S/cm。而当锂盐在体系中占主要作用形成 "polymer in salt" 的纯固态聚合物电解质，离子电导率可以达到 10^{-3} S/cm。但是，锂盐的高腐蚀性限制了其实际应用。

在纯固态聚合物电解质中加入无机填料，表面的路易斯酸性位点与 PEO 链段上的 O 原子(路易斯碱)作用，降低了 PEO 链段结晶的取向，从而降低体系的结晶度，并提高体系的热稳定性和力学稳定性。常用的填料主要包括无机氧化物如 Al$_2$O$_3$、TiO$_2$ 和 SiO$_2$ 等，含 Li 化合物如 Li$_{1.3}$Al$_{0.3}$Ti$_{1.7}$(PO$_4$)$_3$ 等。无机填料的加入促使聚合物电解质体系众多特性得到加强和改善，直接发展出一类新的聚合物电解质体系——复合聚合物电解质(composite polymer electrolyte，CPE)，将在下面着重介绍。

以上各种方法不是孤立的，许多研究者着眼于方法的复合，如先共聚再共混，在共混体系加入纳米填料等。尽管如此，完全基于纯固态聚合物电解质的室温离子电导率仍然偏低。目前，更多的研究还是基于添加增塑剂的凝胶聚合物电解质。

2) 锂离子电池类 PEO 基电解质

类 PEO 基电解质主要是指除 PEO 以外含有氧乙烯链段能够用于导锂的聚合物电解质。设计该类电解质的目的是降低聚合物的结晶性，改善电解质的机械性能。这类电解质主要包括以下两种：

(1) 形成共聚物。例如，合成聚氨酯脲无规共聚物，采用相对分子质量 4000 的 PEO 作为共聚单元，并使用 LiClO$_4$ 作为锂盐，得到该共聚物电解质在 30 ℃下的最高电导率为 1.5×10^{-5} S/cm。又如，聚氧乙烯-聚苯乙烯共聚物，加入 LiClO$_4$ 作为锂盐，所得电解质在室温下的电导率超过 10^{-4} S/cm。还有以聚丙烯为基本骨架嫁接 PEO 链段形成梳形共聚物。

(2) 形成交联聚合物。例如，使用聚乙烯亚胺作为交联中心嫁接 PEO，或者使用倍半硅氧烷作为交联中心将含有氧乙烯链段的 PEO 无序化。

2. 凝胶聚合物电解质

由于液体增塑剂的引入，Li$^+$ 迁移的主要方式不再是依靠聚合物基体链段的运动，而是在凝胶相快速传递，因而其室温离子电导率有了明显的提高。增塑剂主要包括有机小分子(如聚乙二醇、冠醚)和液体电解液等。为了进一步提升电导率，并补偿由于液体的引入导致的机械性能下降，早期凝胶聚合物电解质的改性研究也主要集中在纯固态聚合物电解质体系提到的共混、共聚、交联等方法。所用的聚合物基体除了 PEO，还有聚丙烯腈(PAN)、聚甲基丙烯酸甲酯(PMMA)、聚偏氟乙烯(PVDF)及其共聚物[P(VDF-HFP)]等。其结构和性质如表 4-4 所示。

表 4-4　凝胶聚合物电解质常用聚合物基体的结构和性质

聚合物基体	重复结构单元	性质
PAN	—(CH₂CHCN)—	与碳酸酯类增塑剂相容性好；PAN 受热环化不着火，有良好的阻燃性。但结晶度高，—CN 基团与 Li 电极相容性差
PMMA	—[CH₂C(CH₃)(COOCH₃)]—	含羰基官能团，与碳酸酯类增塑剂相容性好；对 Li 电极界面稳定性高；原料丰富，价格便宜。力学强度低
PVDF	—(CH₂CF₂)—	电化学稳定性好；介电常数高。结晶度高
P(VDF-HFP)	—(CH₂CF₂)ₙ—[CF₂CF(CF₃)]ₘ—	较 PVDF 结晶度下降，凝胶形成性好，力学性能优越

凝胶聚合物电解质的电导率与所吸附的液体电解质的量紧密相关，如图 4-2 所示。其导电遵从 Arrhenius 规则，即

$$\sigma(T) = A e^{\frac{-E_a}{RT}}$$

式中，A 为比例系数；R 为摩尔气体常量；E_a 为电导过程的活化能，与温度有关。可以通过以 $\lg\sigma(T)$ 对 T 的倒数作图求得 E_a，以表征体系导电的难易程度。

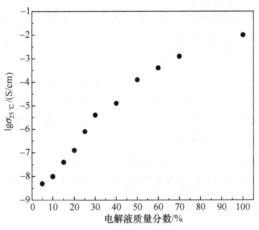

图 4-2　电导率与吸附的液体电解液质量分数的关系

目前，两类新型聚合物电解质因具有多方面优点而受到广泛关注。一类是添加无机填料的复合聚合物电解质；另一类是聚合物基体中存在微孔结构的微孔聚合物电解质(porous polymer electrolyte，PPE)。这里需要指出的是，聚合物电解质体系的分类不是绝对的，且各种体系之间存在交叉。正如 CPE 可能是纯固态的 SPE，也可能是含有增塑剂的 GPE，并包含微孔结构。这里所介绍的 CPE 和 PPE

都是基于 GPE 体系的。

1) 复合聚合物电解质

常用的无机填料主要分为两类，一类是无机填料，是本身具备传输离子能力的活性填料，如 Li_3N、$LiAlO_2$ 等；还有一类是不具备离子传输能力的惰性填料，多为一些氧化物，如 SiO_2、TiO_2、Al_2O_3、MgO、ZrO_2、ZnO、CuO 以及复合氧化物等。

对于活性填料，其本身具备 Li^+ 传输的能力，复合体系的电导率显著提高。例如，在 P(VDF-HFP)微孔体系中加入 6%(质量分数)的 $LiAlO_2$，其室温电导率可以达到 8.12×10^{-3} S/cm，与液体电解质相当。

对于惰性的氧化物填料，其中的阳离子可以充当路易斯酸，与 Li^+ 竞争，代替 Li^+ 与聚合物链段上的 O 等基团发生路易斯酸碱作用，不仅抑制了聚合物的重结晶，降低了聚合物的结晶度，还与聚合物链段形成以填料为中心的物理交联网络体系，增强聚合物分散应力的能力，提高聚合物电解质的机械性能及热稳定性。另外，这种竞争还促进了 Li 盐的解离，增大了自由载流子的数目。而填料上的 O 则充当路易斯碱，与路易斯酸 Li^+ 发生相互作用，形成填料/Li^+富相，并形成了 Li^+ 迁移的新通道。这种新通道是基于 Li^+ 在填料表面缺陷或空隙中的运动，其活化能更低，对离子迁移尤其是在低温条件下的 Li^+ 迁移更有利，因而获得较高的室温离子电导率和 Li^+ 迁移数。为了提高填料发生路易斯酸碱作用的能力，有研究者采用具有自发极化的铁电物质(如 $BaTiO_3$、$PbTiO_3$)作为填料，效果更好。无机填料的加入还起到稳定电解质/电极界面的作用，这是因为无机粉末会捕捉残留在电解质中的杂质(如氧气、痕量的水等)，以保护锂电极，无机填料还可以增加聚合物电解质与锂电极的接触紧密度。这一作用不仅与填料的尺寸有很大的关系，还与填料的表面结构有关。颗粒小、比表面积大的纳米粒子效果更好。对凝胶聚合物电解质，无机填料的加入还会提高其保液能力，防止液体电解质的渗漏。

在聚合物电解质中加入无机填料也会产生一些副作用，如往往会使体系的 T_g 升高，抑制聚合物的链段运动，过量添加还会堵塞离子迁移的通道，降低电导率。因此，无机填料的添加量往往存在一个最佳值。

填料的作用还与其粒径有很大关系。纳米粒子的比表面积大，可以与聚合物产生更为充分的相互作用。有研究者提出有效媒介理论(effective medium theory)来解释添加无机粒子对聚合物电解质的影响，对于纳米粒子则得到更好的印证。无机纳米粒子加入后，减小了聚合物体系中晶区的尺寸，在体系中形成了更多更小的相区。在这种多相体系的界面处，形成填料/Li^+富相，离子传递得更快，即填料的存在使 CPE 中形成许多高电导率的相界面，增加了离子传输的通道，允许离子以较低的迁移活化能通过。在这种体系中，CPE 的电导率由以下三部分组成：本体电导、分散的无机纳米粒子的电导、分散的无机纳米粒子表面的高电导覆盖层的电导。电导率得到很大的提高。

无机填料的作用还与其晶形及表面官能团有关。例如，由于高相容性，粉末 $LiAlO_2$ 的加入可以提高电解质与锂电极的界面稳定性，而 $\gamma\text{-}LiAlO_2$ 的加入对提高机械性能更有效。SiO_2 表面经过修饰三甲基与硅氧烷大骨架基团，由于后者抑制了填料与聚合物的相互作用，因而电导率的提高并不明够。前者则改善了 SiO_2 与聚合物的相容性。一般认为，在无机填料表面修饰与聚合物基体结构相类似的低聚物可以改善无机填料本身与聚合物的相容性，从而使体系获得较好的热力学稳定性。

材料学对形貌的控制丰富了复合聚合物电解质的研究范围，具有特殊形貌的纳米材料对复合聚合物电解质的性能有特殊的影响，如介孔 SiO_2 材料 MCM-41、ZSM-5、SBA-15 等。Li 的 NMR 研究表明，随着 SBA-15 的加入，NMR 谱上出现了肩峰，并发生明显的化学位移。通过拟合发现，在体系中存在三种配位的 Li^+：与聚合物的配位以及与 SBA-15 的外表面和内部孔道发生的路易斯酸碱作用。随着 SBA-15 的加入，Li^+ 与聚合物的配位减弱，表现出与 SBA-15 更强的作用。

另外还有一类有机分子与无机分子之间以化学键相连的复合聚合物电解质(也称为无机-有机杂化聚合物或无机-有机共聚物)。无机部分保证了无定形区的稳定，而有机部分一般是聚醚链段，对电导率和机械性能产生直接影响，涂布性能好，具有较好的加工性能。研究的无机基体主要是硅氧烷、硼氧烷、钛氧烷和铝酸酯及其复合物等，主要通过溶胶-凝胶法制备。例如，硅氧烷无机网络的构建主要通过硅烷偶联剂水解-缩合反应形成，然后通过表面基团的反应接上有机链段。

CPE 由于其综合性能的提高而得到广泛的关注，无机陶瓷粉末的种类、尺寸、表面结构等性质都对电解质的性能有影响，但哪一种无机陶瓷粉末是最好的，目前并没有定论。一般仍以廉价易得的 SiO_2、TiO_2 的研究最多。

2) 微孔聚合物电解质

微孔聚合物电解质的构想来源于液体电解质体系中使用的多孔隔膜材料。但与隔膜材料中仅依靠相分离的液体相实现离子传导不同，在PPE中存在三相结构：吸附在微孔的电解质溶液、被电解质溶液溶胀的聚合物基体所形成的凝胶及聚合物基体，其结构如图 4-3 所示。三相结构不仅保证了较高的锂离子电导率、良好的机械性能，还提高了体系的保液能力，抑制了电解液的泄漏。

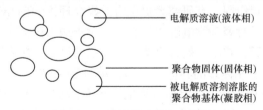

电解质溶液(液体相)

聚合物固体(固体相)

被电解质溶剂溶胀的
聚合物基体(凝胶相)

图 4-3　PPE 的微观结构示意图

　　微孔聚合物电解质的研究体系主要为共聚物体系,如 P(VDF-HFP)、P(MMA-AN)等。其聚合物组分中一般一相具有较好的结构稳定性,另一相在液体电解液中具有较高的溶胀能力。例如,PVDF 具有良好的电化学稳定性和机械强度,且介电常数高,利于锂盐的解离,从而提高聚合物电解质中载流子的有效浓度。在 PVDF 中引入六氟内烯(HFP)可以降低其结晶度,HFP 相凝胶形成性好,提高了吸附液体电解质溶液的能力,而 PVDF 起到良好的支撑作用,因而 P(VDF-HFP)基聚合物电解质既具有较高的电导率又具有良好的机械强度,成为最重要的微孔聚合物电解质基体材料。

　　对于微孔聚合物电解质的评价,包括以下几个方面:

　　(1) 孔隙率。孔隙率越大,吸附的液体电解质溶液越多,有利于提高离子电导率。但孔隙率的提升往往以机械强度的降低为代价。

　　(2) 微孔结构。如果聚合物膜基体中的微孔孔径太大,比表面积较小,液体电解质与聚合物基体的接触面积较小,液体电解质在聚合物体系中凝胶化程度较低,主要以相分离的液体相存在。另外,微孔相互连通的程度越高,Li$^+$的迁移速度越快,一般来说,孔径在亚微米尺寸、海绵状具有联通通道的微孔结构被认为具有最好的性能。

　　(3) 吸附电解质溶液的能力。聚合物膜对电解质溶液的吸附能力较强,有利于电解质溶液稳定地保留在结构中,提高电解质溶液导电性能的稳定性。

　　(4) 聚合物基体分子链与 Li$^+$间相互作用的大小等。

　　微孔聚合物电解质的制备方法主要包括 Bellcore 法、相反转法(phase inversion process)及静电纺丝法(electrospinning)等。

　　Bellcore 法是 Bellcore 公司在 1995 年提出,步骤如下:

　　(1) 将 P(VDF-HFP)共聚物粉末溶解于 N-甲基吡咯烷酮(NMP)中,加入邻苯二甲酸二丁酯(dibutylphthalate,DBP),搅拌均匀成透明黏性溶液。在光滑平板基体上流延成膜,再于真空中蒸发脱去成膜溶剂 NMP 得到聚合物"干"膜。

　　(2) 用乙醚抽提所得聚合物膜的 DBP。干燥,除去乙醚,得到微孔聚合物膜。

　　该方法的思路是基于共混"占位"原理,通过成膜过程在聚合物骨架体系中混入与其相容性较好的第二相,第二相由于高沸点等因素留在体系中,成膜后再将第二相除去,从而在基体中构造孔隙结构。该方法的优点是制备过程较简单,但成膜溶剂 NMP 的蒸发及 DBP 的抽取均用到了大量易燃的有机化合物,增加成本且存在安全隐患,残留的溶剂也不易完全除掉,合格率很难控制,因此目前仅限于实验室的研究。

　　基于该原理的工作还有很多,如 PVA/PVC 体系、P(VDF-HFP)/PVA 体系等。对于该方法,增塑剂的种类及用量对微孔结构有决定性的影响。有系统研究以

DBP、PEG200、PVP(聚乙烯吡咯烷酮)为增塑剂、以 P(VDF-HFP)作为骨架材料制备微孔聚合物膜，溶剂和萃取剂分别为丙酮和甲醇。相对于 DBP 及 PEG200，PVP 的相对分子质量较高，且黏度较大，因而与甲醇的物质交换过程较慢，抑制了交换速率过快而产生膜的不均匀收缩，进而获得孔径均匀的微孔结构，且孔隙率最高，为 48.7%。高孔隙率获得高吸液率和高离子电导率，以 PVP 为增塑剂制备的微孔聚合物电解质在 25 ℃的离子电导率为 0.49 mS/cm，高于 DBP 及 PEG200 体系。

相反转法是一类经典且形式多样的制备微孔聚合物膜的方法，包括浸没沉淀相反转法、溶剂挥发相反转法、热引发相反转法等。其原理都是基于在聚合物溶液中引入非溶剂形成热力学不稳定体系，通过溶剂和非溶剂的不断交换或者溶剂的逸出而发生液-液相分离，形成聚合物的贫相和富相，聚合物富相发生固化形成聚合物骨架，聚合物贫相则形成微孔。例如，浸没沉淀相反转法是将聚合物溶液流延成膜后浸入非溶剂浴中发生快速的溶剂-非溶剂交换；溶剂挥发相反转法则是利用聚合物溶液中溶剂的挥发速度大于非溶剂，聚合物在非溶剂中析出形成微孔结构；而热引发相反转法则是在高温下把聚合物溶于高沸点、低挥发性的稀释剂，形成均一溶液，然后降温冷却，导致溶液产生相分离，从而获得一定结构形状的微孔膜。

相反转法中，热力学不稳定体系的性质及传质过程(溶剂-非溶剂的交换)对最终形成的微孔结构起决定性作用，具体体现在制备条件上，包括温度、湿度、聚合物溶液的浓度、溶剂与非溶剂的种类、配比等。例如，采用浸没沉淀相反转法，当其他制备条件固定，所用的溶剂分别为 DMF、NMP 和 TEP(磷酸三乙酯)时，得到不同的微孔结构，其中 DMF 和 NMP 具有非常明显的不对称结构，在靠近表面的一侧生成大量呈"指状"的空穴，其原因与溶剂的挥发速度和溶度常数有关。

若降低交换过程的速率，如用水蒸气浴代替水浴，也可以获得孔径较小且较均匀的微孔结构，而采用超临界 CO_2 作为非溶剂，与聚合物溶液进行交换，由于在超临界状态下，气-液界面的消失和传质速度的大大提高使得交换成海绵状微孔，通过改变聚合物溶液浓度、操作压力、温度等可控制孔径及孔隙率。该方法得到的聚合物膜不需要后处理即可使用。另外，溶剂可方便地回收，且超临界 CO_2 无毒无害，这些都使其成为一种具有很好前景的相反转类型。

助剂的添加对于微孔结构的改善也有很大的作用。助剂一般选取与聚合物基体、溶剂、非溶剂相容性均较好的一类材料，如 PFO、PEG 及可以充当表面活性剂的两亲性聚合物等，从而使相反转过程在更低的尺寸范围内发生，良好的相容性还能缓冲交换过程带来的体积等变化。例如，在 P(VDF-HFP)的 NMP 溶液中加入 P123(聚乙烯与聚丙烯的嵌段聚合物)，P123 的无定形性抑制了相反转过程的聚合物膜的收缩，改善了微孔结构。另外，P123 还促进了 NMP 在 P(VDF-HFP)的分散均匀度，使得在相反转过程中与非溶剂的交换的 NMP 液滴数增多，粒径减小，从而获得较小的孔径及较高的孔隙率。加入 50%(质量分数)P123 的聚合物膜的孔隙率接近 70%，在 25 ℃的离子电导率为 2.0 mS/cm。

相反转法的优点是不需要使用大量的有机溶剂，成本低廉，除了超临界 CO_2 干燥之外，目前非溶剂的选择多是廉价易得的去离子水。但是，由于实验参数众多，给产品重复带来困难。另外，在相反转过程难以避免不对称结构，尤其是"指状"空穴的存在可能造成的电池微短路也给其应用带来了困难。

静电纺丝法是在电场作用下的纺丝过程或利用高压电场实现的一种纺丝技术，是电喷雾的一种特殊形式，得到的微孔聚合物膜实际上是由聚合物纤维形成的。该方法得到的纺丝形成的微孔形状不规则，孔隙率达到 80%以上，聚合物膜能吸附相当于自身质量 3 倍以上的电解质溶液，电解质溶液的渗透能力强，室温离子电导率超过 10^{-3} S/cm。电纺的基本过程是：聚合物溶液或熔体在几千至几万伏的高压静电场下克服表面张力而产生带电喷射流，溶液或熔体在喷射过程中干燥、固化，最终落在接收装置上形成纤维毡或其他形状的纤维结构物。影响电纺过程的因素很多，大致可分为两类：一类是聚合物溶液或熔体本身的性质，包括黏度、电导率、表面张力；另一类是控制参数和环境因素，包括流速、电压、喷丝头与接收装置之间的距离、环境温度、周围空气湿度和流动速度。其中聚合物溶液或熔体性质在很大程度上起决定作用。图 4-4 给出了静电纺丝法制备的微孔聚合物膜的 SEM 图。

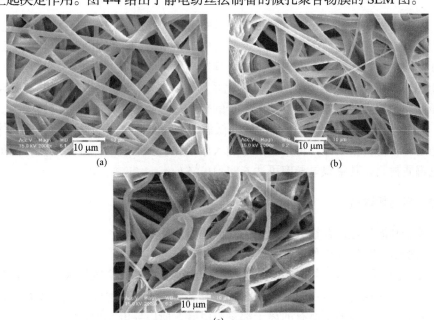

图 4-4　静电纺丝法制备的微孔聚合物膜的 SEM 图

由于微孔聚合物电解质中存在相分离的液体相,因此在长时间下仍然存在漏液的危险。改性的方法包括在微孔体系中用黏弹态的固体聚合物电解质代替液体电解液形成"填孔"体系,该体系牺牲部分 Li$^+$ 传递的流动性以获得更稳定的性能。也可以在微孔体系内形成交联结构,提高体系的稳定性。

为了补偿孔隙率牺牲的机械性能,研究者往往在微孔体系中加入一些纳米填料。对于可以采用溶胶-凝胶法制备的无机氧化物纳米粒子,水是其水解剂,也是聚合物的非溶剂,在聚合物溶液中加入正硅酸乙酯、钛酸丁酯等,可以实现纳米离子的原位添加,提高其分散性能,水解产物正丁醇等也是聚合物的非溶剂,可以促进微孔结构的改善,进而获得较好的离子电导率和较强的机械性能。将 CPE 与 PPE 相结合是聚合物电解质发展的重要方向。

4.3　熔盐电解质

熔融盐是指由金属阳离子和非金属阴离子所组成的熔融体,主要有室温熔融盐(室温离子液体)和高温熔融盐。它具有不挥发、不可燃、热稳定性和电化学稳定性高、安全性好和液程宽等优点,因此可以考虑用作锂离子电池的电解质。

4.3.1　室温熔融盐

室温熔融盐具有液态温度范围较宽、热稳定性较高和蒸气压及毒性低等优点,已用于高能量密度电池、光电化学太阳能电池、电镀和超级电容器等领域。目前已开发的室温熔融盐大多为离子液体,其阳离子一般含氮,如吡啶、咪唑、吡咯烷和四烷基胺等;阴离子常选择全氟化系列,其中双(三氟甲基磺酸酰)亚胺离子对降低盐的熔点最有效。但含氮阳离子的合成过程通常都很复杂且价格较高。

尿素-乙酰胺-碱金属硝酸盐形成的低温共熔盐具有良好的导电性,但此体系不稳定,容易析出结晶。将聚乙烯醇加入尿素和硫脲形成的低温共熔盐中制得固体电解质材料,其室温电导率可达 6.84×10^{-3} S/cm。

4.3.2　高温熔融盐

关于高温熔融盐在锂离子电池中的应用目前研究较少。

高温熔融盐的优点如下:

(1) 电解质有很高的电导率,比水溶液的电导率大 1 个数量级。由于在常温时为固态,它在高于熔点时呈熔融状态。高温下离子迁移速度很快,而且不存在未解离的分子,高温下所有的离子都参与电导,所以导电能力很强。

(2) 因为高温反应阻力小、极化小,可以大电流放电。

(3) 可以在很宽的电位范围选择正、负极活性物质。

高温熔融盐也具有以下缺点：

(1) 工作时需要高温，不可避免有能量损失，维持高温需要附属装置。

(2) 因为高温，电池的自放电增大。

(3) 因为高温，电池材料的腐蚀严重。

4.4　电解质的新发展

目前，$LiPF_6$ 仍是商业锂离子电池电解液中电解质锂盐的首选，其他无机锂盐和有机锂盐由于不能同时满足离子电导率、热稳定性和化学稳定性以及环境友好的要求，因此在锂离子电池中的实际应用难以在短期内实现。然而，$LiPF_6$ 与其他锂盐复配以改善锂离子电解液的各种性能越来越受到研究者的重视，这或许是提升锂电池电解液性能的又一途径。

水锂电是当今锂电池研发的前沿和方向之一，它是用普通的水溶液替代传统锂电池中的有机电解质溶液。在大型储能系统中，用传统方法制造的锂电池成本高，对生产条件要求高，还存在较大的安全隐患。而水溶液安全性能高，不会起火，离子电导率高，且成本也低，水锂电已经成为下一代大型储能电池发展的优选方向。

目前，相继投放市场的新能源电动车尽管有牌照免费、经费补贴等优惠政策，但是要打开市场却很艰难。关键的原因之一就是电池还不够给力。很多市民都担心新能源车的续航里程。"万一车开出去开不回来怎么办？"成为老百姓购买新能源电动车的最大担忧。目前开发的新型水锂电池体系采用复合膜包裹金属锂，以水溶液为电解质，可大幅降低电池的成本，提高其能量密度，从而使电池充电时间更短，储存电量更多，耐用时间更久。最值得一提的是，目前市面上电动汽车的充电时间需要 8 h，而装备这一新型水锂电的电动汽车一次充电只需要 10 s 左右。此外，新型水锂电池的制造成本也只有目前市面上电动汽车锂电池的一半价格。这样，电动汽车和普通汽车在性能上的差异不再明显，其环保优势将更具市场吸引力。这种新型水锂电池一旦产业化，将彻底解决目前新能源电动车存在的安全隐患、成本高、行驶里程短三大制约其产业发展的主要难题。

新型水锂电池还可以广泛应用于手机、笔记本电脑、大型制造设备等领域。与传统锂电池相比，它的另一个显著优势是不容易发烫发热，大大降低了安全隐患。

但是现阶段新型水锂电池技术还不成熟，只是未来发展的一个方向。

4.5 结 束 语

随着新能源产业的不断发展，锂离子电池的应用和普及将给锂离子电池电解液的研究和开发带来前所未有的机遇，开展高电压、宽温度范围和高安全性的新型电解液的研究势在必行。锂离子电池是一个复杂的系统，单一部件、材料或组分的优化未必对电池整体性能的改善有突出效果。因此，针对不同的体系也需进行系统研究，解决过渡金属离子溶解、SEI 膜过度生长等问题，最终实现锂离子电池整体性能的提升。

参 考 文 献

胡传跃, 李新海, 郭军, 等. 2007. 高温下锂离子电池电解液与电极的反应[J]. 中国有色金属学报, 17(4): 629-635

林继如, 尹忠东, 颜全清. 2008. 基于超导储能的动态电压恢复器的研究[J]. 高电压技术, 34(3): 609-614

唐致远, 陈玉红, 汪亮. 2005. 锂离子电池过充保护添加剂研究进展[J]. 化工进展, 24(12): 1368-1372

王洪, 张广辉, 邢静原, 等. 2011. 磷酸铁锂蓄电池在变电站应用研究与实践[J]. 电源技术, 35(8): 902-905

肖利芬, 艾新平, 曹余良, 等. 2003. 联苯用作锂离子电池过充安全保护剂的研究[J]. 电化学, 9(1): 23-25

赵胜利, 文九巴, 顾永军, 等. 2006. 玻璃态硫化物快银离子导体研究进展[J]. 化学世界, 46: 693-700

郑洪河. 2007. 锂离子电池电解质[M]. 北京:化学工业出版社

郑洪河, 曲群婷, 石静, 等. 2007. 无机固体电解质用于锂及锂离子蓄电池的研究进展 II 玻璃态锂无机固体电解质[J]. 电源技术, 31: 1015-1020

周权, 钟耀东, 强颖怀, 等. 2010. 新型石榴石结构锂快离子导体 $Li_5La_3M_2O_{12}$ 的研究进展[J]. 电源技术, 34: 514-519

庄全超, 武山, 刘文元, 等. 2003. 二次锂电池过充电保护添加剂[J]. 电池工业, 8 (4): 177-181

Abouimranea A, Belharouak I, Amine K. 2009. Sulfone-based electrolytes for high-voltage Li-ion batteries[J]. Electrochem Commun, 11:1073-1076

Angulakshmi N, Nahm K S, Nair J R. 2013. Cycling profile of MgAl$_2$O$_4$-incorporated composite electrolytes composed of PEO and LiPF$_6$ for lithium polymer batteries[J]. J Electrochim Acta, 90:79

Angulakshmi N, Thomas S, Nair J R. 2013. Cycling profile of innovative nanochitin-incorporated poly (ethyleneoxide) based electrolytes for lithium batteries[J]. J Power Sources, 228: 294

Arai J, Katayama H, Akahoshi H. 2002. Binary mixed solvent electrolytes containing tri-fluoropropylene carbonate for lithium secondary batteries[J]. J Electrochem Soc, 149: A217-A226

Arbi K, Rojo J M, Sanz J. 2007. Lithium mobility in titanium based Nasicon $Li_{1+x}Ti_{2-x}Al_x(PO_4)_3$ and $LiTi_{2-x}Zr_x(PO_4)_3$ materials followed by NMR and impedance spectroscopy[J]. J Eur Ceram Soc, 27: 4215-4218

Barbaiuch T J, Diuscoll P F. 2003. A lithium salt of a Lewis acid base complex of imidazolide for lithium ion batteries[J]. Electrochemical and Solid State Letters, 6: A113-A116

Buqa H, Wursig A, Vetter J, et al. 2006. SEI film formation on highly crystalline graphitic materials in lithium-ion batteries[J]. J Power Sources, 153: 385-390

Chen-Yang Y W, Wang Y I, Chen Y T. 2008. Influence of silica aerogel on the properties of polyethylene oxide-based nanocomposite polymer electrolytes for lithium battery[J]. J Power Sources, 182(1): 340

Dodd A J, Van-Eck E R H. 2002. Identification and inspection of the vacancy site in Li doped BPO_4 ceramic electrolyte by NMR[J]. Chem Phys Lett, 365: 313-319

Fergus J W. 2010. Ceramic and polymeric solid electrolytes for lithium batteries[J]. J Power Sources, 195: 4554-4569

Fonseca C P, Neves S. 2002. Characterization of polymer electrolytes based on poly(dimethyl siloxane- co-ethylene oxide)[J]. J Power Sources, 104: 85-89

Fujimoto H, Fujimoto M. 2001. Electrochemical characteristics of lithiated graphite(LiC_6) in PC based electrolytes[J]. J Power Sources, 93: 224-229

Gondaliya N, Kanchan D K, Sharma P. 2012. Dielectric and electric properties of plasticized PEO-$AgCF_3SO_3$-SiO_2 nanocomposite polymer electrolyte system[J]. Polym Compos, 33(12): 2195

Haik O, Hirsh B D. 2014. Thermal processes in the systems with Li-battery cathode materials an $LiPF_6$ based organic solutions[J]. Journal of Solid State Electrochemistry, 18: 2333-2342

Haman Y, Dauard A, Sabary P, et al. 2006. Influence of sputtering conditions an conductivity of LiPON thin films[J]. Solid State Ionics, 177: 257-261

Herstedt M, Andersson A M, Rensmo H, et al. 2004. Characterisation of the SEI formed on natural graphite in PC-based electrolytes[J]. Electrochim Acta, 49: 4939-4947

Holzapfel M, Jost C, Prodi-Schwab A, et al. 2005. Stabilisation of lithiated graphite in an electrolyte based on ionic liquids: an electrochemical and scanning electron microscopy study[J]. Carbon, 43: 1488-1498

Hu Y S, Kong W H, Wang Z X, et al. 2005. Tetrachloroethylene as new film-forming additive to propylene carbonate-based electrolytes for lithium ion batteries with graphitic anode[J]. Solid State Ionics, 176: 53-56

Jaipal R M, Siva K J, Subba R L J. 2006. Structural and ionic conductivity of PEO blend PEG solid polymer electrolyte[J]. Solid State Ionics, 177: 253-256

Jao K H, Vinatier P, Pecduenard B, et al. 2003. Thin film lithium ion conducting LiBSO solid electrolyte[J]. Solid State Ionics, 160: 51-59

Johan M R, Fen L B. 2010. Combined effect of CuO nanofillers and DBP plasticizer on ionic conductivity enhancement in the solid polymer electrolyte PEO-$LiCF_3SO_3$[J]. Ionics, 16(4): 335

Lee J T, Wu M S, Wang F M. 2005. Effects of aromatic esters as propylene carbonate-based electrolyte additives in lithium-ion batteries[J]. J Electrochem Soc, 152: A1837-A1843

Lee S J, Bae J H, Lee H W, et al. 2003. Electrical conductivity in Li-Si-P-O-N oxynitride thin-films[J].

J Power Sources, 123: 61-64

Liu F, Hashimi V A, Liu Y, et al. 2011. Progress in the production and modification of PVDF membranes[J]. J Membr Sci, 375: 1-27

Mckenzie I, Harada M, Cortie D L, et al. 2014. NMR measurements of lithium ion transport in thin films of pure and lithium salt doped poly(ethylene oxide)[J]. J Am Chem Soc, 136(22): 7833-7836

Pitawala H M J C, Dissanayake M A K L, Seneviratne V A. 2007. Combined effect of Al_2O_3 nano-fillers and EC plasticizer on ionic conductivity enhancement in the solid polymer electrolyte (PEO) 9 LiTf[J]. Solid State Ionics, 178(13-l4):885-888

Quartarone E, Mustarelli P. 2011. Electrolytes for solid-state lithium rechargeable batteries: recent advances and perspectives[J]. Chem Soc Rev, 40(5): 2525-2540

Quartarone E, Mustarelli P, Magistris A. 1998. PEO-based composite polymer electrolytes[J]. Solid State Ionics, 110: 1-14

Sanchez R N, Martins V L, Do R A. 2014. Physical chemical properties of three ionic liquids contain in gaterate anion and their lithium salt mixtures[J]. J Phys Chem B, 118(29): 8772-8781

Smart M C, Ratnakumar B V. 2007. Gel polymer electrolyte lithium-ion cells with improved low temperature performance[J]. J Power Sources, 165(2): 535-543

Stolwijk N A, Wiencierz M, Heddier C, et al. 2012. What can we learn from ionic conductivity measurements in polymer electrolytes? A case study on poly(ethylene oxide) (PEO)-NaI and PEO-LiTFSI[J]. J Phys Chem B, 116(10): 3065-3074

Takeda Y, Imanishi N, Yamamoto O. 2009. Developments of the advanced all-solid-state polymer electrolyte lithium secondary battery[J]. Electrochem, 77(9): 784-797

Tanaka R, Sakurai M, Sekiguchi H, et al. 2001. Lithium ion conductivity in polyoxyethylene/ polyethylenimine blends[J]. Electrochim Acta, 46: 1709-1715

Tatsumisago M. 2004. Glassy materials based on Li_2S for all-solid-state lithium secondary batteries[J]. Solid State Ionics, 175: 13-18

Thangadurai V, Adams S, Weppner W. 2004. Crystal structure revision and identification of Li^+-ion migration pathways in the garnet-like $Li_5La_3M_2O_{12}$ (M=Nb, Ta) oxides[J]. Chem Mater, 16: 2998-3006

Thangadurai V, Weppner W. 2005. Investigations on electrical conductivity and chemical compatibility between fast lithium ion conducting garnet-like $Li_6BaLa_2Ta_2O_{12}$ and lithium battery cathodes[J]. J Power Sources, 142: 339-344

Thangadurai V, Weppner W. 2006. Effect of sintering on the ionic conductivity of garnet-related structure $Li_5La_3Nb_2O_{12}$ and In- and K-doped $Li_5La_3Nb_2O_{12}$[J]. J Solid State Chem, 179: 974-984

Tsujikikawa T, Yabuta K. 2009. Characteristics of lithium-ion battery with non-flammable electrolyte[J]. J Power Sources, 189: 429-434

Vetter J, Novak F. 2003. Novel alkyl methyl carbonate solvents for lithium-ion batteries[J]. J Power Sources, 119-121: 338-342

Wang H, Im D, Lee D J, et al. 2013. A composite polymer electrolyte protect layer between lithium and water stable ceramics for aqueous lithium-air batteries[J]. J Electrochem Soc, 160(4): A728-A733

Wang L, Yasukawa E, Kasuya S. 2001. Nonflammable trimethyl phosphate solvent-containing electrolytes for lithium-ion batteries: I. Fundamental properties[J]. J Electrochem Soc, 148(10): A1058-A1065

Wang L, Yasukawa E, Kasuya S. 2001. Nonflammable trimethylphosphate solvent-containing electrolytes for lithium-ion batteries: II. The use of an amorphous carbon anode[J]. J Electrochem Soc, 148(10): A1066-A1071

Wang L S, Huang Y D, Jia D Z. 2006. LiPF$_6$-EC-MPC electrolyte for Li-Mn$_2$O$_4$ cathode in lithium-ion battery[J]. J Solid State Ionics, 177(17/18): 1477-1481

Wang L S, Huang Y D, Jia D Z. 2006. Triethyl orthoformate as a new film-forming electrolytes solvent for lithium-ion batteries with graphite anodes[J]. Electrochim Acta, 51: 4950-4955

Wang Q, Ping P, Zhao X, et al. 2012. Thermal runaway caused fire and explosion of lithium ion battery[J]. J Power Sources, 208: 210-224

Wang X J, Lee H S, Li H. 2010. The effects of substituting groups in cyclic carbonates for stable SEI formation on graphite anode of lithium batteries[J]. Electrochem Commun, 12: 386-389

Wen Z, Itoh T, Uno T, et al. 2004. Polymer electrolytes based on poly(ethylene oxide) and cross-linked poly(ethylene oxide-co-propylene oxide)[J]. Solid State Ionics, 175: 739-742

Wu M S, Chiang P C J, Lin J C, et al. 2004. Effects of copper trifluoromethanesulphonate as an additive to propylene carbonate-based electrolyte for lithium-ion batteries[J]. Electrochim Acta, 49(25): 4379-4386

Wu M S, Lin J C, Chiang P C J. 2004. A silver hexafluoraphosphate additive to propylene carbonate-based electrolytes for lithium-ion batteries[J]. Electrochem Solid-State Lett, 7: A206-A208

Xi J, Qiu X, Zhu W, et al. 2006. Enhanced electrochemical properties of poly(ethylene oxide)-based composite polymer electrolyte with ordered mesoporous materials for lithium polymer battery[J]. Microporous Mesoporous Mater, 88: 1-7

Xu K, Ding M S, Zhang S. 2002. An attempt to formulate lithium ion electrolytes with alkyl phosphates and phosphazenes[J]. J Electrochem Soc, 149: A622-A626

Xu K, Zhang S S. 2002. LiBOB as salt for lithium-ion batteries: a possible solution for high temperature operation[J]. Electrochem Solid-State Lett, 5: A26-A29

Xu K, Zhang S S, Jow T R. 2005. LiBOB as additive in LiPF$_6$-based lithium ion electrolytes[J]. Electrochem Solid-State Lett, 8: A365-A368

Zhang J W, Huang X B, Fu J W. 2010. Novel PEO based composite solid polymer electrolytes incorporated with active inorganic organic hybrid polyphosphazene micro-spheres[J]. Mater Chem Phys, 121(3): 511

Zhang L F, Chai L L, Zhang L. 2014. Synergistic effect between lithium bis(fluorosulfonyl)imide (LiFSI) and lithium bis-oxalato borate(LiBOB) salts in LiPF$_6$-based electrolyte for high-performance Li-ion batteries[J]. Electrochim Acta, 127: 39-44

Zhang S, Tseng K J. 2007. A novel flywheel energy storage system with partially-self-Bearing flywheel rotor[J]. IEEE Tram on Energy Conversion, 22(2): 477-487

Zhang S S. 2006. A review on electrolyte additives for lithium-ion batteries[J]. J Power Sources, 162: 1379-1394

Zhang S S, Xu K, Allen J L, et al. 2002. Effect of propylene carbonate on the low temperature performance of Li-ion cells[J]. J Power Sources, 110: 216-221

Zhang S S, Xu K, Jow T R. 2002. A thermal stabilizer for LiPF$_6$-based electrolytes of Li-ion cells[J]. Electrochem Solid-State Lett, 5:A206-A208.

Zhang S S, Xu K, Jow T R. 2003. Tris-(2,2,2-trifluoroethyl) phosphate as a co-solvent far nonflammable electrolytes in Li-ion batteries[J]. J Power Sources, 11: 166-172

Zhu Y M, Chu W H, Werner W. 2009. Investigation of gas concentration cell based on LiSiPO electrolyte and Li$_2$CO$_3$, Au electrode[J]. Chin Sci Bull, 54:1334-1339